"十三五" 职业教育国家规划教材

机械工业出版社精品教材

机床电气控制与PLC

第 2 版

主　编　王兰军　王炳实

副主编　宋爱全　张文勇　韩维敏　刘长慧

参　编　苑忠昌　吴　倩　梁述敏　张　杰　宋玉庆

主　审　许传俊

机械工业出版社

本书依据机电岗位群的岗位要求、电工职业标准编写，共分为五章，主要内容包括机床电气控制基础、典型机床电路分析与检修、可编程序控制器应用基础、机床主轴的变频调速、数控机床的电气控制系统。本书以"会配线—会修机床—会编程—会用变频器—会装配数控机床电气控制系统"这样一条能力主线来编写，重点介绍了电动机基本控制电路的分析和配线工艺，两种典型机床的阅读分析和故障检修方法，可编程序控制器的原理、硬件、软元件、指令系统及设计方法，变频器的原理、参数设置、变频控制基本控制功能的实现及数控机床电气控制系统各部分之间的控制关系及电路装配，每章后都配有实训项目，与教学内容同步，其知识体系与相关技能训练的紧密结合符合职业教育一体化的教学特点。

本书可作为高等职业院校机械制造及自动化数控技术、机电一体化技术、智能制造装备技术、工业机器人技术专业教材，也可作为相关培训的专业教材，还可供工程技术人员参考。

为便于教学，本书配有相关教学资源，选择本书作为教材的教师可登录 www.cmpedu.com 网站，注册、免费下载。

图书在版编目（CIP）数据

机床电气控制与 PLC/王兰军，王炳实主编 . —2 版 . —北京：机械工业出版社，2017.12（2023.1 重印）

"十三五"职业教育国家规划教材 . 机械工业出版社精品教材

ISBN 978-7-111-58596-1

Ⅰ.①机… Ⅱ.①王… ②王… Ⅲ.①机床 - 电气控制 - 高等职业教育 - 教材②PLC 技术 - 高等职业教育 - 教材 Ⅳ.①TG502.35②TM571.6

中国版本图书馆 CIP 数据核字（2017）第 295460 号

机械工业出版社（北京市百万庄大街 22 号　邮政编码 100037）

策划编辑：汪光灿　责任编辑：黎　艳

责任校对：刘秀芝　封面设计：张　静

责任印制：常天培

北京雁林吉兆印刷有限公司印刷

2023 年 1 月第 2 版第 9 次印刷

184mm×260mm · 15.25 印张 · 361 千字

标准书号：ISBN 978-7-111-58596-1

定价：45.00 元

电话服务　　　　　　　　　网络服务

客服电话：010-88361066　　机　工　官　网：www.cmpbook.com

　　　　　010-88379833　　机　工　官　博：weibo.com/cmp1952

　　　　　010-68326294　　金　书　网：www.golden-book.com

封底无防伪标均为盗版　　机工教育服务网：www.cmpedu.com

关于"十三五"职业教育国家规划教材的出版说明

2019 年 10 月，教育部职业教育与成人教育司颁布了《关于组织开展"十三五"职业教育国家规划教材建设工作的通知》（教职成司函〔2019〕94 号），正式启动"十三五"职业教育国家规划教材遴选、建设工作。我社按照通知要求，积极认真组织相关申报工作，对照申报原则和条件，组织专门力量对教材的思想性、科学性、适宜性进行全面审核把关，遴选了一批突出职业教育特色、反映新技术发展、满足行业需求的教材进行申报。经单位申报、形式审查、专家评审、面向社会公示等严格程序，2020 年 12 月教育部办公厅正式公布了"十三五"职业教育国家规划教材（以下简称"十三五"国规教材）书目，同时要求各教材编写单位、主编和出版单位要注重吸收产业升级和行业发展的新知识、新技术、新工艺、新方法，对入选的"十三五"国规教材内容进行每年动态更新完善，并不断丰富相应数字化教学资源，提供优质服务。

经过严格的遴选程序，机械工业出版社共有 227 种教材获评为"十三五"国规教材。按照教育部相关要求，机械工业出版社将认真以习近平新时代中国特色社会主义思想为指导，积极贯彻党中央、国务院关于加强和改进新形势下大中小学教材建设的意见，严格落实《国家职业教育改革实施方案》《职业院校教材管理办法》的具体要求，秉承机械工业出版社传播工业技术、工匠技能、工业文化的使命担当，配备业务水平过硬的编审力量，加强与编写团队的沟通，持续加强"十三五"国规教材的建设工作，扎实推进习近平新时代中国特色社会主义思想进课程教材，全面落实立德树人根本任务；突显职业教育类型特征；遵循技术技能人才成长规律和学生身心发展规律；落实根据行业发展和教学需求，及时对教材内容进行更新；同时充分发挥信息技术的作用，不断丰富完善数字化教学资源，不断提升教材质量，确保优质教材进课堂；通过线上线下多种方式组织教师培训，为广大专业教师提供教材及教学资源的使用方法培训及交流平台。

教材建设需要各方面的共同努力，也欢迎相关使用院校的师生反馈教材使用意见和建议，我们将认真组织力量进行研究，在后续重印及再版时吸收改进，联系电话：010 - 88379375，联系邮箱：cmpgaozhi@ sina. com。

机械工业出版社

第2版　前言

近年来，随着智能制造的推广，特别是国家发布的纲领性文件《中国制造2025》，使得智能制造在中国制造业内呈现蓬勃发展的态势。我们编写团队的主要成员走访了泰山玻纤、潍柴动力、三角集团、临工等一大批智能制造开展得比较好的企业，通过深入企业调查研究，与工厂的工程技术人员座谈，使我们了解了当前制造业的状况和技术应用水平。职业院校学生的技能培养必须跟上时代的步伐，才能在毕业后适应岗位的要求，为此我们决定对第1版教材进行修订。

本次修订按照"会配线—会修机床—会编程—会用变频器—会装配数控机床的电气控制系统"这样一条能力主线来展开编写，对第1版教材做了较大调整，将原继电器－接触器控制系统一章分为机床电气控制基础和典型机床电路分析与检修两章，这两章是电气控制系统的基础。机床电气控制基础这一章的主要教学目标是让学生学会电动机基本控制电路的安装、接线，为此选配了3个典型的实训项目，重点练习板前线槽配线。第二章主要讲授车床和铣床，主要教学目标是让学生会检修机床，在每种机床原理阅读分析后都安排了实训项目进行机床故障分析及排除训练。第三章可编程序控制器应用基础的主要教学目标是使学生学会编程。本章以三菱FX系列PLC为例进行讲解，主要讲授PLC的原理、硬件、软元件、指令系统以及编程软件，选取了比较多的实训项目供同学们训练。第四章删除了原来直流调速的内容，重点讲授变频调速，这部分的主要教学目标是会使用变频器。围绕着这样的目标，在讲授了必要的变频器原理后安排了6个实训项目。第五章侧重点在于数控机床的电气控制系统，因此不再讲授数控加工的相关内容，与其他章节的电气控制一脉相承。

本书的特点如下：

1. 教学目标清楚明确，内容选取和编排紧紧围绕教学目标展开。

2. 服从高职教育"教、学、做"一体化的教学形式，在编写过程中理论知识讲解透彻，实训项目选取典型。

3. 将每章的实训项目集中放在该章后面，教学过程中这些实训项目与相应的理论知识同步教学，互相对照、互相验证，兼顾了理论知识体系的系统性和实训项目的完整性，避免了以项目为主线造成的理论知识破碎的问题。

4. 内容编写坚持以学为中心，深入浅出，图文并茂。配套资源丰富，方便教，易于学。

5. 教材编写参照了电工职业资格标准要求。

本书由山东劳动职业技术学院的王兰军和济南大学的王炳实任主编，由山东劳动职业技术学院的宋爱全、张文勇，湖南理工职业技术学院的韩维敏任副主编。具体分工如下：第一章由王炳实、张文勇编写，第二章由宋爱全、宋玉庆编写，第三章由苑忠昌、梁述敏编写，第四章由王兰军、韩维敏编写，第五章和附录由刘长慧、吴倩、张杰编写，全书由王兰军统稿，山东大学的许传俊教授主审。在本书的编写过程中得到了三菱电机自动化（中国）有限公司的大力支持，并提供了详细的技术资料。在此表示衷心的感谢。

　　本书编写团队成员大都是来自一线的双师型教师，这些教师具有丰富的一体化教学经验和工业现场的实践经历，有些教师还在省市级的技能比赛中获奖。本书由资深教授最终把关，保证了编写质量。

　　由于编者水平有限，书中难免有不足和疏漏之处，恳请广大读者批评指正。

编　者

第1版 前言

近年来，国内外自动化技术、计算机控制技术迅速发展，机床电气控制的自动化程度越来越高。本书第四章对"数控机床"的介绍，就是为了适应机床行业的发展而编写的。书中介绍了数控机床的基本知识和基础理论，如数控系统、伺服系统与位置检测、加工程序编制基础等。为了让学生真正能够使用数控机床，本章以数控车床加工轴零件为例编写了程序，希望学生能学以致用。考虑到可编程序控制器（PLC）在工业生产中获得了广泛应用，在数控机床中使用比较普遍，本书重点介绍了PLC的内部结构和工作原理，以FX系列为例介绍了其指令系统，并介绍了多个应用实例，以促使学生学会编制程序。交直流电动机在工业生产中得到了广泛使用，其调速性能是其最重要的性能，本书介绍了交直流电动机的几种调速方法。继电器—接触器控制系统是发展最早的控制系统，考虑到基本电路在现实生产中仍有大量应用，所以本书还是适当介绍了继电—接触控制系统。

本书由济南大学王炳实和山东劳动职业技术学院王兰军主编，山东劳动职业技术学院尹四倍和山东力明科技职业学院陶翠霞为副主编，山东力明科技职业学院王泊、于雷参编，由山东大学许传俊教授主审。第一、二、五章由王炳实、陶翠霞、王泊编写，第三、四章由王兰军、尹四倍、于雷编写。

本书可作为职业技术院校机械类专业教材，也可作为职大、电大等有关专业的教材，还可供工程技术人员参考。

因为编者水平有限，错误在所难免，敬请读者批评指正。

编　者
2008. 01. 15

目　录

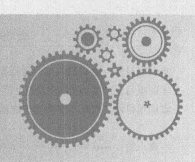

第一章

机床电气控制基础

【知识目标】

1. 掌握低压电器的正确选用和使用方法。
2. 熟练掌握三相异步电动机基本控制电路的原理。

【能力目标】

1. 掌握简单电路的板前明线安装和接线方法。
2. 掌握简单电路的板前线槽配线方法。

普通机床一般是由电动机拖动的，而电动机尤其是三相异步电动机是由各种有触点的接触器、继电器、按钮、行程开关等电器组成的电气控制电路来进行控制的。虽然机床的电气控制电路各有不同，但都是由一些比较简单的基本环节按需要组合而成的。本章介绍常用低压电器及电气控制电路的基本环节。

第一节　机床常用低压电器及使用

一、开关

1. 刀开关

刀开关是结构最简单、应用最广泛的一种手动开关电器，常用于接通和切断长期工作设备的电源及不经常起动及制动、容量小于 7.5kW 的电动机。各类刀开关的实物图如图 1-1 所示。

刀开关的种类较多，按极数可分为单极、双极和三极；按转换方式可分为单掷和双掷；按操作方式可分为直接手柄操作和远距离连杆操作；按灭弧情况可分为有灭弧装置和无灭弧装置等。

（1）刀开关的型号及电气符号　目前常用的刀开关有 HD 系列刀形隔离器、HS 系列双掷刀开关、HK 系列胶盖刀开关、HH 系列负荷开关及 HR 系列熔断器式刀开关。刀开关的电路图形符号和文字符号如图 1-2 所示。

（2）刀开关的选用与安装

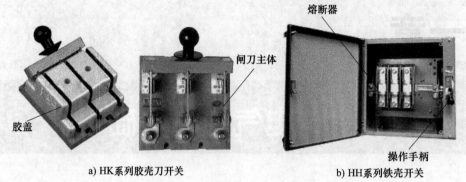

a) HK系列胶壳刀开关　　　　　　　b) HH系列铁壳开关

图1-1　各类刀开关的实物图

1）刀开关的选用。

① 按用途和安装位置选择合适的型号和操作方式。

② 额定电压和额定电流必须符合电路要求。

③ 校验刀开关的动稳定性和热稳定性，如不满足要求，就应选大一级额定电流的刀开关。

a) 单极　　　　　b) 双极　　　　　c) 三极

图1-2　刀开关的电路图形符号和文字符号

2）刀开关的安装。

① 应做到垂直安装，闭合操作时的手柄操作方向应从下向上合，断开操作时的手柄操作方向应从上向下分，不允许采用平装或倒装，以防止误合闸。

② 安装后检查闸刀和静插座的接触是否成直线，以保证紧密性。

③ 母线与刀开关接线端子相连时，不应存在过大的扭转应力，并保证接触可靠。在安装杠杆操作机构时，应调节好连杆的长度，使刀开关操作灵活。

2. 万能转换开关

万能转换开关一般用于不频繁地通断电路、换接电源或负载、控制小型电动机正反转以及各种控制线路的转换、仪表的换相测量控制、配电装置线路的转换等。万能转换开关是由多组相同结构的触点组件叠装而成的多回路控制电器。它由操作机构、定位装置、触点、接触系统、转轴、手柄等部件组成。

万能转换开关是用手柄带动转轴和凸轮推动触头接通或断开。由于凸轮的形状不同，当手柄处在不同位置时，触头的吻合情况不同，从而达到转换电路的目的。手柄可手动多角度旋转，每旋转一定角度，动触点就接通或分断电路。转换开关的外形图和单层结构如图1-3所示。

（1）万能转换开关的常用型号和电气符号　国内常用的有 LW2、LW4、LW5、LW6、LW8、LW12、LW15、LW16、LW26、LW30、LW39、CA10、HZ5、HZ10、HZ12 等各种类型。万能转换开关还有派生产品——挂锁型开关和暗锁型开关（63A 及以下），可用作重要设备的电源切断开关，防止误操作以及控制非授权人员的操作。万能转换开关规格齐全，有 10A、16A、20A、25A、32A、63A、125A 和 160A 等电流等级，如图1-4 所示。下面是 LW32 系列主电路用万能转换开关型号的含义：

极数: 2代表"2极"; 3代表"3极"; 4代表"4极"
额定发热电流
设计代号
万能转换开关

注: 一般采用60°转换。

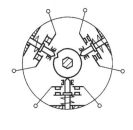

HZ10系列　　　LW32系列　　　单层结构示意图

图1-3　转换开关的外形图和单层结构示意图　　　　转换开关

（2）转换开关的选用

1）转换开关作为电源的引入开关时，其额定电流应大于电动机的额定电流。

2）转换开关控制较小容量（5kW以下）电动机起动、停止时，其额定电流应为电动机额定电流的3倍。

（用作控制开关）　　　　　（用作电源开关）

图1-4　转换开关的电路图形符号和文字符号

3. 低压断路器

低压断路器可用来分配电能、不频繁起动电动机、对供电电路及电动机等进行保护，用于正常情况下的接通和分断操作以及严重过载、短路及欠电压等故障时自动切断电路。在分断故障电流后，一般不需要更换零件，且具有较大的接通和分断能力，因而获得了广泛应用。

（1）低压断路器的常用型号及电气符号　低压断路器按用途分有配电（照明）、限流、灭磁、漏电保护等几种；按动作时间分有一般型和快速型；按结构分有框架式（万能式DW系列）和塑料外壳式（装置式DZ系列）。低压断路器的实物图如图1-5所示，其电路图形符号和文字符号如图1-6所示。低压断路器的型号及含义如下：

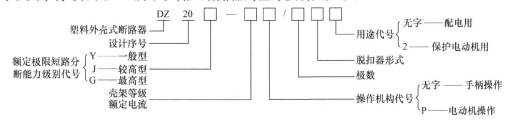

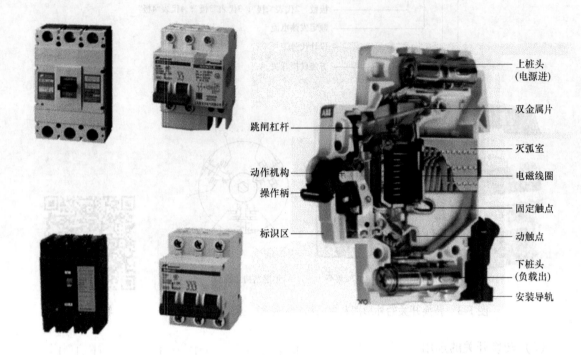

图 1-5 低压断路器的实物图

（2）低压断路器的选用

1）额定电压和额定电流应不小于电路的正常工作电压和工作电流。

2）各脱扣器的整定。

① 热脱扣器的整定电流应与所控制的电动机的额定电流或负载额定电流相等。

② 失压脱扣器的额定电压等于主电路额定电压。

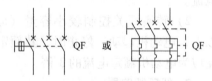

图 1-6 低压断路器的电路图形符号和文字符号

③ 电流脱扣器（过电流脱扣器）的整定电流应大于负载正常工作时的尖峰电流，对于电动机负载，通常按起动电流的1.7倍整定。

3）极数和结构形式应符合安装条件、保护性能及操作方式的要求。

二、主令电器

自动控制系统中用于发送控制指令的电器称为主令电器。常用主令电器有控制按钮、行程开关、接近开关等。

1. 按钮

按钮是一种结构简单、应用广泛的主令电器，一般情况下它不直接控制主电路的通断，而在控制电路中发出手动指令去控制接触器、继电器等电器，再由它们去控制主电路，也可用来转换各种信号电路与电气联锁电路等。

按钮的实物图和结构示意图如图 1-7 所示。按钮一般由按钮帽、复位弹簧、触点和外壳等组成，通常分为动合（常开）按钮、动断（常闭）按钮、复合按钮和带灯按钮。

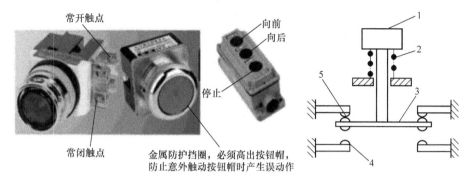

a) 实物图　　　　　　　　　　　　　b) 结构示意图(复合按钮)

图 1-7　按钮的实物图和结构示意图

1—按钮帽　2—复位弹簧　3—动触点　4—动合触点静触点　5—动断触点静触点

按钮的结构形式很多。紧急式按钮装有突出的蘑菇形钮帽，用于紧急操作；旋钮式按钮用于旋转操作；钥匙式按钮须插入钥匙方能操作，用于防止误动作；带灯式按钮是在透明的按钮帽内装有信号灯，用于信号指示。为了明示按钮的作用，避免误操作，按钮帽通常采用不同的颜色以示区别，主要有红、绿、黑、蓝、黄、白等颜色。一般停止按钮采用红色，起动按钮采用绿色。

常用的按钮有 LA18、LA19、LA20、LA25 和 LAY3 等系列。其中 LA25 系列为全国统一设计的按钮新型号，采用组合式结构，可根据需要任意组合触点数目。LAY3 系列是引进德国技术标准生产的产品，其规格品种齐全，有紧急式、钥匙式、旋转式等。常用按钮的电路图形符号和文字符号如图 1-8 所示，国产按钮的型号及含义如下：

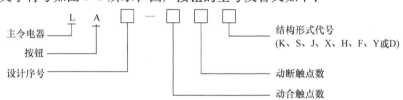

结构形式代号字母含义：K——开启式；S——防水式；J——紧急式；X——旋钮式；H——保护式；F——防腐式；Y——钥匙式；D——带灯式。

2. 行程开关

行程开关的作用与按钮相似，用于对控制电路发出接通或断开、信号转换等指令。与按钮不同的是行程开关触点的动作不是靠手来完成，而是利用生产机械某些运动部件的碰撞使触点动作，从而接通或断开某些控制电路，达到一定的控制要求。为适应各种条件下的碰撞，行程开关有多种结构形

常闭按钮　　　常开按钮　　　复合按钮
(停止按钮)　　(起动按钮)

图 1-8　常用按钮的电路图形符号和文字符号

式，用来限制机械运动的位置或行程以及使运动机械按一定行程自动停车、反转或变速、循环等，以实现自动控制。常见行程开关的外形如图 1-9 所示。行程开关的种类很多，按结构

可分为直动式、滚轮式和微动式。

图1-9 行程开关外形实物图

（1）行程开关的常用型号和电气符号 常用的行程开关有 LX19、LXW5、LXK3、LX32、LX33 等系列，其中 LX19、、LX32、LX33 为直动式行程开关，LXW5 为微动式行程开关。行程开关的电路图形符号和文字符号如图1-10所示。行程开关的型号及含义如下：

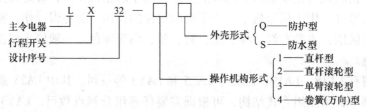

（2）行程开关的选用

1）根据应用场合及控制对象选择开关种类。

2）根据安装环境选择开关的防护形式。

3）根据控制回路的额定电压和电流选择开关的额定电压和电流。

4）根据机械行程或位置选择开关形式及型号。

图1-10 行程开关的电路图形符号和文字符号

使用行程开关时，安装位置要准确牢固，若在运动部件上安装，接线应有套管保护，使用时应定期检查，以防止接触不良或接线松脱造成误动作。

3. 感应开关

前面介绍的低压电器为有触点的电器，利用其触点闭合与断开来接通或分断电路，以达到控制目的。随着对开关响应速度要求的不断提高，依靠机械动作的电器触点有的已难以满足控制要求。同时，有触点电器还存在着一些固有的缺点，如机械磨损、触点的电蚀损耗、触点分合时往往颤动而产生电弧等。随着微电子技术、电力电子技术的不断发展，人们应用电子元件组成各种新型低压控制电器，可以克服有触点电器的一系列缺点。感应开关是随着半导体器件的发展而产生的一种非接触式物体检测装置，其实质是一种无触点的行程开关，常见的有接近开关和光电开关等。

（1）接近开关 接近开关又称无触点位置开关，其实物如图1-11所示。接近开关的用途除行程控制和限位保护外，还可作为检测金属体的存在、高速计数、测速、定位、变换运动方向、检测零件尺寸、液面控制及用作无触点按钮等。根据工作原理，接近开关可分为高频振荡型、电容型、霍尔效应型、感应电桥型等。其中以高频振荡型应用最广泛，占全部接近开关产量的80%以上，其电路形式多样，但电路结构大多由感应头、振荡器、开关器、输出器等组成。当安装在生产机械上的金属物体接近感应头时，由于感应作用，使处于高频振荡器线圈磁场中的金属物体内部产生涡流损耗，使得振荡回路因能耗增加而使振荡减弱，直至停止振荡。此时开关器导通，并通过输出器件发出信号，以起到控制作用。接近开关具有定位精度高、操作频率高、功耗小、寿命长、适用面广、能适用于恶劣工作环境等优点，其主要技术参数有工作电压、输出电流、动作距离、重复精度及工作响应频率等。目前市场上常用的接近开关有 LJ2、LJ6、LXJ6、LXJ18 等系列产品。接近开关的电路图形符号和文字符号如图 1-12 所示，接近开关的型号及含义如下：

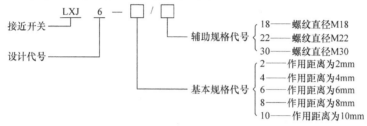

图 1-11　接近开关实物图

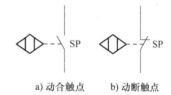

a) 动合触点　　　b) 动断触点

图 1-12　接近开关的电路图形符号和文字符号

（2）光电开关　光电开关又称为无接触式检测和控制开关。它利用物质对光束的遮蔽、吸收或反射作用，检测物体的位置、形状、标志、符号等。光电开关实物图如图 1-13 所示。

光电开关的核心元件是光电元件，这是将光照强弱的变化转换为电信号的传感元件。光电元件主要有发光二极管、光敏电阻、光电晶体管、光耦合器等。光电开关具有体积小、寿命长、功能多、功耗低、精度高、响应速度快、检测距离长和抗电磁干扰等优点。它广泛应

图 1-13　光电开关实物图

用于各种生产设备中，可进行物体检测、液位检测、行程控制、计数、速度检测、产品外形尺寸检测、色斑与标识识别、人体接近开关和防盗警戒等。

三、熔断器

熔断器是一种结构简单、使用维护方便、体积小、价格便宜的保护电器,它采用金属导体为熔体,串联于电路中,当电路发生短路或严重过载时,熔断器的熔体自身发热而熔断,从而分断电路。它广泛用于照明电路中的过载和短路保护及电动机电路中的短路保护。熔断器由熔体(熔丝或熔片)和安装熔体的外壳两部分组成,起保护作用的是熔体。低压熔断器按形状可分为管式、插入式、螺旋式等;按结构可分为半封闭插入式、无填料封闭管式和有填料封闭管式等,其实物图如图1-14所示。

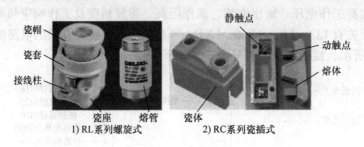

1) RL系列螺旋式　　　2) RC系列瓷插式

图1-14　熔断器实物图

（1）熔断器的型号及电气符号　熔断器的常用型号有 RL6、RL7、RT12、RT14、RT15、RT16（NT）、RT18、RT19（AM3）、RO19、RO20、RTO 等。熔断器的电路图形符号和文字符号如图1-15 所示。

（2）熔断器的选用

1）熔断器类型的选择:主要根据使用场合来选择不同的类型。例如,作为电网配电用,应选择一般工业用熔断器;作为硅元件保护用,应选择半导体器件保护熔断器;供家庭使用,宜选用螺旋式或半封闭插入式熔断器。

图1-15　熔断器的电路图形符号和文字符号

2）熔断器的额定电压必须高于或等于安装处的电路额定电压。

3）电路保护用熔断器熔体的额定电流基本上可按电路的额定负载电流来选择,但其极限分断能力必须大于电路中可能出现的最大故障电流。

4）在电动机回路中作为短路保护时,应考虑电动机的起动条件,按电动机的起动时间长短选择熔体的额定电流。

① 对照明电路等没有冲击电流的负载,可按下式选定熔体的额定电流

$$I_{fu} \geqslant I$$

式中,I_{fu} 为熔体的额定电流;I 为电路工作电流。

② 对电动机类负载应考虑起动冲击电流的影响,可按下式选定熔体的额定电流

$$I_{fu} \geqslant (1.5 \sim 2.5)I_N$$

式中,I_N 为电动机额定电流。

对于多台电动机并联的电路,考虑到电动机一般不同时起动,故熔体的电流可按下式计算

$$I_{fu} \geqslant (1.5 \sim 2.5)I_{Nmax} + \sum I_N$$

式中，I_{Nmax} 为功率最大的一台电动机的额定电流；$\sum I_N$ 为其余电动机额定电流之和。

四、交流接触器

接触器是一种适用于远距离频繁接通和分断交流或直流主电路和控制电路的自动控制电器，其主要控制对象是电动机，也可用于其他电力负载，如电热器、电焊机等。接触器具有欠电压保护、零电压保护的功能，有控制容量大、工作可靠、寿命长等优点，是自动控制系统中应用最多的一种电器，其实物如图1-16所示。接触器种类繁多，按操作方式可分为电磁接触器、气动接触器和电磁气动接触器；按灭弧介质可分为空气电磁式接触器、油浸式接触器和真空接触器；按主触点控制的电流性质可分为交流接触器、直流接触器；按电磁机构的励磁方式可分为直流励磁操作与交流励磁操作。

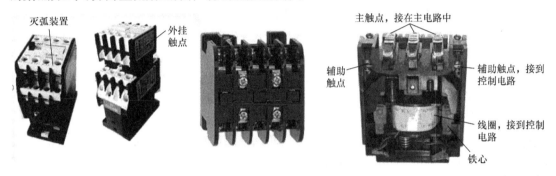

图1-16 接触器实物图

1. 交流接触器的结构和工作原理

（1）交流接触器的结构组成 交流接触器由电磁系统、触点系统、灭弧系统、释放弹簧及基座等部分构成，图1-17所示为交流接触器的结构示意图。

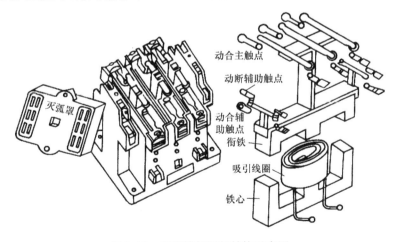

图1-17 交流接触器的结构示意图

接触器的结构

1）电磁机构。电磁机构由吸引线圈、铁心及衔铁组成。它的作用是将电能转换成电磁能再转换成机械能，带动触点，使之闭合或断开。

2）触点系统。触点系统由主触点和辅助触点组成。主触点接在控制对象的主回路中

（常串联在低压断路器之后），控制其通断；辅助触点一般容量较小，用来切换控制电路。每对触点均由静触点和动触点共同组成，动触点与电磁机构的衔铁相连，当接触器的电磁线圈得电时，衔铁带动动触点动作，使接触器的动合触点闭合、动断触点断开。

触点有点接触、面接触、线接触三种，接触面积越大则通电电流越大。触点材料有铜和银铜合金，银质触点更好。

3）电弧的产生与灭弧装置。当一个具有较大电流的电路突然断电时，如触点间的电压超过一定数值，触点间空气在强电场的作用下会产生电离放电现象，在触点间隙产生大量带电粒子，形成炽热的电子流，被称为电弧。电弧伴随高温、高热和强光，可能造成电路不能正常切断、烧毁触点、引起火灾等事故，因此对切换较大电流的触点系统必须采取灭弧措施。常用的灭弧装置有灭弧罩、灭弧栅和磁吹灭弧装置，主要用于熄灭触点在分断电流的瞬间动静触点间产生的电弧，以防止电弧的高温烧坏触点或发生事故。

（2）交流接触器的工作原理　当电磁线圈通电后，铁心被磁化产生磁通，由此在衔铁气隙处产生电磁力将衔铁吸合，主触点在衔铁的带动下闭合，接通主电路。同时，衔铁还带动辅助触点动作，动断辅助触点首先断开，接着动合辅助触点闭合。当线圈断电或外加电压显著降低时，在反力弹簧的作用下衔铁释放，主触点和辅助触点又恢复到原来的状态。

2. 接触器的常用型号及电气符号

目前我国常用的交流接触器主要有 CJ20、CJX1、CJX2、CJ12 等系列，还有引进德国 BBC 公司制造技术生产的 B 系列和德国 SIEMENS 公司的 3TB 系列等。常用的直流接触器主要有 CZ0、CZ16、CZ18、CZ21、CZ22 等系列产品。

接触器的电路图形符号和文字符号如图 1-18 所示。

图 1-18　接触器的电路图形符号和文字符号

交流接触器型号及含义如下：

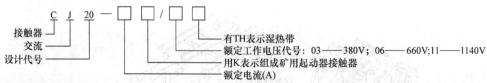

直流接触器型号及含义如下：

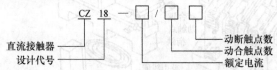

3. 接触器的选用

1）根据负载性质确定使用类别，再按照使用类别选择相应系列的接触器。

2）根据负载额定电压确定接触器的电压等级。接触器主触点的额定电压应不低于负载的额定电压。

3）根据负载工作电流确定接触器的额定电流等级。对于电动机负载，应按照使用类别进行选择：用于 AC-1、AC-3 类别时，可按电动机的满载电流选择相应额定工作电流的接触器；用于 AC-2、AC-4 类别时，可采用降低控制容量的方法提高电动机使用寿命。对于非电动机负载（如电阻炉、电焊机、照明设备等），应考虑使用时可能出现的过电流，宜选用

AC-4 类接触器。

4）交流接触器吸引线圈的额定电压一般直接选用 220V 或 380V。如果控制电路比较复杂，为安全起见，线圈的额定电压可选低一些（如 127V、36V 等）。直流接触器线圈的额定电压一般与其所控制的直流电路的电压一致。

5）根据操作次数校验接触器所允许的操作频率（每小时触点通断次数）。当通断电流较大且通断频率超过规定数值时，应选用额定电流大一级的接触器型号，否则会使触点严重发热，甚至熔焊在一起，造成断电后用电设备仍会带电，可能造成事故。

五、继电器

继电器是一种根据某种输入信号的变化接通或分断控制电路，实现控制目的的电器。继电器的输入信号可以是电流、电压等电量，也可以是温度、速度、时间、压力等非电量，而其输出通常是触点的接通或断开。继电器一般不直接控制有较大电流的主电路，而是通过控制接触器或其他电器对主电路进行间接控制。因此，同接触器相比，继电器的触点电流容量较小，一般不需灭弧装置，但对继电器动作的准确性则要求较高。

继电器的种类很多，按其用途可分为控制继电器、保护继电器、中间继电器；按动作时间可分为瞬时继电器、延时继电器；按输入信号的性质可分为电压继电器、电流继电器、时间继电器、温度继电器、速度继电器、压力继电器等；按工作原理可分为电磁式继电器、感应式继电器、电动式继电器、热继电器和电子式继电器等；按输出形式可分为有触点继电器、无触点继电器。在电力拖动系统中，电磁式继电器是应用最早同时也是应用最广泛的一种继电器，其实物如图 1-19 所示。

1. 电磁式继电器

（1）电磁式电压继电器　电磁式电压继电器的动作与线圈所加电压高低有关，使用时和负载并联。电压继电器的线圈匝数多、导线细、阻抗大。电压继电器又分为过电压继电器、欠电压继电器和零电压继电器。

1）过电压继电器：在电路中用于过电压保护。当其线圈为额定电压值时，衔铁不产生吸合动作，只有当电压为额定电压值的 105%～115% 时才产生吸合动作，当电压降低到释放电压时，触点复位。

2）欠电压继电器：在电路中用于欠电压保护。当其线圈在额定电压下工作时，欠电压继电器的衔铁处于吸合状态。如果电路电压降低，并且低于欠电压继电器线圈的释放电压时，其衔铁打开，触点复位，从而控制接触器及时切断电气设备的电源。

3）零电压继电器：零电压继电器的主要作用是进行零电压保护。当电压降低至额定电压的 5%～25% 或更低时，零电压继电器就动作。

（2）电磁式电流继电器　电磁式电流继电器的动作与线圈通过的电流大小有关，使用时和负载串联。电流继电器的线圈匝数少、导线粗、阻抗小。电流继电器又分为欠电流继电器和过电流继电器。

1）欠电流继电器：正常工作时，欠电流继电器的衔铁处于吸合状态。如果电路中负载电流过低，并且低于欠电流继电器线圈的释放电流时，其衔铁打开，触点复位，从而切断电气设备的电源。通常，欠电流继电器的吸合电流为大于额定电流值的 30%～65%，释放电流为小于额定电流值的 10%～20%。

2）过电流继电器：过电流继电器线圈工作在额定电流值时，衔铁不产生吸合动作，只有当负载电流超过一定值时才产生吸合动作。过电流继电器常用于在电力拖动控制系统中起保护作用。通常，交流过电流继电器的吸合电流整定范围为额定电流的 110% ~ 400%，直流过电流继电器的吸合电流整定范围为额定电流值 70% ~ 350%。

（3）中间继电器　中间继电器实质上是一种电压继电器，其触点数量多，触点容量相对较大（额定电流为 5 ~ 10A）。当一个输入信号需要变成多个输出信号或信号容量需放大时，可通过继电器来扩大信号的数量和容量。

电磁式继电器的电路图形符号和文字符号如图 1-20 所示。

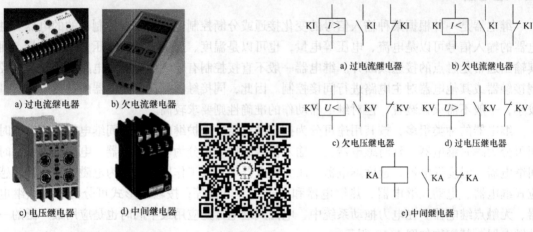

图 1-19　电磁式继电器实物图　　　中间继电器　　　图 1-20　电磁式继电器的电路图形符号和文字符号

2. 时间继电器

时间继电器是一种根据电磁原理或机械动作原理，实现触点延时接通或断开的控制电器。时间继电器在控制系统中用来控制动作时间，有两种延时方式：通电延时和断电延时。通电延时是指从继电器线圈得电开始，延时一定时间后触点闭合或分断，当线圈断电时，触点立即恢复到初始状态，断电延时是指当继电器线圈得电时，触点立即闭合或分断，从线圈断电开始延时一定时间后触点恢复到初始状态。时间继电器的种类很多，按其动作原理与构造不同可分为电磁式、空气阻尼式、电动式和电子式。时间继电器实物如图 1-21 所示。

（1）时间继电器的常用型号和电气符号　目前常用的空气阻尼式时间继电器有 JS7-A 系列和 JS23 系列，常用的电动式时间继电器有 JS11 系列，常用的电子式时间继电器有 JS20 系列。

时间继电器的电路图形符号和文字符号如图 1-22 所示。

（2）时间继电器的选用

1）根据控制电路对延时触点的要求选择延时方式，即通电延时型或断电延时型。

2）根据延时范围和延时精度要求选用合适的时间继电器。

3）根据工作条件选择时间继电器的类型。如环境温度变化大的场合不宜选用空气阻尼式、电子式时间继电器，电源频率不稳定的场合不宜选用电动式时间继电器，电源电压波动大的场合可选用空气阻尼式或电动式时间继电器。

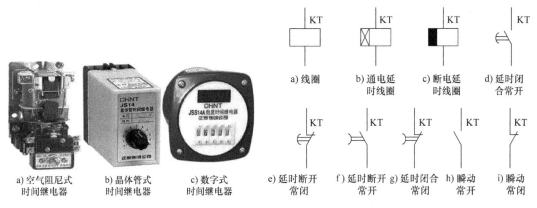

a) 空气阻尼式
时间继电器　　b) 晶体管式
时间继电器　　c) 数字式
时间继电器

图 1-21　时间继电器实物图

a) 线圈　b) 通电延
时线圈　c) 断电延
时线圈　d) 延时闭
合常开

e) 延时断开
常闭　f) 延时断开 g) 延时闭合
常开　常闭　h) 瞬动
常开　i) 瞬动
常闭

图 1-22　时间继电器的电路图形符号和文字符号

3. 热继电器

热继电器是利用电流加热热元件使双金属片弯曲,推动执行机构动作的保护电器。电动机在实际运行中,常常遇到过载的情况。若过载电流不太大且过载时间较短,电动机绕组温度不超过允许值,这种过载是允许的。但若过载电流大且过载时间长,电动机绕组温度就会超过允许值,会加剧绕组绝缘材料的老化,缩短电动机的使用寿命,严重时会使电动机绕组烧毁,这种过载是电动机不能承受的。因此,常用热继电器做电动机的过载保护以及作为三相电动机的断相保护。热继电器主要由热元件(驱动元件)、双金属片、触点和动作机构等组成。双金属片是由两种热膨胀系数不同的金属片碾压而成的,受热后热膨胀系数较大的主动层向热膨胀系数小的被动层方向弯曲。热继电器外形如图 1-23 所示。

图 1-23　热继电器外形　　　　　　　　　　　热继电器

(1) 热继电器的主要技术参数　热继电器的主要技术参数是整定电流,主要根据电动机的额定电流来确定。热继电器的整定电流是指热继电器长期不动作的最大电流,超过此值即开始动作。热继电器可以根据过载电流的大小自动调整动作时间,具有反时限保护特性。一般过载电流为整定电流的 1.2 倍时,热继电器动作时间小于 20min;过载电流为整定电流的 1.5 倍时,动作时间小于 2min;过载电流为整定电流的 6 倍时,动作时间小于 5s。热继电器的整定电流通常与电动机的额定电流相等或为额定电流的 95% ~ 105%。如果电动机拖动的是冲击负载或电动机的起动时间较长,热继电器整定电流要比电动机额定电流高一些。但对于过载能力较差的电动机,则热继电器的整定电流应适当小些。

(2) 热继电器的常用型号及电气符号　目前国产的热继电器品种较多,常用的有 JR20、JR16、JR15、JR14 等系列产品。引进产品有 ABB 公司的 T 系列、法国 TE 公司的 LR1-D 系

列、德国 SIEMENS 公司的 3UA 系列等。热继电器的图形符号和文字符号如图 1-24 所示，
热继电器的型号及含义如下：

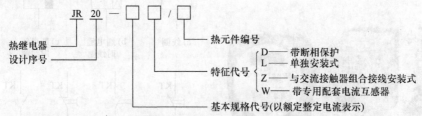

（3）热继电器的选用　原则上热继电器的额定电流应大于等
于电动机的额定电流，热继电器型号的选用应根据电动机的接法
和工作环境决定。当定子绕组采用星形联结时，选择通用的热继
电器即可；如果绕组为三角形联结，则应选用带断相保护装置的
热继电器。在一般情况下，可选用两相结构的热继电器；在电网
电压的均衡性较差、工作环境恶劣或维护较少的场所，可选用三
相结构的热继电器。

图 1-24　热继电器的电路图形
符号和文字符号

4. 速度继电器

速度继电器是一种当转速达到规定值时动作的继电器。它是根据电磁感应原理制成的，
主要用作笼型异步电动机的反接制动控制，所以也称反接制动继电器。速度继电器主要由转
子、定子和触点三部分组成，转子是一个圆柱形永久磁铁，定子是一个笼形空心圆环，由硅
钢片叠成，并装有笼形线圈。图 1-25 所示为速度继电器的实物及结构示意图。

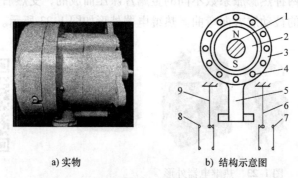

a) 实物　　　　　　b) 结构示意图

图 1-25　速度继电器的实物及结构示意图

1—主轴　2—转子　3—定子　4—线圈　5—摆锤　6、9—簧片和动触点　7、8—静触点

速度继电器的常用型号及电气符号：目前常用的速度继电器有 JY1 型和 JFZ0 型两种。
JY1 型在转速为 3000r/min 以下能可靠工作，JFZ0-1 型适用于转速为 300 ~ 1000r/min，
JFZ0-2 型适用于转速为 1000 ~ 3600r/min。

速度继电器一般具有两对动合、动断触点，
触点额定电压为 380V，额定电流为 2A。通常速
度继电器的动作转速为 130r/min，复位转速在
100r/min 以下。速度继电器的电路图形符号和文
字符号如图 1-26 所示。

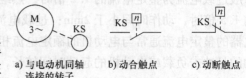

a) 与电动机同轴　b) 动合触点　c) 动断触点
连接的转子

图 1-26　速度继电器的电路图形符号和文字符号

5. 固态继电器

固态继电器（SSR）是近年发展起来的一种新型电子继电器，具有开关速度快、工作频率高、质量小、使用寿命长、噪声低和动作可靠等一系列优点，不仅在许多自动化装置中代替了常规电磁式继电器，而且广泛应用于数字程控装置、调温装置、数据处理系统及计算机 I/O 接口电路。三相及单相固态继电器实物及控制原理如图 1-27 所示。

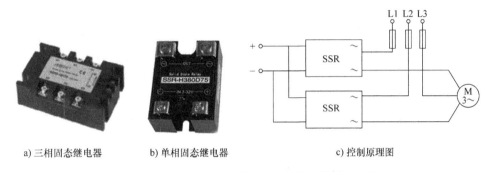

a) 三相固态继电器　　　b) 单相固态继电器　　　c) 控制原理图

图 1-27　三相及单相固态继电器实物及控制原理图

固态继电器按其负载类型分类，可分为直流型（DC-SSR）和交流型（AC-SSR）。

常用的 JDG 型多功能固态继电器是直流固态继电器的一种，按输出额定电流划分共有 4 种规格，即 1A、5A、10A、20A，电压均为 220V，选择时应根据负载电流确定规格。

1）电阻型负载，如电阻丝负载，其冲击电流较小，按额定电流的 80% 选用。

2）冷阻型负载，如冷光卤钨灯、电容负载等，浪涌电流比工作电流高几倍，一般按额定电流的 30% ~50% 选用。

3）电感性负载，其瞬变电压及电流均较高，额定电流要按冷阻型选用。

固态继电器用于控制直流电动机时，应在负载两端接入二极管，以阻断反电势；控制交流负载时，则必须估计过电压冲击的程度，并采取相应的保护措施（如加装 RC 吸收电路或压敏电阻等）；控制电感性负载时，固态继电器的两端还需加压敏电阻。

第二节　机床电气原理图的画法规则及阅读方法

为了清晰地表达生产机械电气控制系统的工作原理，便于系统的安装、调试、使用和维修，将电气控制系统中的各电气元器件用一定的图形符号和文字符号表示出来，再将其连接情况用一定的图形表达出来，这种图形就是电气控制系统图（工程图）。常用的电气控制系统图主要有三种：电气原理图、电气元件布置图和电气安装接线图。为了便于阅读，在绘制电气控制系统图时，必须采用国家统一规定的图形符号、文字符号和绘图方法。

一、电气控制系统图中的图形符号和文字符号

在电气控制系统图中，电器元件的图形符号和文字符号必须使用国家统一规定的图形及文字符号，统一采用 GB/T 4728—2005 及 GB/T 4728—2008《电气简图用图形符号》。常用的电气用图形符号、文字符号见附录。

二、电气原理图

电气控制系统是由许多电气元件按一定的要求和方法连接而成的。为了便于电气控制系统的设计、安装、调试、使用和维护，将电气控制系统中各电气元件及其连接电路用一定的图形表达出来，这就是电气控制系统图。在画图时，应根据简明易懂的原则，采用统一规定的图形符号、文字符号和标准画法。

1. 电气原理图的画法规则

电气原理图是为了便于阅读和分析控制电路，根据简单清晰的原则，采用电气元件展开的形式绘制而成的表示电气控制电路工作原理的图形。电气原理图只表示所有电气元件的导电部件和接线端点之间的相互关系，并不是按照各电气元件的实际布置位置和实际接线情况来绘制的，也不反映元件的大小。结合图1-28所示的某机床电气原理图说明绘制电气原理图的基本规则和应注意的事项。

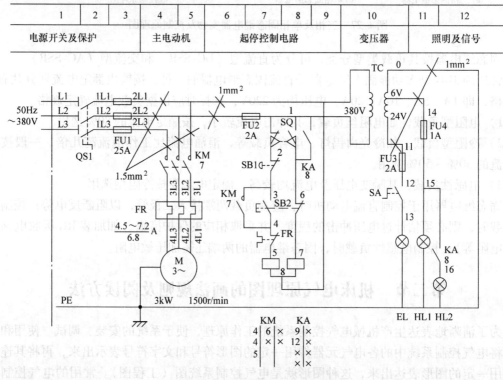

图1-28 某机床的电气原理图

绘制电气原理图的基本规则如下：

1）电气原理图一般分为主电路、控制电路、辅助电路。主电路就是从电源到电动机绕组的大电流通过的路径；控制电路由接触器、继电器的吸引线圈和辅助触点以及热继电器、按钮的触点等组成；辅助电路包括照明灯、信号灯等电器。控制电路、辅助电路中通过的电流较小。一般主电路用粗实线表示，画在左边（或上面）；辅助电路用细实线表示，画在右边（或下面）。

2）在原理图中，各电气元件不画实际的外形图，而采用国家规定的统一标准来画，文字符号也要符合国家标准。属于同一电器的线圈和触点，都要用同一文字符号表示。当使用相同类型电器时，可在文字符号后加注阿拉伯数字序号来区分。

3）同一电器的各个部件可以不画在一起，但必须采用同一文字符号标明。若有多个同一种类的电气元件，可在文字符号后加上数字序号，如 KM1、KM2。

4）元器件和设备的可动部分在图中通常均以自然状态画出。自然状态是指各种电器在没有通电和不受外力作用时的状态。对于接触器、电磁式继电器等，是指其线圈未加电压；而对于按钮、限位开关等，是指其尚未被压合。

5）在原理图中，有直接电联系的交叉导线的连接点，要用黑圆点表示；无直接电联系的交叉导线，交叉处不能画黑圆点。

6）在原理图中，无论是主电路还是辅助电路，各电气元件一般应按动作顺序从上到下，从左到右依次排列，可水平布置或垂直布置。

2. 图面区域的划分

进行图面分区时，竖边从上到下用大写英文字母，横边从左到右用阿拉伯数字分别编号，分区代号用该区域的字母和数字表示。图区横向编号下方的"电源开关及保护"等字样，表明它对应的下方元器件或电路的功能，以便于理解整个电路的工作原理。图面分区式样如图 1-29 所示。

3. 符号位置的索引

在较复杂的电气原理图中，对继电器、接触器线圈的文字符号下方要标注其触点位置的索引；而在触点文字符号下方要标注其线圈位置的索引。

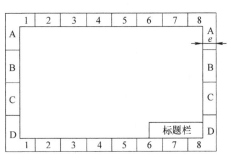

图 1-29 图面分区式样

e—图框线与边框线的距离，A0、A1 号图纸为 20mm；A2～A4 号图纸为 10mm。

符号位置的索引，用图号、页次和图区编号的组合索引法，组成如下：

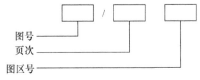

当某一元件相关的各符号元素出现在不同图号的图样上，而每个图号仅有一页图样时，索引代号可省去页次。当与某一元件相关的各符号元素出现在同一图号的图样上，而该图号有几张图样时，索引代号可省去图号。因此，当与某一元件相关的各符号元素出现在只有一张图样的不同图区时，索引代号只用图区号表示。

图 1-28 所示图区 9 中触点 KA 下面的 8，即为最简单的索引代号，它指出继电器 KA 的线圈位置在图区 8。图区 5 中接触器主触点 KM 下面的 7 指出 KM 的线圈位置在图区 7。

在电气原理图中，接触器和继电器线圈与触点的从属关系，应用附图表示。即在原理图中相应线圈的下方，给出触点的文字符号，并在其下面注明相应触点的索引代号，对未使用的触点用"×"标明。有时也可采用上述省去触点的表示法。图 1-28 所示图区 7 中 KM 线圈和图区 8 中 KA 线圈下方的是接触器 KM 和继电器 KA 相应触点的位置索引。对于接触器和继电器，图中各栏的含义分别如下：

	KM		KA	
左栏	中栏	右栏	左栏	右栏
主触点所在图区号	辅助动合触点所在图区号	辅助动断触点所在图区号	动合触点所在图区号	动断触点所在图区号

4. 技术数据的标注

电气元件的技术数据，除在电气元件明细栏中标明外，有时也可用小号字体标在其图形符号的旁边。如主电路、控制电路、辅助电路进线规格；电动机功率；变压器一次电压、二次电压；熔断器的额定电流；热继电器的电流整定范围、整定值等，例如图1-28所示图区4中热继电器FR的动作电流值范围为4.5～7.2A，整定值为6.8A。图1-28中标注的1.5mm^{2}和1mm^{2}等字样表明该处导线的横截面积。

三、电气元件布置图

电气元件布置图表示各种电气设备或电气元件在机械设备或控制柜中的实际安装位置，为机械电气控制设备的制造、安装、维护及维修提供必要的资料。

各电气元件的安装位置是由机床的结构和工作要求决定的。如行程开关应布置在要取得信号的地方，电动机要和被拖动的机械部件在一起，一般电气元件应放在控制柜内。

机床电气元件布置图主要包括机床电气设备布置图、控制柜及控制面板布置图、操作台及悬挂操纵箱电气设备布置图等。图1-30所示为CW6132型车床电气元件布置图。

电气元件的布置应注意以下几方面。

1）体积大和较重的电气元件应安装在电器安装板的下方，而热元件应安装在电器安装板的上方。

2）强电、弱电应分开，弱电应屏蔽，防止外界干扰。

3）需要经常维护、检修、调整的电气元件，安装位置不宜过高或过低。

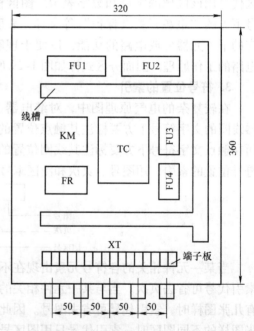

图1-30 CW6132型车床电气元件布置图

4）电气元件的布置应考虑整齐、美观、对称。外形尺寸与结构类似的电器应安装在一起，以便于安装和配线。

5）电气元件布置得不宜过密，应留有一定间距。如用走线槽，应加大各排电器间距，以便于布线和维修。

6）机械设备轮廓用双点画线，所有电气元件用粗实线绘出其简单外形轮廓，无须标注尺寸。

四、电气安装接线图

电气安装接线图主要用于电气设备的安装配线、电路检查、电路维修和故障处理。在图中要表示出各电气设备、电气元件之间的实际接线情况，并标注出外部接线所需的数据。在电气安装接线图中，各电气元件的文字符号、元件连接顺序、电路号码编制都必须与电气原理图一致，安装接线图的形式参见本章实训项目。

电气安装接线图的绘制原则：

1）绘制电气安装接线图时，各电气元件均按其在安装底板中的实际位置绘出，元件所占图面按实际尺寸以统一比例绘制。

2）绘制电气安装接线图时，一个元件的所有部件绘在一起，并用点画线框起来，有时将多个电气元件用点画线框起来，表示它们是安装在同一安装底板上的。

3）绘制电气安装接线图时，安装底板内外的电气元件之间的连线通过接线端子板进行连接，互连关系可用连续线、中断线或线束表示，安装底板上有几条接至外电路的引线，端子板上就应绘出几个线的接点。连接导线应注明导线根数、导线横截面积等。一般不表示导线实际走线路径，施工时根据实际情况选择最佳走线方式。图 1-31 所示为某机床电气安装接线图。

4）绘制电气安装接线图时，走向相同的相邻导线可以绘成一股线。

五、电气原理图阅读和分析方法

阅读电气原理图的方法主要有两种：查线读图法和逻辑代数法。这里仅介绍查线读图法。

查线读图法又称直接读图法或跟踪追击法。它是按照电路根据生产过程的工作步骤依次读图。其读图步骤如下：

1）了解生产工艺与执行电器的关系。在分析电气电路之前，应该熟悉生产机械的工艺情况，充分了解生产机械要完成哪些动作，这些动作之间又有什么联系；然后进一步明确生产机械的动作与执行电器的关系，必要时可以画出简单的工艺流程图，为分析电气电路提供方便。

2）分析主电路。在分析电气电路时，一般应先从电动机着手，根据主电路中有哪些控制元件的主触点、电阻等大致判断电动机是否有正反转控制、制动控制和调速要求等。

3）分析控制电路。通常对控制电路按照由上往下或从左往右的顺序依次阅读，可以按主电路的构成情况，把控制电路分解成与主电路相对应的几个基本环节依次分析，然后将各个基本环节结合起来综合分析。首先应了解各信号元件、控制元件或执行元件的初始状态；然后设想按动了操作按钮，电路中有哪些元件受控动作；这些动作元件的触点又是如何控制其他元件动作的，进而查看受驱动的执行元件有何运动；再继续追查执行元件带动机械运动时，会使哪些信号元件状态发生变化。

查线读图法的优点是直观性强，容易掌握，因而得到了广泛应用。其缺点是分析复杂电路时容易出错，叙述也较长。

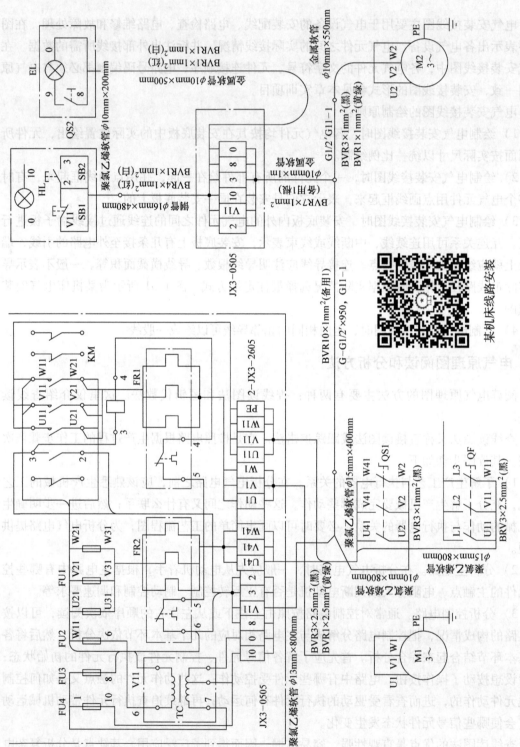

图 1-31 某机床电气安装接线图

第三节 三相异步电动机起动控制电路

三相异步电动机有全压直接起动和减压起动两种方式。较大容量电动机（大于 10kW）因起动电流较大（可达额定电流的 4~7 倍），一般采用减压起动方式来降低起动电流；对容量小于 10kW 的电动机一般可采用直接起动方式。

一、全压直接起动控制电路

1. 点动控制电路

所谓点动，即按下起动按钮时电动机转动工作，松开按钮时电动机停止工作。点动控制多用于机床刀架、横梁、立柱的快速移动和机床对刀等场合。

图 1-32 所示为电动机点动控制电路。图中隔离开关 QS、熔断器 FU1、交流接触器 KM 的主触点与电动机组成主电路，主电路中通过的电流较大。控制电路由熔断器 FU2、起动按钮 SB、接触器 KM 的线圈组成，控制电路中流过的电流较小。由于在机床电路中，点动控制主要用于运动部件行程较短的情况，属于短时间工作，一般不需要热继电器做过载保护。

控制电路的工作原理如下：

起动：合上电源隔离开关 QS→按下 SB→KM 线圈得电→KM 主触点闭合→电动机 M 通电，起动运转；

停止：松开 SB→KM 线圈失电→KM 主触点断开→电动机 M 失电停转。

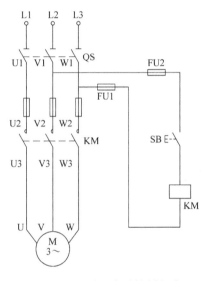

图 1-32 电动机点动控制电路

2. 连续控制电路

图 1-33 所示为具有自锁和过载保护功能的单向运转控制电路，主要应用于电动机容量在 10kW 以下的情况。例如，冷却泵、小型台钻、砂轮机等。其主电路由断路器 QF、熔断器 FU1、接触器 KM 的主触点、热继电器 FR 的热元件、电动机 M 组成。控制电路由熔断器 FU2、接触器 KM 的常开辅助触点和线圈、停止按钮 SB1、起动按钮 SB2、热继电器 FR 的常闭触点组成。短路保护由熔断器 FU1 和 FU2 实现，过载保护由热继电器 FR 实现。它的工作原理如下：

这种依靠接触器自身的辅助触点来使其线圈保持通电的现象称为自锁。

3. 多点控制电路

大型机床为了操作方便，常常要求在两个及以上的地点都能进行操作。实现多点控制的控制电路如图 1-34a 所示，即在各操作点都安装一套按钮，接线时，动合触点并联，动断触点串联。

多人操作的大型冲压设备，为保证操作安全，要求几个操作者都发出指令后，设备才能

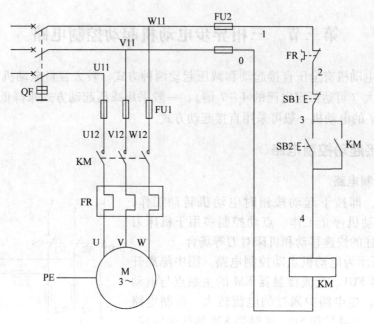

图1-33 连续控制电路

工作，此时应将各起动按钮串联，如图1-34b所示。

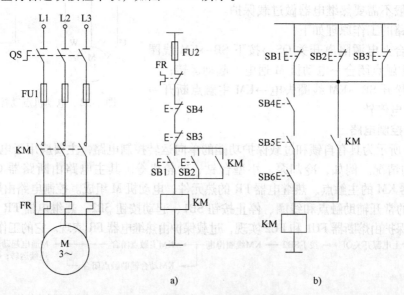

图1-34 多点控制电路

4. 点动和连续控制电路

机床设备在正常工作时，一般需要电动机处在连续运转状态。但在试车或调整刀具与工件的相对位置时，又需要电动机能点动，实现这种工艺要求的电路是连续与点动混合正转控制电路。图1-35a所示电路是在具有过载保护的接触器自锁正转的基础上，把手动开关SA串联在自锁电路中实现混合控制的。图1-35b所示电路是在起动按钮SB2两端并接一个复合按钮 SB3 来实现混合控制的。工作时，先合上电源开关 QS。

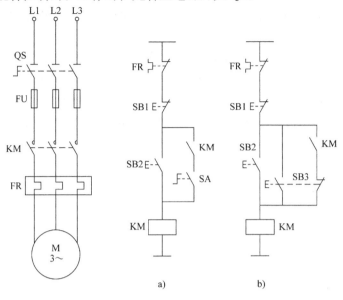

图 1-35 点动和连续控制电路

（1）连续控制

起动：按下SB2 → KM 线圈得电 → KM自锁触点闭合自锁 / KM主触点闭合 → 电动机M起动，连续运转；

停止：按下SB1 → KM 线圈失电 → KM自锁触点分断解除自锁 / KM主触点分断 → 电动机M失电停转。

（2）点动控制

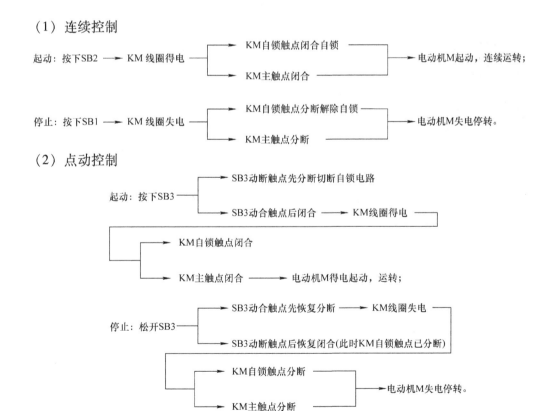

二、减压起动控制线路

较大容量的笼型电动机（大于 10kW），一般都应采用减压起动，以防止过大的起动电流引起电源电压的下降。定子侧减压起动常用的方法有丫－△减压起动、定子串电阻减压起动及自耦变压器减压起动等。下面介绍丫－△减压起动和自耦变压器减压起动。

1. 丫－△减压起动控制线路

仅用于正常运行时定子绕组为△联结的电动机。丫－△起动时，电动机线圈先接成丫形，待转速增加到一定程度时，再将线路切换成△联结。这种方法可使每相定子绕组所承受的电压在起动时降低到正常工作时所加电压的 $1/\sqrt{3}$，其电流为直接起动时的 $1/3$。由于起动电流减小，起动转矩也同时减小到直接起动的 $1/3$，所以这种方法一般只适合于空载或轻载起动的场合。丫－△减压起动电路如图 1-36 所示。减压起动：先合上电源开关 QF。

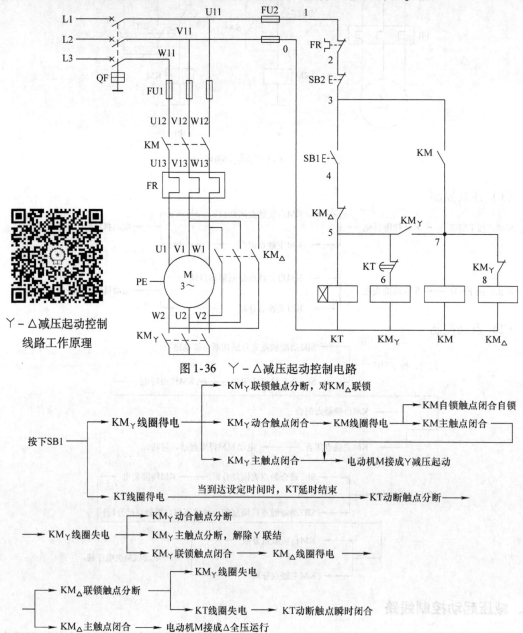

图 1-36　丫－△减压起动控制电路

该电路中，接触器 KM丫 得电以后，通过 KM丫 的常开辅助触点使接触器 KM 得电动作，这样 KM丫 的主触点是在无负载的条件下进行闭合的，故可延长接触器 KM丫 主触点的使用寿命。

容量在 13kW 以下电动机的丫 – △减压起动控制电路可由两个接触器控制，其工作原理与上述基本相同，在这里不做介绍。

2. 自耦变压器减压起动控制电路

自耦变压器减压起动适用于起动较大容量、正常工作时丫联结的电动机；起动转矩可以通过改变抽头的连接位置得到改变，因此起动时对电网的电流冲击小；缺点是自耦变压器价格较贵，且不允许频繁起动。

图 1-37 所示为自耦变压器减压起动控制电路，其工作过程如下：

起动时：

合上电源开关QS。

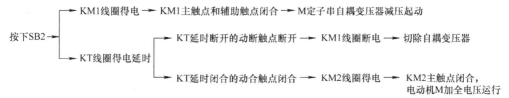

停止时：按下SB1 —— KT和KM2线圈断电释放 —— 电动机M断电停止。

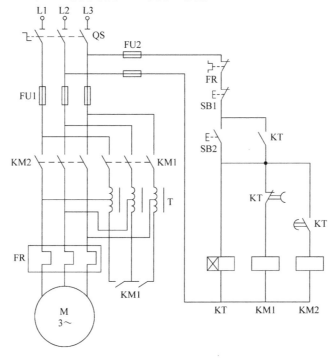

图 1-37 自耦变压器降压起动控制电路

一般工厂常用的自耦变压器起动方法是采用成品的补偿降压起动器。这种成品的补偿降压起动器包括手动、自动操作两种形式。手动操作的补偿器有 QJ3、QJ5 等型号，自动操作的补偿器有 XJ01 型和 CTZ 系列等型号。

第四节　三相异步电动机运行控制电路

一、三相异步电动机正反转控制电路

许多生产机械需要正、反两个方向的运动，例如机床工作台的前进与后退，主轴的正转与反转，起重机吊钩的上升与下降等，要求电动机可以正反转。只需将接至交流电动机的三相电源进线中任意两相对调，即可实现反转，在电路中可由两个接触器 KM1、KM2 控制。必须指出的是，KM1 和 KM2 的主触点不允许同时接通，否则将造成电源相间短路事故。

1. 电动机的正转—停止—反转控制电路

此控制电路如图 1-38 所示，其实质是利用接触器互锁实现正反转。其工作原理如下：

（1）正转控制

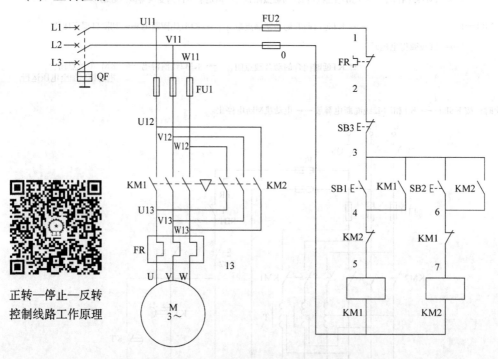

正转—停止—反转控制线路工作原理

图 1-38　电动机正转—停止—反转控制电路

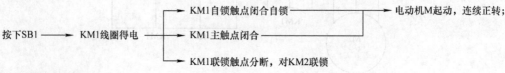

（2）反转控制

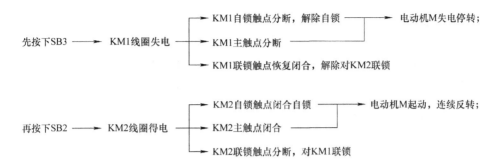

停止时，按下停止按钮SB3 —— 控制电路失电 —— KM1(或KM2)主触点分断 —— 电动机M失电停转。

2. 电动机的正转—反转—停止控制电路

此控制电路如图1-39所示，其实质是利用接触器及复合按钮相结合的双重互锁形式实现正反转控制，即既有接触器的电气互锁，又有复合按钮的机械联锁的正反转控制电路。其工作原理如下：

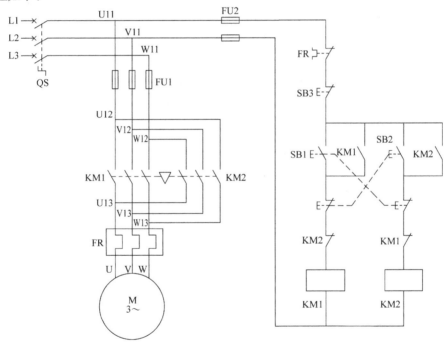

图1-39 电动机正转—反转—停止控制电路

（1）正转控制

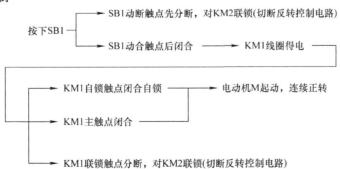

（2）反转控制

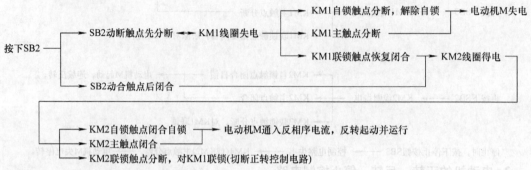

若要停止，按下SB3，整个控制电路失电，主触点分断，电动机M失电停转。

二、正反转自动循环控制电路

在实际生产过程中，有时需要控制生产机械运动部件的行程，例如铣床的工作台、组合机床的滑台等，并要求在一定的行程范围内自动往复循环。实现运动部件位置的控制，称为行程控制。在行程控制中所使用的主要电气元件是行程开关。SQ1、SQ2 分别安装在床身两端，反映工作台行程的两个极限位置。撞块A、B安装在工作台上，当撞块随着工作台运动到行程开关位置时，压下行程开关，使其触点动作，从而改变控制电路，使电动机正反转，实现工作台的自动往返运动。图 1-40 所示为利用行程开关实现电动机正反转的自动循环控

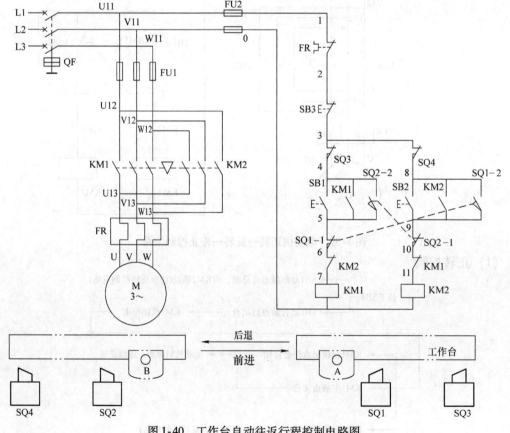

图 1-40 工作台自动往返行程控制电路图

制电路图，机床工作台的往返循环运动由电动机正反转实现，图中 SQ1 与 SQ2 分别为工作台右限位行程开关和左限位行程开关，SQ3 和 SQ4 分别为右、左终端限位保护。其工作原理如下：

自动往返运动：先合上电源开关 QF。

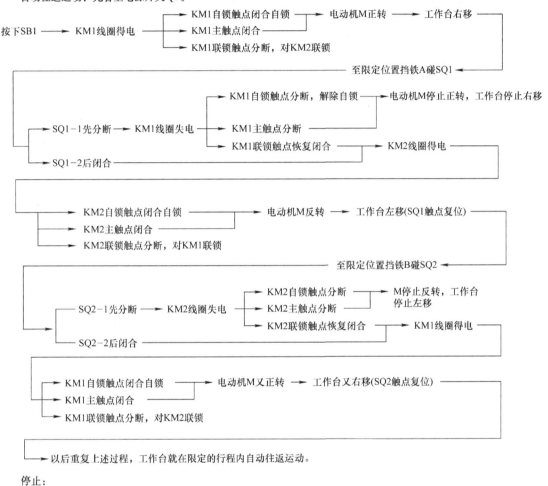

以后重复上述过程，工作台就在限定的行程内自动往返运动。

停止：

按下SB3 ──→ 整个控制电路失电 ──→ KM1(或KM2)主触点分断 ──→ 电动机M失电停转。──→ 工作台停止运动。

从上述分析来看，工作台每经过一个往复循环，电动机要进行两次转向改变，所以电动机的轴将受到很大的冲击力，电动机容易损坏。此外，当循环周期很短时，电动机由于频繁地换向和起动，会因过热而损坏。因此，上述电路只适合于循环周期长且电动机的轴有足够强度的传动系统中。

三、双速电动机控制电路

采用双速电动机能简化齿轮传动的变速箱，在车床、磨床、镗床等机床中应用很广。双速电动机通过改变定子绕组接线的方法来获得两个同步转速。

图 1-41 所示为 4/2 极双速电动机定子绕组接线示意图，图 1-41a 所示为将定子绕组的 1U、1V、1W 接电源，而 2U、2V、2W 接线端悬空，则三相定子绕组接成三角形，每相绕组中的两个线圈串联，电流参考方向如图 1-41a 中箭头所示，磁场具有 4 个极（即两对极），

电动机为低速。若将接线端1U、1V、1W连在一起,而2U、2V、2W接电源,则三相定子绕组接成双星形,每相绕组中的两个线圈并联,电流参考方向如图1-41b中箭头所示,磁场为两个极(即一对极),电动机为高速。

图1-42所示为双速电动机采用复合按钮联锁的高、低速直接转换控制电路,即用按钮和接触器控制电动机的高速和低速运行,SB1、KM1控制电动机低速运行,SB2、KM2控制电动机高速运行。其工作原理如下:

1. △联结低速起动运行

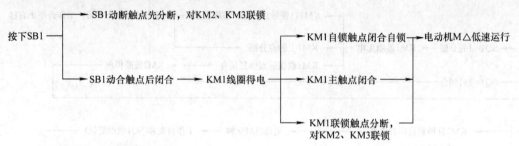

2. YY联结高速起动运行

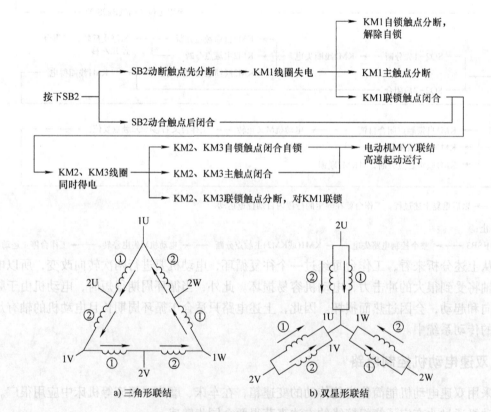

a)三角形联结   b)双星形联结

图1-41 4/2极双速电动机定子绕组接线示意图

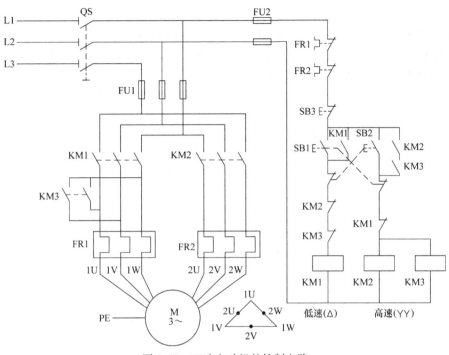

图 1-42　双速电动机的控制电路

四、顺序起动控制电路

在机床运行时，多台电动机的起动往往有先后顺序要求，如主轴电动机起动前先起动润滑油泵电动机等顺序控制要求。图 1-43 所示为两台电动机顺序起动控制电路。图 1-43a 所

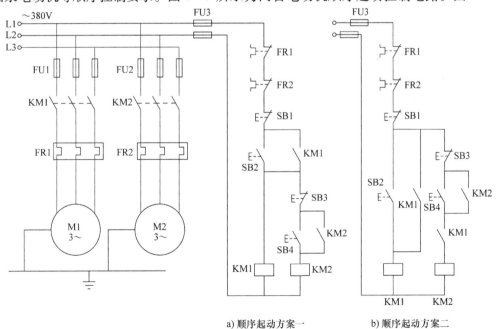

a) 顺序起动方案一　　　　b) 顺序起动方案二

图 1-43　两台电动机顺序起动控制电路

示为顺序起动方案一，采用单个 KM1 的辅助动合触点进行顺序起动。

其工作原理：先按下按钮 SB2，KM1 线圈得电，主电路中 KM1 主触点闭合，电动机 M1 先运转，KM1 动合触点闭合自锁，再按下按钮 SB4，KM2 线圈得电，主电路中 KM2 主触点闭合，电动机 M2 运转，KM2 动合触点闭合自锁。

图 1-43b 所示为顺序起动方案二，采用两对 KM1 的辅助动合触点进行顺序起动。

其工作原理：先按下按钮 SB2，KM1 线圈得电，主电路中 KM1 主触点闭合，电动机 M1 先运转，KM1 线圈回路中的 KM1 动合触点闭合自锁，同时 KM2 线圈回路中的 KM1 动合触点闭合，为 KM2 线圈得电提供条件，再按下按钮 SB4，KM2 线圈得电，主电路中 KM2 主触点闭合，电动机 M2 运转，KM2 动合触点闭合自锁。

第五节 三相异步电动机制动控制电路

三相异步电动机从切断电源到完全停止旋转，由于惯性总要经过一段时间，这往往不能适应某些生产机械工艺的要求，如卷扬机、机床设备等，无论是从提高生产率，还是从安全及工艺要求等方面考虑，都要求能对电动机进行制动控制，即能迅速使电动机停机、定位。三相异步电动机的制动方法一般有两大类，机械制动和电气制动。机械制动时用机械装置来强迫电动机迅速停车，如电磁抱闸、电磁离合器等；电气控制实质上在电动机接到停车命令时，同时产生一个与原来旋转方向相反的制动转矩，迫使电动机转速迅速下降。电气制动控制电路包括能耗制动控制电路和反接制动控制电路。

一、能耗制动控制电路

所谓能耗制动，就是在电动机脱离三相交流电源后，在电动机定子绕组上立即加一个直流电压，利用转子感应电流与静止磁场的相互作用产生制动转矩，以达到制动的目的。其方法是停车时，在切除三相交流电源的同时，将一直流电源接入电动机定子绕组的任意两相，以获得大小和方向不变的恒定磁场，从而产生一个与电动机原转矩方向相反的电磁转矩，以实现制动。当电动机转速下降到零时，再切除直流电源。能耗制动可用时间继电器进行控制，也可用速度继电器进行控制。

1. 时间继电器控制的单向能耗制动控制电路

图 1-44 所示为时间继电器控制的单向能耗制动控制电路，其工作过程如下：

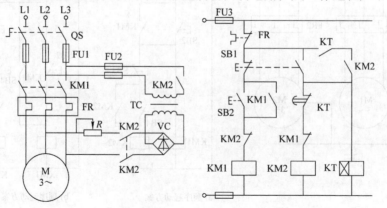

图 1-44 时间继电器控制的单向能耗制动控制电路

（1）起动

合上QS，按下SB2 —— KM1线圈得电并自锁 —— KM1动断辅助触点断开

KM1主触点闭合 —— 电动机M起动运行。

（2）制动停车

按下SB1 —— KM1线圈断电 —— KM1主触点断开 —— 电动机M断电，惯性运转

KM2线圈得电 —— KM2主触点闭合 —— 直流电通入M定子绕组 —— 电动机能耗制动

KT线圈得电 —— KT动断触点延时断开 —— KM2线圈断电 —— KM2主触点断开，切断电动机直流电源，制动结束。

2. 速度继电器控制的单向能耗制动控制电路

图 1-45 所示为速度继电器控制的单向能耗制动控制电路，用速度继电器 KS 取代了时间继电器 KT，其他基本相同，其工作原理如下：

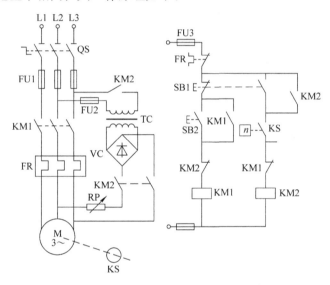

图 1-45　速度继电器控制的单向能耗制动控制电路

（1）起动

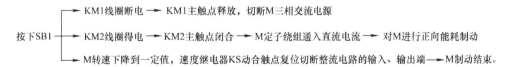

合上QS，按下SB2 —— KM1得电并自锁 —— KM1主触点闭合 —— M起动运行；

KM1互锁的动断触点断开，KS动合触点闭合，为能耗制动做好准备。

（2）制动停车

按下SB1 —— KM1线圈断电 —— KM1主触点释放，切断M三相交流电源

KM2线圈得电 —— KM2主触点闭合 —— M定子绕组通入直流电流 —— 对M进行正向能耗制动

M转速下降到一定值，速度继电器KS动合触点复位切断整流电路的输入、输出端 —— M制动结束。

二、反接制动控制电路

反接制动是利用改变电动机电源的相序，使定子绕组产生相反方向的旋转磁场，从而产生制动转矩的一种制动方法。反接制动的特点是制动迅速、效果好，但电流冲击较大，通常仅适用于10kW 以下的小容量电动机。为了减小冲击电流，通常要求在电动机主电路中串联

一定阻值的电阻，以限制反接制动电流，该电阻称为反接制动电阻。

　　反接制动电阻的接线方式有对称和不对称两种接法，采用对称接法可以在限制制动转矩的同时限制制动电流；而采用不对称接法，只限制了制动转矩，未加制动电阻的那一相仍具有较大的电流。反接制动需要注意的是在电动机转速接近零时，要及时切断反相序电源，以防止反向再起动。图1-46所示为电动机单向反接制动控制电路。其工作原理如下：

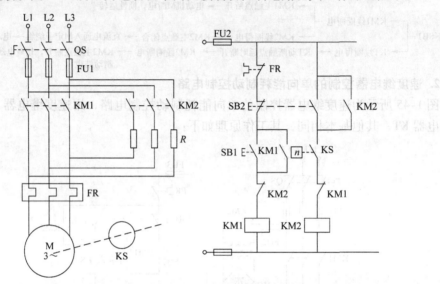

图1-46　电动机单向反接制动控制电路

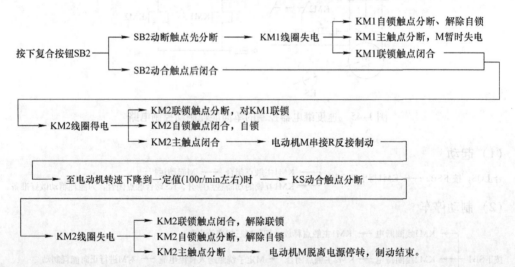

　　反接制动时，由于旋转磁场与转子的相对转速（$n_1 + n$）很高，故转子绕组中感应电流很大，致使定子绕组中的电流也很大，一般约为电动机额定电流的10倍。因此，反接制动适用于10kW以下小容量电动机的制动。在对4.5kW以上的电动机进行反接制动时，须在定子回路中串入限流电阻R，以限制反接制动电流。

第六节　电动机的保护环节

电气控制系统除了要满足生产机械的加工工艺要求外，还要求长期、正常、无故障地运行，这就需要各种保护措施。保护环节是所有生产机械电气控制系统不可缺少的组成部分，用来保护电动机、电网、电气控制设备以及人身安全等。

电气控制系统中常用到的保护环节有短路保护、过载保护、过电流保护、零电压与欠电压保护以及弱磁保护等。

一、短路保护

电动机绕组、导线的绝缘损坏或电路故障，都可能造成短路事故。短路时，若不迅速切断电源，会产生很大的短路电流和磁力，使电气设备损坏。常用的短路保护元件有熔断器和断路器。

1. 熔断器保护

熔断器的熔体串联在被保护的电路中，当电路发生短路或严重过载时，它自行熔断，从而切断电路，达到保护的目的。

2. 断路器保护

断路器兼有短路、过载和欠电压保护等功能，这种开关能在电路发生上述故障时快速地自行切断电源。它是低压配电的重要保护元件之一，常用作低压配电盘的总电源开关及电动机、变压器的合闸开关。

通常熔断器适用于对动作准确性和自动化程度要求不高的系统。断路器在发生短路时就会自动跳闸，将三相电源同时切断，故可减少电动机断相运行的隐患，广泛应用于控制要求较高的场合。

二、过载保护

电动机长期过载运行时，绕组的温度会超过其允许值，电动机的绝缘材料就会变脆，寿命缩短，严重时会使电动机损坏。过载电流越大，达到允许温度的时间就越短。常用的过载保护元件是热继电器或断路器。当电动机绕组通入额定电流时，产生额定温升，热继电器不动作；当过载电流较小时，热继电器要经过较长的时间才会动作；当过载电流较大时，热继电器经过较短的时间就会动作。

由于热惯性的原因，热继电器不会受电动机短时过载冲击电流或短路电流的影响而瞬时动作，所以在使用热继电器做过载保护的同时，还必须设有短路保护。作为短路保护的熔断器熔体的额定电流不应超过热继电器驱动元件的额定电流的 4 倍。

三、过电流保护

过电流保护广泛应用于直流电动机或绕线转子异步电动机。三相笼型异步电动机由于短时过电流不会产生严重后果，故不采用过电流保护而采用短路保护。过电流保护元件是过电流继电器。

过电流往往是由于操作不当或过大的负载转矩引起的，一般比短路电流要小。在电动机运行中产生过电流要比发生短路的可能性更大，尤其是在频繁正反转、频繁起动和制动的重复短时工作制的电动机中更是如此。直流电动机和绕线转子异步电动机电路中过电流继电器也起着短路保护的作用，一般过电流的动作值为起动电流的1.2倍左右。

四、零电压与欠电压保护

当电动机正在运行时，如果电源电压因某种原因消失，那么在电源电压恢复时，电动机将自行起动，这就可能造成生产设备的损坏，甚至造成人身伤害事故。对电网来说，许多电动机同时自行起动会引起太大的过电流及电压降。防止电压恢复时电动机自行起动的保护称为零电压保护。

在电动机运转时，电源电压过分地降低还会引起电动机转速下降甚至停转，另外，电源电压降低还会引起一些电器的释放，造成控制电路工作不正常，甚至产生事故。因此，需要在电压下降至一定值时将电动机电源自动切除，即采用欠电压保护措施。

一般采用电压继电器来进行零电压和欠电压保护，接触器也具有零电压和欠电压保护功能。

五、弱磁保护

直流电动机磁通的过度减少会引起电动机的超速，甚至产生飞车，因此需要采取弱磁保护措施。弱磁保护采用的元件为电磁式电流继电器。

对并励和复励直流电动机来说，弱磁保护继电器的吸合电流一般整定在额定励磁电流的80%，释放电流对于调速的并励电动机来说应该整定在最小励磁电流的80%。

除上述主要保护外，控制系统中还有其他各种保护，如行程保护、油压保护和油温保护等，通常是在控制电路中串联一个这些参量控制的动合触点或动断触点来实现对控制电路的电源控制。前面所介绍的互锁控制，在某种意义上也是一种保护作用。

交流电动机常用保护电路图如图1-47所示。

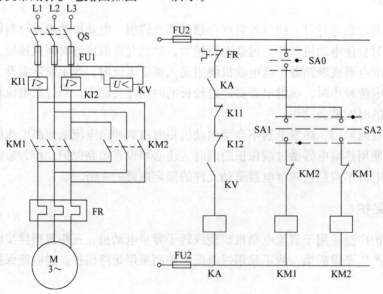

图1-47 交流电动机常用保护电路图

线路中各功能元件如下：

短路保护：熔断器 FU。

过载保护（热保护）：热继电器 FR。

过电流保护：过电流继电器 KI1、KI2。

零电压保护：中间继电器 KA。

欠电压保护：欠电压继电器 KV。

联锁保护：通过正向接触器 KM1 和反向接触器 KM2 的动断触点实现。

要使电动机起动，必须先将控制器置于零位，使触点 SA0 闭合，中间继电器线圈 KA 得电并自锁，然后再将控制器置于 SA1 或 SA2 位置，使接触器 KM1 或 KM2 得电，电动机才能运转。当电源电压过低或消失时中间继电器 KA 起零电压保护作用。欠电压继电器 KV 的动合触点断开，使 KA 释放，KM1 或 KM2 也立即释放。由于控制器不在零位，所以在电源电压恢复时 KA 不会得电动作，故 KM1 或 KM2 也不会得电动作，实现了零电压保护，C616 车床就采用了这种保护。若接触器用按钮起动，有动合触点自锁保持得电的，则不必另加零电压保护继电器，电路本身兼备了零电压保护环节。

实训项目一　常用低压电器拆装及测试

一、项目任务

识别常用低压电器，掌握其功能、结构及工作原理，并能正确拆装常用低压电器。

二、实训目的

1）能够正确识别常用低压电器。

2）能够拆卸和装配常用低压电器并能进行简单的检测。

3）能够对常用简单低压电器的故障进行检测和维修。

4）会使用电工工具和电工仪表。

5）根据单台三相异步电动机的技术参数合理选择低压电器的规格型号。

6）能对常用低压电器进行正确的安装、接线。

三、项目设备

项目设备见表 1-1。

表 1-1　项目设备

名称	型号或规格	数量	名称	型号或规格	数量
单向调压器	1kV·A	1 台	一般电工工具	螺钉旋具、测电笔、万用表、剥线钳等	1 套
刀开关	HK1-30/3	1 只	低压断路器	DZ15	1 只
熔断器	RC1A-15	1 只	三相异步电动机	Y-100L2-4	1 台
按钮		2 只	交流接触器	CJ10-20	2 只
导线	2.5mm²	若干			

四、项目实施

根据低压电器实物，熟悉常用低压电器的功能、结构及工作原理。理解参数的含义，掌握安装和使用要领，进行分析、拆装并仔细观察其结构和动作过程，写出各主要零部件的名称，测量触点电阻、通断情况，进行故障判断，并分析其故障处理方法。

1. 拆装一只开启式负荷开关

记录拆装注意事项，在表1-2中记录常见故障及处理方法，记录主要零部件的名称和作用。

表1-2 开启式负荷开关的拆装识别及故障处理

型号	参数含义	主要零部件	
		名称	作用
安装使用注意事项	常见故障分析及处理		

2. 拆卸和组装一只按钮

记录拆装注意事项，参考表1-2中的常见故障及处理办法，记录主要零件的名称、作用。

3. 拆卸和组装一只熔断器

记录拆装注意事项，参考表1-2中的常见故障及处理办法，记录主要零件的名称、作用。

4. 拆卸和组装一只断路器

记录拆装注意事项，在表1-2中记录常见故障及处理办法，记录主要零件的名称、作用。

5. 拆装、检修交流接触器

记录拆装注意事项，参考表1-2中的常见故障及处理办法，记录主要零件的名称、作用。

（1）交流接触器的拆卸

1）卸下灭弧罩紧固螺钉，取下灭弧罩。

2）拉紧主触点定位弹簧夹，取下主触点及主触点压力弹簧片。拆卸主触点时必须将主触点侧转45°后取下。

3）松开辅助常开静触点的线桩螺钉，取下常开静触点。

4）松开接触器底部的盖板螺钉，取下盖板。在松开盖板螺钉时，要用手按住螺钉并慢慢放松。

5）取下静铁心的缓冲绝缘纸片及静铁心。

6）取下静铁心支架及缓冲弹簧。

7）拔出线圈接线端的弹簧夹片，取下线圈。

8）取下反作用弹簧。

9）取下衔铁和支架。

10）从支架上取下动铁心定位销，然后取下动铁心及缓冲绝缘纸片。

（2）交流接触器的检修

1）检查灭弧罩有无破裂或烧损，清除灭弧罩内的金属飞溅物和颗粒。

2）检查触点的磨损程度，磨损严重时应更换触点。若不需要更换，则清除触点表面上烧毛的颗粒。

3）清除铁心端面的油垢，检查铁心有无变形，端面接触是否平整。

4）检查触点压力弹簧及反作用弹簧是否变形或弹力不足，如有则更换弹簧。

5）检查电磁线圈是否有短路、断路及发热变色现象。

6）交流接触器触点压力的调整：一般用纸条凭经验判断，将一张厚约 0.1mm、比触点稍宽的纸条夹在触点间，使触点处于闭合位置，用手拉动纸条，若触点压力合适，稍用力纸条即可拉出。

（3）对交流接触器的释放电压进行测试　复杂的电器控制电路大多都是由许多低压电器组成的。在设计和安装控制电路时，必须熟悉低压电器的外形结构及型号意义，并掌握其简单的检查与测试方法。交流接触器的测试电路如图 1-48 所示，其测试步骤如下：

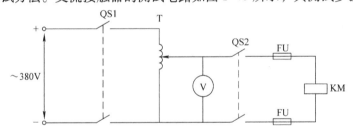

图 1-48　交流接触器的测试电路

1）按照图 1-48 所示接线。

2）闭合刀开关 QS1，调节调压器为 380V；闭合 QS2，交流接触器线圈通电吸合。

3）转动调压器手柄，使电压均匀下降，同时注意接触器的变化，并在表 1-3 中记录数据。

表 1-3　交流接触器的拆装识别和测量

电源电压	开始出现噪声电压	接触器释放电压	释放电压/额定电压	最低吸合电压	吸合电压/电源电压

4）对交流接触器的最低吸合电压进行测试。

从释放电压开始，每次将电压上调 10V，然后闭合刀开关，观察接触器是否闭合。如此重复，直到交流接触器能可靠地闭合开始工作为止，将数据填入表 1-3 中。

5）注意事项：接线要求牢固、整齐、清楚、安全可靠。操作时要细心、谨慎，不允许用手触及电器元件的导电部分，以免造成意外触电事故。

实训项目二　电动机正反转控制电路的板前线槽安装、配线

一、项目任务

完成电动机正反转控制电路的板前线槽配线安装与检修。

二、实训目的

1）会分析电动机正反转控制的控制方法。

2）能正确安装电动机正反转控制电路。

三、项目设备

（1）工具　验电笔、螺钉旋具、尖嘴钳、斜口钳、剥线钳、电工刀等。

（2）仪表　ZC25-3型兆欧表、MG3-1型钳形电流表、MF47型万用表。

（3）器材　根据三相异步电动机Y112M-4的技术数据和图1-40所示工作台自动往返控制电路，将所选用的器材填入表1-4中。

表1-4　器材明细表

代号	名称	型号	规格	数量
M	三相笼型异步电动机	Y112M-4	4kW、380V、8.8A、△联结，1440r/min	1台
QF	低压断路器	DZ5-20/330	三极复式脱扣器，30V、20A	1只
FU1	熔断器	RL1-60/25	500V、60A、配熔体25A	3只
FU2	熔断器	RL1-25/2	500V、15A、配熔体2A	2只
KM1、KM2	接触器	CJ10-20	20A、线圈电压380V	2只
FR	热继电器	JR36-20	三极、20A、热元件11A、整定电流8.8A	1只
SB1、SB2、SB3	按钮	LA10-3H	保护式、380V、5A、按钮数3	1只
XT	端子板	JD0-1020	380V、10A、20节	若干
	主电路导线		BVR1.5mm^2（黑色）	若干
	控制电路导线		BVR1.0mm^2（红色）	若干
	按钮线		BVR0.75mm^2（红色）	若干
	接地线		BVR1.5mm^2（黄绿双色）	若干
	电动机引线			若干
	走线槽		18mm×25mm	若干
	控制板		500mm×400mm×20mm	1块
	针形及叉形轧头			若干
	紧固体、编码套管			若干
	金属软管			若干

四、基础知识准备

（1）阅读分析图 1-39 所示电动机正转—反转—停止控制电路

（2）板前线槽配线的工艺要求

1）所有导线的横截面积等于或大于 0.5mm^2 时，必须采用软线。考虑机械强度的原因，所用导线的最小横截面积在控制箱外为 1mm^2，在制箱内为 0.75mm^2。但对控制箱内通过很小电流的电路连线，如电子逻辑电路，可用 0.2mm^2 导线，并且可以采用硬线，但只能用于不移动又无振动的场合。

2）布线时，严禁损伤线芯和导线绝缘层。

3）各电器元件接线端子引出导线的走向以元件的水平中心线为界限，在水平中心线以上的接线端子引出的导线，必须进入元件上面的走线槽；在水平中心线以下的接线端子引出的导线，必须进入元件下面的走线槽。任何导线都不允许从水平方向进入走线槽内。

4）各电器元件接线端子上引出或引入的导线，除间距很小或元件机械强度很差时允许直接架空敷设外，其他导线必须经过走线槽进行连接。

5）进入走线槽内的导线要完全置于走线槽内，并应尽可能避免交叉，装线不要超过其容量的 70%，以便于盖上线槽盖和进行以后的装配及维修。

6）各电器元件与走线槽之间的外露导线，应合理走线，并尽可能做到横平竖直，垂直变换走向。同一个元件上位置一致的端子和同型号电器元件中位置一致的端子，引出或引入的导线，要敷设在同一平面上，并应做到高低一致或前后一致，不得交叉。

7）所有接线端子、导线线头上，都应套有与电路图上相应接点线号一致的编码套管，并按线号进行连接，连接必须牢固，不得松动。

8）在任何情况下，接线端子都必须与导线横截面积和材料性质相适应。当接线端子不适合连接软线或不适合连接较小横截面积的软线时，可以在导线端头穿上针形或叉形轧头并压紧。

9）一般一个接线端子只能连接一根导线，如果采用专门设计的端子，可以连接两根或多根导线，但导线的连接方式必须是公认的、在工艺上成熟的方式，如夹紧、压接、焊接、绕接等，并应严格按照连接工艺的工序要求进行。

五、项目实施

（1）安装步骤及工艺要求

1）按表 1-4 配齐所用电器元件，并检验元件质量。

2）在控制板上按图 1-49 所示安装线槽和所有电气元件，并需标有文字符号。安装走线槽时，应做到横平竖直、排列整齐匀称、安装牢固和便于走线等。

3）按图 1-49 所示进行板前线槽配线，并在导线端部套编码套管和冷压接线头。各电器元件接线端子上引出或引入的导线，除间距很小和元件机械强度很差允许直接架空敷设外，其他导线必须经过走线槽进行连接。

4）根据电路图检验控制板内部布线的正确性。

5）安装电动机。

6）可靠连接电动机和各电气元件金属外壳的保护接地线。

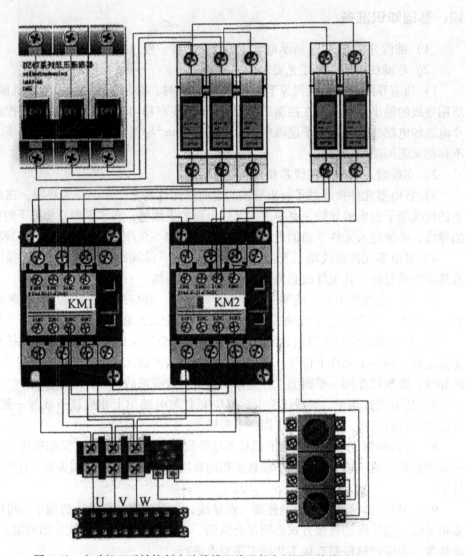

图 1-49 电动机正反转控制电路线槽配线元件布置图和接线图

7）连接电源、电动机等控制板外部的导线。

8）自检。

9）检查无误后通电试车。

（2）注意事项

1）通电校验时，必须有指导教师在现场监护，学生应根据电路的控制要求独立进行校验，若出现故障也应自行排除。

2）拆装训练应在规定的定额时间内完成，同时要做到安全操作和文明生产。

六、评分标准

评分标准见表1-5。

表 1-5 评分标准

项目内容	配分	评分标准		扣分
装前检查	5分	电器元件漏检或错检	每处扣1分	
安装元件	15分	（1）不按布置图安装	扣15分	
		（2）元件安装不牢固	每只扣4分	
		（3）元件安装不整齐、不匀称、不合理	每只扣3分	
		（4）损坏元件	扣15分	
布线	40分	（1）不按电路图接线	扣25分	
		（2）布线不符合要求	每根扣3分	
		（3）接点松动、露铜过长、反圈等	每个扣1分	
		（4）损伤导线绝缘层或线芯	每根扣5分	
		（5）编码套管套装不正确	每处扣1分	
		（6）漏接接地线	扣10分	
通电试车	40分	（1）热继电器未整定或整定错误	扣15分	
		（2）熔体规格选用不当	扣10分	
		（3）第一次试车不成功	扣20分	
		第二次试车不成功	扣30分	
		第三次试车不成功	扣40分	
安全文明生产		违反安全文明生产规程	扣5~40分	
定额时间		3h，每超时5min（不足5min以5min计）	扣5分	
备注		除定额时间外，各项目的最高扣分不应超过配分数	成绩	
开始时间		结束时间	实际时间	

实训项目三　三相异步电动机Y－△减压起动控制电路的板前线槽安装、配线

一、项目任务

对三相异步电动机Y－△减压起动控制电路的板前线槽进行安装、配线。

二、实训目的

三相异步电动机单向连续制线路板前线槽配线安装与检修

1）认识与减压起动控制相关的低压电气元件——时间继电器。

2）学会Y－△减压起动的控制方法。

3）能正确安装三相异步电动机Y－△减压起动控制电路，调试过程中能检修电路故障。

三、项目设备

（1）工具　验电笔、螺钉旋具、尖嘴钳、剥线钳、电工刀、校验灯等。

（2）仪表　5050型兆欧表、T301-A型钳形电流表、MF30型万用表。

（3）项目器材　根据三相异步电动机 Y112M-4 的技术数据和图 1-36 所示时间继电器自动控制丫 – △减压起动控制电路，将所选用的器材填入表 1-6 中。

表 1-6　器材明细表

代号	名称	型号	规格	数量
M	三相笼型异步电动机	Y112M-4	4kW、380V、8.8A，△联结，1440r/min	1 台
QF	低压断路器	DZ5-20/330	三极复式脱扣器，30V、20A	1 只
FU	熔断器	RL1-25/2	500V、15A、配熔体 2A	2 只
KM	接触器	CJT1-20	20A、380V	3 只
FR	热继电器	JR36B-20/3	三极、20A、整定电流 15.4A	1 只
SB	按钮	LA10-3H	保护式、380V、5A、按钮数 3	1 只
KT	时间继电器	JS20	交流 380V	1 只
XT	端子板	JD0-1020	380V、10A、20 节	1 块
	主电路导线		BVR1.5mm² （黑色）	若干
	控制电路导线		BVR1.0mm² （红色）	若干
	按钮线		BVR0.75mm² （红色）	若干
	接地线		BVR1.5mm² （黄绿双色）	若干
	电动机引线			若干
	走线槽		18mm×25mm	若干
	控制板		500mm×400mm×20mm	1 块
	针形及叉形轧头			若干
	紧固体及编码套管			若干
	金属软管			若干

四、基础知识准备

1）阅读分析图 1-36 所示丫 – △减压起动控制电路图。

2）掌握实训项目二中的板前线槽配线工艺要求。

五、项目实施

根据图 1-36 及表 1-6 选取器材后，编写安装步骤，经指导教师审阅合格后，进行训练安装，完成后电路效果图如图 1-50 所示。

安装注意事项如下：

1）用丫 – △减压起动控制的电动机，必须有 6 个出线端子，且定子绕组在△联结时的额定电压等于三相电源线电压。

2）接线时要保证电动机△联结的正确性，即接触器 KM△ 主触点闭合时，应保证定子绕组的 U1 与 W2、V1 与 U2、W1 与 V2 相连接。

3）接触器 KM丫 的进线必须从三相定子绕组的末端引入，若误将其首端引入，则在 KM丫 吸合时，会产生三相电源短路事故。

4）控制板外部配线，必须按要求一律装在导线通道内，使导线有适当的机械保护，以

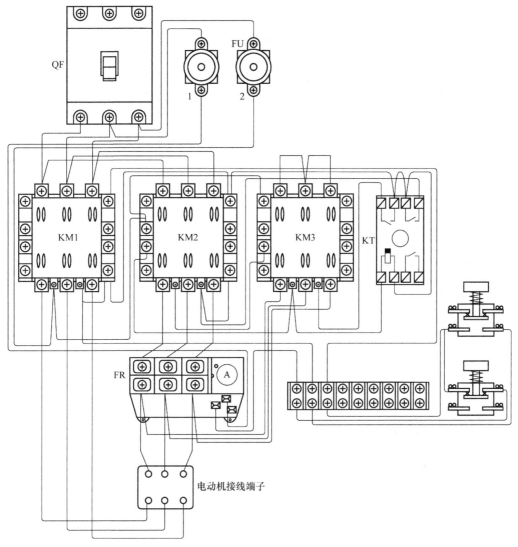

图 1-50 电动机丫–△减压起动控制电路线槽配线元件布置图和接线图

防止液体、铁屑和灰尘的入侵。在训练时可适当降低要求，但必须以能确保安全为条件，如采用多芯橡皮线或塑料护套软线。

5）通电校验前要再检查一下熔体规格及时间继电器、热继电器的各整定值是否符合要求。通电校验必须有指导教师在现场监护，学生应根据电路图的控制要求独立进行校验，若出现故障也应自行排除。

6）安装训练应在规定定额时间内完成，同时要做到安全操作和文明生产。

六、评分标准

评分标准见表 1-5，定额时间 4h。

拓展阅读

本 章 小 结

本章是机床电器控制的基础部分，也是需要重点掌握的内容，主要介绍了常用低压电器、继电器－接触器控制电路的基本环节、控制电路的故障检查与维修方法。本章提供了3个实训项目，供同学们进行技能训练。

低压电器部分主要介绍了常用开关电器、主令电器、接触器及继电器的用途、结构、工作原理与图形符号。电气元件的技术参数是主要的使用依据，需要时可查阅有关手册及标准。

机床电气控制的基本环节是本章的重要内容，重点介绍了构成机床电气控制的常用环节。如电动机的起动控制电路、电动机正反转控制电路、电动机制动控制电路及电动机控制的保护环节。我们必须熟练掌握这些基本环节的工作原理，为机床电路的原理分析和各种检修打下良好基础。

本章主要技能要求是常用控制电路的安装、配线和调试。初学者要注意把握本部分内容的知识脉络，注意理论知识与技能训练的有机结合，重视理论，强化技能。

本章还介绍了机床电气原理图的规定画法和国家标准，这是正确绘制电气原理图的要求，同时也是快速读懂电气原理图及进行正确故障分析的前提。

思考与练习题

1. 熔体的额定电流根据不同负载应如何选择？

2. 交流接触器的作用是什么？它的基本结构有哪些？

3. 时间继电器的作用是什么？它的基本结构有哪些？分为哪几类？

4. 热继电器的作用是什么？应该如何选用？

5. 电气原理图中的 QS、FU、KM、KA、KS、KT、SB、QF 都是哪些电气元件的符号？

6. 什么是自锁？什么是互锁？举例说明其作用。

7. 机床电气控制电路中一般应设哪些保护？其作用各是什么？短路保护和过载保护的区别是什么？零电压保护的目的是什么？

8. 分析电动机单向接触器自锁控制电路的原理。

9. 分析电动机正反转按钮、接触器双重联锁控制电路的原理。

10. 分析电动机时间继电器控制丫－△减压起动控制电路的原理。

11. 双速电动机在两种速度时其绕组是如何连接的？

12. 分析双速电动机控制电路的原理。

第二章

典型机床电路分析与检修

1. 熟练掌握阅读分析电气控制原理图的方法与步骤。
2. 了解几种典型普通机床的基本结构，掌握其电气控制原理，培养读图能力。

1. 掌握机床电气控制电路故障维修方法，会检修机床。
2. 机械设备在工厂生产加工中的应用是非常广泛的。

学会阅读、分析机床电气控制电路的方法、步骤，加深对典型控制电路环节的理解和应用，是做好维修保养工作的前提。本章通过对 CA6140 型卧式车床、X62W 型万能铣床等具有代表性的常用生产机械的电气控制电路及其安装、调试与维修进行分析与研究，来提高实际工作中的综合分析和解决问题的能力。

第一节 机床电气设备分析与维修的一般要求和方法

机床的电气控制电路是由各种主令电器、接触器、继电器、保护装置和电动机等，按照一定的控制要求用导线连接而成的。机床电气控制不仅要能实现起动、正反转、制动和调速等基本要求，而且要满足生产工艺的各项要求，保证机床各运动的相互协调和准确，并具有各种保护装置，保证工作可靠，实现自动控制。

一、电气控制电路分析的内容

电气控制电路是电气控制系统的核心技术资料，通过对技术资料的分析可以掌握机床电气控制电路的工作原理、技术指标、使用方法、维护要求等。电气控制线路分析的具体内容和要求如下：

1. 设备说明书

设备说明书由机械（包括液压部分）与电气两部分组成。在分析时首先要阅读这两部分说明书，了解以下内容：

1）设备的构造，主要技术指标，机械、液压和气动部分的工作原理。

2）电气传动方式，电动机、执行电器的数目、规格型号、安装位置、用途及控制要求。

3）设备的使用方法，各操作手柄、开关、旋钮、指示装置的布置以及在控制电路中的作用。

4）清楚了解与机械、液压部分直接关联的电器（如行程开关、电磁阀、电磁离合器、传感器等）的位置、工作状态，与机械、液压部分的关系及在控制中的作用。

2. 电气控制原理图

这是控制电路分析的核心内容。在分析电气原理图时，还必须阅读其他技术资料，如通过阅读说明书才能了解各种电动机及执行元件的控制方式、位置及作用，各种与机械有关的行程开关和主令电器的状态等。在原理图分析中还可以通过所选用的电气元件的技术参数，分析出控制电路的主要参数和技术指标，估算出各部分的电流、电压值，以便在调试及检修设备中合理地选用仪表。

3. 电气设备总装接线图

阅读分析总装接线图，可以了解系统的组成分布状况，各部分的连接方式，主要电气部件的布置和安装要求，导线和穿线管的规格型号等。这是安装设备不可缺少的资料。阅读分析总装接线图要和阅读分析说明书、电气原理图结合起来。

4. 电气元件布置图与接线图

阅读电气元件布置图可以与电气原理图对照，这对于机床维修时快速找到相关的点、线以及故障区域是不可或缺的。

二、电气原理图的阅读和分析步骤

在详细阅读设备说明书，了解电气控制系统的总体结构、电动机和电气元件的分布状况及控制要求等内容后，便可以阅读和分析电气原理图。

1. 分析主电路

从主电路入手，根据每台电动机和执行电器的控制要求去分析它们的控制内容，包括起动、转向控制、调速和制动等。

2. 分析控制电路

根据主电路中各种电动机和执行电器的控制要求，逐一找出控制电路中的控制环节，利用前面学过的典型控制环节的知识，按功能不同将控制电路"化整为零"来分析。

3. 分析辅助电路

辅助电路包括电源指示、各执行元件的工作状态显示、参数测定、照明和故障报警等部分，它们大多由控制电路中的元器件来控制，因此在分析辅助电路时，要结合控制电路进行分析。

4. 分析联锁及保护环节

机床对于安全性及可靠性有很高的要求，为实现这些要求，除了合理地选择拖动和控制方案外，在控制电路中还设置了一系列电气保护和必要的电气联锁装置。

5. 总体检查

经过"化整为零"，逐步分析了每一局部电路的工作原理以及各部分之间的控制关系后，还必须用"集零为整"的方法检查整个控制电路，以免遗漏，特别要从整体角度进一步检查和理解各控制环节之间的联系。

三、机床电气设备维修的一般要求

机床电气设备在运行过程中，由于各种原因会产生各种故障，致使机床不能正常工作，影响生产率，严重时还会造成人身设备事故。因此，机床电气设备发生故障后，维修人员能够及时、熟练、准确、迅速、安全地查出故障，并加以排除，尽早恢复机床正常运行是非常重要的。同时，日常的维护和保养能有效地减少故障发生率。

对机床电气设备进行维修的一般要求如下：

1）针对不同机床采取正确的维修步骤和方法。

2）维修过程中不得损坏电气元件。

3）不得擅自改动电路。

4）不得随意更换电气元件，不得随意更改电气元件型号。

5）损坏的电气元件及装置应尽量修复使用，但达不到其固有性能的，必须更换。

6）维修后，电气设备的各种保护性能必须满足使用要求。

7）通电试车能满足电路的各种功能，各控制环节的动作程序符合要求。

8）修理后的电气装置必须满足质量要求。

电气装置的质量检修标准如下：

1）外观整洁，无破损和炭化现象。

2）灭弧罩完整、清洁、安装牢固。

3）操作、复位机构都必须灵活可靠。

4）压力弹簧和反作用力弹簧应具有足够的弹力；各种衔铁运动灵活，无卡阻现象。

5）所有的触点均应完整、光洁、接触良好。

6）整定数值应符合电路使用要求。

7）指示装置能正常发出信号。

四、机床电气设备维修的一般步骤和方法

1. 检修前的故障调查

机床电气设备发生故障后，不要盲目进行检修。检修前，应向操作者询问、了解故障发生前电路和设备的运行状况及故障发生后的症状，如故障是经常发生还是偶尔发生；是否有异常响声、冒烟、火花、异常振动等征兆；故障发生前是否有不当操作情况，如施加过大负载，频繁起动、停止、制动等；有无在以前的检修或技术革新中改动过电路等。查看故障发生前是否有明显的外观征兆：如各种信号；有指示装置的熔断器的情况；保护电器脱扣动作；接线脱落；触点烧蚀或熔焊；线圈过热等。

2. 试车观察故障现象

为了使检修工作更具有针对性，通过试车观察故障现象，划定故障范围。试车前提是不扩大故障范围，不损伤电气设备和机械设备。试车时需要注意观察以下内容：

1）电动机是否运转，转动时声音是否正常。

2）控制电动机的接触器、继电器等电气元件是否按工作原理正常工作，电磁线圈吸合声音是否正常。

3）与故障范围相关的电气电路、控制环节都要试车，如多台电动机的顺序控制、单台

电动机的多种工作方式及相关程序控制等。

4）以上试车用到看和听，试车停止切断电源后，还可通过触摸检查电动机、变压器、电磁线圈等电器，看是否超过允许温升，还可通过闻来判断是否有异常气味产生。

5）试车前，为避免机床运动部分发生误动作或碰撞等意外情况，可将生产机械与电动机分离；或将电动机与电气电路分离，然后再试车，这也是判断是电气故障还是机械故障的有效方法之一。

3. 用逻辑分析法确定故障范围，用排除法缩小故障范围

1）逻辑分析法。逻辑分析法是根据电气控制电路的工作原理，电气元件之间的动作顺序以及各控制环节之间的控制关系，结合试车确认的故障现象做具体的分析，同时运用排除法迅速缩小故障范围，从而判断最小故障范围。检修简单的电气控制电路时，对每个电气元件、每根导线逐一进行检查，一般会很快找到故障点。但对复杂的电路而言，往往有上百个元件，成千条连线，若采取逐一检查的方法，不仅需消耗大量的时间，而且也容易漏查。在这种情况下，就要根据电路图，采用逻辑分析法，对故障现象做具体分析，划出可疑范围，提高维修的针对性，可以收到准而快的效果。分析电路时，通常先从主电路入手，了解工业机械各运动部件和机构采用了几台电动机拖动，与每台电动机相关的电气元件有哪些，采用了何种控制，找到相应的控制电路。在此基础上，综合故障现象和电路工作原理，认真分析排查，即可迅速判定故障发生的可能范围。

当故障的可疑范围较大时，不必按部就班地逐级进行检查，可在故障范围内的中间环节进行检查，来判断故障究竟发生在哪一部分，从而缩小故障范围，提高检修速度。

2）电气控制电路的控制关系。电气控制电路大致分为电源电路部分、主电路部分、控制电路部分及照明、信号电路部分。继电器－接触器控制系统的控制关系如图 2-1 所示。

图 2-1　继电器－接触器控制系统的控制关系

这种控制关系又通过电气元件按照图 2-2 所示的关系最终实现对电动机的控制。

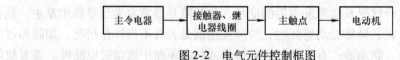

图 2-2　电气元件控制框图

检修工作中，经常运用的逻辑关系如下：

① 主电路与控制电路的逻辑关系。

② 两台以上电动机顺序或程序控制逻辑关系。

③ 单台电动机各控制环节的程序控制逻辑关系。

④ 公共电路与分支电路（并联电路）之间的逻辑关系。

⑤ 电气设备与机械设备的相互逻辑关系。

3）举例。

例 1：如一台三相异步电动机用一只交流接触器控制起动、停止，如果这台电动机不能起动，故障的分析方法是：若接触器线圈不能得电，则故障必定在电源电路或控制电路，而非主电路；若接触器线圈能正常得电，则故障必定在主电路，而非控制电路。上述判断正是利用了电动机主电路与控制电路的逻辑关系，即先有控制电路工作，才有主电路工作，从而电动机起动。

例2：图1-38所示为三相异步电动机接触器联锁正反转控制电路。现以该电路为例，说明如何运用逻辑分析法缩小故障范围。

机床电气控制电路常用部分如出现一处故障，机床基本不能正常工作，操作工人要找维修工检修，所以分析故障时首先要把故障确定为一个，特殊情况除外。如机床电气控制电路发生短路，除造成熔断器熔断外，还可能造成流过短路电流的电气元件损坏；在训练、考试过程中，教师有时会同时设置多处故障。本书中所介绍的故障分析和检查方法基本是按照一个故障为例来进行分析的。

当一个电器不能得电工作时，该电器供电电路都是故障范围，即电流所流过的电路、电气元件都是故障范围。

故障一：电动机M正反转都不工作，且试车时，观察到接触器KM1、KM2都不得电。在确定电源正常的前提下，用例1的逻辑分析法判断故障在控制电路，一个故障能造成接触器KM1、KM2线圈都不得电，该故障必在接触器KM1、KM2线圈的公共电路上，即U11-1-2-3、V11-0电路。若试车时接触器KM1、KM2线圈都得电，则故障在主电路公共部分，即U11-U12、V11-V12、W11-W12，U13-U-M、V13-V-M、W13-W-M。

故障二：电动机M正转工作正常，反转不工作，且试车时，观察到接触器KM2线圈不得电。经逻辑分析，正转工作正常，说明接触器KM1、KM2线圈公共电路无故障，导致接触器KM2线圈不吸合的故障必在3-6-7-0电路上。若试车时观察到接触器KM2线圈得电，则故障在主电路，由于正转能正常工作，排除主电路公共部分，故障只能在接触器KM2主触点上。正转故障的分析方法与反转相同。

4. 用测量法确定故障点

利用试车法、逻辑分析法确定故障范围以后，我们会发现不同机床、不同故障的故障范围有大有小。对于故障范围较大的故障，要采用测量法进一步缩小故障范围，最终确定故障点并加以排除。测量法常用的测试工具和仪表有验电笔、万用表、钳形电流表、兆欧表等，通过对电路进行带电或断电的有关参数（如电压、电阻、电流等）的测量来判断电气元件、设备以及电路的好坏及通断情况。

在用测量法检查故障时，要严格遵守停电作业、带电作业的安全操作规程，保证人身安全、设备安全，保证各种测量工具和仪表完好，使用方法正确，还要注意防止感应电、回路电及其他并联支路的影响，以免产生误判。

下面介绍几种常用的测量方法。

1）电压法。电压法属带电操作，操作中要严格遵守带电作业安全规定，确保人身安全，测量检查前首先将万用表的转换开关置于相应的电压种类（直流、交流），采用合适的量程（依据电路的电压等级）。

① 电压分阶测量法。如图2-3所示，若按下按钮SB2时，接触器KM线圈不得电，则说明故障在控制电路。将万用表转换开关置于交流电压500V的档位上，然后按图2-3所示方法进行测量。

测量时，首先测量 L1、L2 电源电压，确认电源电压正常。然后一人帮助按下按钮 SB2 不放，一人把黑表棒接到 0 点上，红表棒依次接 1、2、3、4、5、6 各点，分别测量 0－1、0－2、0－3、0－4、0－5、0－6 电压，根据测量结果即可找出故障点，见表 2-1。这种测量方法像下（或上）台阶一样依次测量电压，所以称为电压分阶测量法。电压分阶测量法还可灵活运用，如按图 2-4 所示方法测量，可更快速缩小故障范围，适合较长电路的测量。依据测量结果即可快速缩小范围，见表 2-2。这种电压分阶测量法称为电压长分阶测量

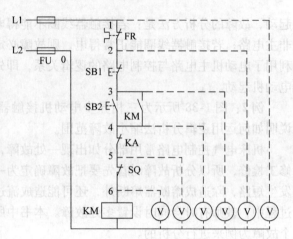

图 2-3 电压分阶测量法

法，测量时，分阶点的位置可根据电路情况灵活选择，一般选择电路中段，可将故障范围快速缩小 50％ 左右。

表 2-1 电压分阶测量法

故障现象	测试状态	0－1	0－2	0－3	0－4	0－5	0－6	故障点
按下按钮 SB2 时，接触器 KM 线圈不得电	电源电压正常，按下按钮 SB2 不放	0	0	0	0	0	0	FU 熔断或接触不良
		380V	0	0	0	0	0	FR 接触不良或动作
		380V	380V	0	0	0	0	SB1 接触不良
		380V	380V	380V	0	0	0	SB2 接触不良
		380V	380V	380V	380V	0	0	KA 接触不良
		380V	380V	380V	380V	380V	0	SQ 接触不良
		380V	380V	380V	380V	380V	380V	KM 线圈断路

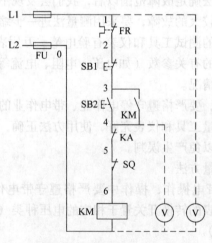

图 2-4 电压长分阶测量法

表 2-2　电压长分阶测量法

故障现象	测试状态	0-1	0-4	故障范围
按下按钮 SB2 时，接触器 KM 线圈不得电	电源电压正常，按下按钮 SB2 不放	0	0	FU 熔断或接触不良
		380V	0	1-2-3-4
		380V	380V	4-5-6-0

② 电压分段测量法。将万用表的转换开关置于交流电压 500V 的档位上，然后按如下方法测量。如图 2-5 所示，若按下按钮 SB2，接触器 KM 线圈不得电，则说明该控制电路有故障。首先确认电源电压正常，然后一人按下按钮 SB2 时，另一人用万用表的红、黑表棒逐段测量相邻两点 1-2、2-3、3-4、4-5、5-6、6-0 之间的电压，根据测量结果即可找出故障点，见表 2-3，该方法是利用等电位原理测量故障点的。

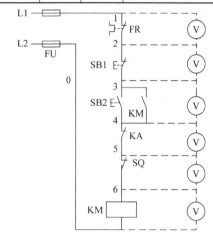

图 2-5　电压分段测量法

表 2-3　电压分段测量法

故障现象	测试状态	1-2	2-3	3-4	4-5	5-6	6-0	故障点
按下 SB2 时，KM 线圈不吸合	电源电压正常，按下 SB2 不放	380V	0	0	0	0	0	FR 接触不良或动作
		0	380V	0	0	0	0	SB1 接触不良
		0	0	380V	0	0	0	SB2 接触不良
		0	0	0	380V	0	0	KA 接触不良
		0	0	0	0	380V	0	SQ 接触不良
		0	0	0	0	0	380V	KM 线圈断路

这种测量方法将被测电路分段，逐段进行测量，所以称为电压分段测量法。该方法还可灵活运用，即加长分段，如图 2-6 所示，将电路分成 1-4、4-0 段进行测量，可将故障范围快速缩小 50%，这种方法也称为电压长分段测量法，见表 2-4。

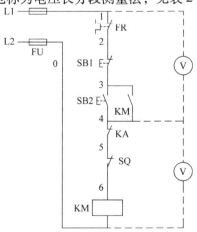

图 2-6　电压长分段测量法

表2-4 电压长分段测量法

故障现象	测试状态	1-4	4-0	故障范围
按下按钮 SB2，接触器 KM 线圈不得电	电源电压正常，按下按钮 SB2 不放	380V	0	1-2-3-4
		0	380V	4-5-6-0

2）电阻法。电阻法属停电操作，要严格遵守停电、验电、防突然送电等操作规程。测量检查时，首先切断电源，然后将万用表转换开关置于适当倍率电阻档（以能清楚显示线圈电阻值为宜）。

①电阻分阶测量法。如图2-7所示，若按下按钮 SB2 时，接触器 KM 线圈不得电，则说明控制电路有故障。测量时，首先切断电源，然后一人按住按钮 SB2，另一人用万用表依次测量 0-1、0-2、0-3、0-4、0-5、0-6 各点之间的电阻值，根据测量结果可找出故障点，见表2-5。

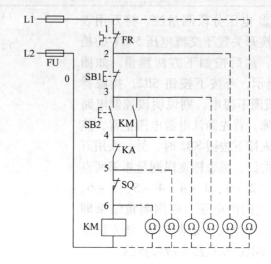

图2-7 电阻分阶测量法

表2-5 电阻分阶测量法

故障现象	测试状态	0-1	0-2	0-3	0-4	0-5	0-6	故障点
按下按钮 SB2 时，接触器 KM 线圈不得电	切断电源，按下按钮 SB2 不放	∞	R	R	R	R	R	FR 接触不良或动作
		∞	∞	R	R	R	R	SB1 接触不良
		∞	∞	∞	R	R	R	SB2 接触不良
		∞	∞	∞	∞	R	R	KA 接触不良
		∞	∞	∞	∞	∞	R	SQ 接触不良
		∞	∞	∞	∞	∞	∞	KM 线圈断路

注：表中 R 为 KM 线圈电阻。

电阻分阶测量法的命名与电压分阶测量法的命名相同，为了能快速查到故障点，电阻分阶测量法也可演变为电阻长分阶测量法，方法与电压长分阶测量法一样。如图2-8和表2-6所示。

②电阻分段测量法。如图2-9所示，若按下按钮 SB2 时，接触器 KM 线圈不得电，则说明控制电路有故障。检查时，首先切断电源，然后一人按住按钮 SB2，另一人用万用表依次测量 1-2、2-3、3-4、4-5、5-6、6-0 各点之间的电阻值，如果两点间电阻值很大，即说明该两点间接触不良或导线断线，见表2-7。

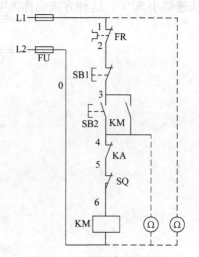

图2-8 电阻长分阶测量法

表 2-6　电阻长分阶测量法

故障现象	测试状态	0 – 1	0 – 4	故障范围
按下按钮 SB2 时，接触器 KM 线圈不得电	切断电源，按下按钮 SB2 不放	∞	∞	0 – 6 – 5 – 4
		∞	R	1 – 2 – 3 – 4

注：表中 R 为 KM 线圈电阻。

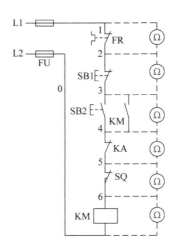

图 2-9　电阻分段测量法

表 2-7　电阻分段测量法

故障现象	测试状态	测试点	正常阻值	测量阻值	故障点
按下 SB2 时，接触器 KM 线圈不得电	切断电源，按下按钮 SB2 不放	1 – 2	0	∞	FR 接触不良或动作
		2 – 3	0	∞	SB1 接触不良
		3 – 4	0	∞	SB2 接触不良
		4 – 5	0	∞	KA 接触不良
		5 – 6	0	∞	SQ 接触不良
		6 – 0	R	∞	KM 线圈断路

注：表中 R 为 KM 线圈电阻。

电阻分段测量法也可演变为电阻长分段测量法，有利于提高测量速度，如图 2-10 和表 2-8 所示。

电阻测量法较电压测量法安全，适合初学者应用，但也有缺点，易造成判断错误，为此测量时应注意以下几点：

a. 所测电路若与其他电路并联，必须将该电路与其他电路分开，否则会造成判断失误。

b. 用万用表测量熔断器、接触器触点、继电器触点、连接导线的电阻值为零，测量电动机、电磁线圈、变压器绕组指示其直流电阻值。

c. 测量高电阻元件时，要将万用表的电阻档转换到适当档位。

3）短接法。机床电气设备常见故障有断路故障，如导线断线、虚连、虚焊、触点接触不良、熔断器熔断等。对于

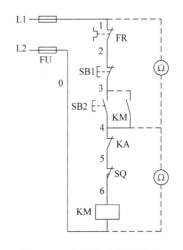

图 2-10　电阻长分段测量法

这类故障，除用电压法、电阻法检查外，还有一种更为简单可靠的方法，就是短接法。检查时用一根绝缘良好的导线将所怀疑的断路部位短接，若短接到某处时电路接通，则说明该处断路。

表2-8 电阻长分段测量法

故障现象	测试状态	测试点	正常阻值	测量阻值	故障范围
按下 SB2 时，KM 线圈不吸合	切断电源，按下 SB2 不放	1－4	0	∞	1－2－3－4
		4－0	R	∞	4－5－6－0

注：表中 R 为 KM 线圈电阻。

① 局部短接法。如图 2-11 所示，若按下按钮 SB2 时，接触器 KM 线圈不得电，则说明控制电路有故障。检查前，先确定电源电压正常，一人按下按钮 SB2 不放，另一人用一根绝缘导线分别短接 1－2、2－3、3－4、4－5、5－6 相邻两点，当短接到某两点时，接触器 KM 不得电，说明故障在该两点之间，见表 2-9。注意：6－0 点为非等电位点，不能短接，否则会造成短路。若短接 1－6 点后，KM 仍不吸合，判断 KM 线圈断路。

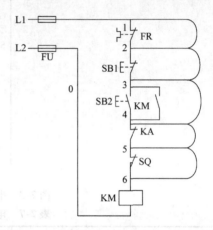

图 2-11 局部短接法

表2-9 局部短接法

故障现象	测试状态	短接点	KM 动作	故障点
按下按钮 SB2 时，接触器 KM 线圈不得电	接通电源，按下按钮 SB2 不放	1－2	吸合	FR 接触不良或动作
		2－3	吸合	SB1 接触不良
		3－4	吸合	SB2 接触不良
		4－5	吸合	KA 接触不良
		5－6	吸合	SQ 接触不良

② 长短接法。长短接法是指一次短接两个或多个触点来检查故障的方法，如图 2-12 和表 2-10 所示。长短接法与局部短接法结合使用，能快速找出故障点。

用短接法检查故障时，必须注意以下几点：

a. 短接法属带电操作，应注意安全，避免触电事故。初学者可先接好短接点，再接通电源，按下起动按钮。

b. 短接法短接的各点在电原理上属等电位点，或电压降极小的导线和电流不大的触点（5A 以下），不能短接非等电位点，否则会造成短路事故。熔断器断路时，原因大多是短路故障所致，故熔断

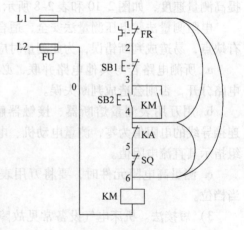

图 2-12 长短接法

器不能用短接法检测，以免造成二次严重短路，伤及维修者。

表 2-10 局部长短接法

故障现象	测试状态	短接点	KM 动作	故障范围
按下 SB2 时，KM 线圈不吸合	接通电源	1 - 4	吸合	1 - 2 - 3 - 4
		4 - 6	吸合	4 - 5 - 6

c. 使用短接法时，机床电气设备或生产机械随接触器吸合而起动，故必须保证在电气设备和生产机械不会出现事故的情况下，才能使用短接法。

4）低压试电笔法。

验电笔是一种携带、使用较方便的电工工具，也可用来检测故障，方法如图 2-13 所示，若按下按钮 SB2 时，接触器 KM 线圈不得电，则说明控制电路有故障。用验电笔测试时，首先确认电源电压正常，不按 SB_2 然后用验电笔检测 1、2、3 点电压，4、5、6、0 点电压，根据检测结果可找出故障点，见表 2-11 和表 2-12。

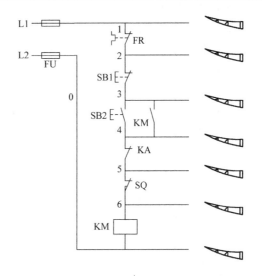

图 2-13 低压试电笔法

表 2-11 低压试电笔法（1）

故障现象	测试状态	1	2	3	故障点
按下 SB2 时，KM 不吸合	接通电源	—	—	—	FU 熔断或接触不良
		220V	—	—	FR 动作或接触不良
		220V	220V	—	SB1 接触不良

注：表中"—"表示无电压。

表 2-12 低压试电笔法（2）

故障现象	测试状态	0	6	5	4	故障点
按下 SB2 时，KM 线圈不吸合	接通电源	—	—	—	—	FU 熔断或接触不良
		220V	—	—	—	KM 线圈断路
		220V	220V	—	—	SQ 接触不良
		220V	220V	220V	—	KA 接触不良

注：表中"—"表示无电压。

若 3、4 点电压正常，则故障在 3、4 点之间的 SB2 上。

低压试电笔法虽然快捷，但易造成判断错误，应注意以下几点：

① 低压试电笔法属电压法的一种，操作时应注意安全。

② 低压试电笔法只能测试对地电压，不接地系统不能采用此方法。

③ 氖管式验电笔不能用来测试安全电压以下的电路。

④ 与两相电源相连，且中间无断开点电路（如控制电路变压器初级电路），需将电路某点断开，再采用低压试电笔法测量，否则会造成判断错误。

5）短路故障的检查方法。短路故障发生后，短路处往往有明显烧伤、发黑痕迹，仔细观察就可发现。有些情况则是由于电气元件绝缘老化导致，可用绝缘电阻表检测其绝缘电阻。如不能发现短路处，可采用逐步接入法查找。

逐步接入法的基本做法是换上新熔断器后，逐步将拆开的各支路一条一条地接入电路，当接入某条电路时，熔断器又熔断，故障就在这条支路及其包含的电气元件上。注意：更换的熔断器规格要尽量小，满足查找要求即可。

5. 区分电气故障还是机械故障

每台机床都是一个电力拖动系统，机床操作工发现机床不工作或不正常工作时，都会找维修电工进行维修，所以在检修电气故障的同时，应能够区分故障属电气部分还是机械或液压部分，或与机械维修工配合完成。

以上所述检查分析电气设备故障的一般顺序和各种方法，检修时应根据故障的性质，电路的具体情况灵活运用，电压法是最直观准确的方法，但对初学者而言，电阻法是最安全的方法，短接法适合软故障（时有时无）。熟练的维修工可以交替使用各种方法，以迅速有效地找出故障点。

6. 故障点的修复及注意事项

1）找出故障点后，一定要针对不同故障情况和部位采取正确的修复方法，不要轻易采用更换电气元件和补线等方法，更不允许轻易改动电路或更换不同规格的电气元件，以防产生人为故障。

2）在修复故障点后，还要进一步分析查明产生故障的根本原因，使修复的故障不再发生。

3）在故障点修理工作中，一般要求尽量复原。但是，有时为了尽快恢复生产，可根据实际情况采取一些适当的应急措施，但绝不可草率行事，事后要复原。

4）较复杂的电气故障修复后，需通电试车时，应和操作者配合，避免产生新的故障。

5）每次检修后应及时总结，做好记录，对常出现故障的电路、元件、器件等要认真分析，总结原因，提出改进意见，进行技术革新，减少故障发生率，提高生产率。

第二节　CA6140 型卧式车床及电气控制电路分析

车床是一种应用最为广泛的金属车削机床，主要用来车削外圆、内圆、端面、螺纹和定型表面，也可用钻头、铰刀等进行加工。下面以 CA6140 型卧式车床为例进行介绍。

该车床型号含义如下：

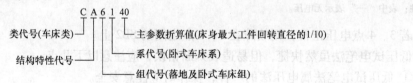

一、主要结构和运动形式

CA6140 型车床是我国自行设计制造的卧式车床，其外形如图 2-14 所示。它主要由主轴箱、进给箱、溜板箱、刀架、丝杠、光杠、床身、尾座等部分组成。

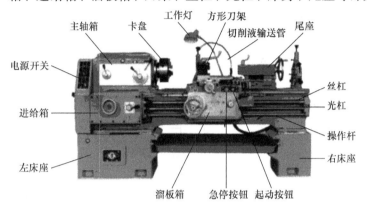

图 2-14　CA6140 型车床实物结构图　　　　CA6140 车床结构与运动形式

车床的主运动为工件的旋转运动，是由主轴通过卡盘或顶尖带动工件旋转，其承受车削加工时的主要切削功率。车削加工时，应根据被加工工件材料、刀具种类、工件尺寸、工艺要求等选择不同的切削速度。车床主轴正转速度有 24 种（10～1400r/min），反转速度有 12 种（14～1580r/min）。车床的进给运动是溜板带动刀架的纵向或横向直线运动。溜板箱把丝杠或光杠的转动传递给刀架部分，变换溜板箱外的手柄位置，经刀架部分使车刀做纵向或横向进给运动。

车床的辅助运动有刀架的快速移动、尾座的移动以及工件的夹紧与放松等。

二、电力拖动特点及控制要求

1）主拖动电动机一般选用三相笼型异步电动机，为满足调速要求，采用机械变速。

2）车削螺纹时主轴要求正反转，由主拖动电动机正反转或采用机械方法来实现。

3）采用齿轮箱进行机械有级调速，主轴电动机采用直接起动，为实现快速停车，一般采用机械制动。

4）车削加工时，由于刀具与工件温度高，所以需要冷却。为此，设有冷却泵电动机且要求冷却泵电动机应在主轴电动机起动后方可选择起动与否；当主轴电动机停止时，冷却泵电动机应立即停止。

5）为实现溜板箱的快速移动，由单独的快速移动电动机拖动，采用点动控制。

6）刀架移动和主轴转动有固定的比例关系，以便满足螺纹加工需要。

7）电路应具有必要的保护环节和安全可靠的照明和信号指示。

三、电气控制电路分析

图 2-15 所示为 CA6140 型卧式车床电路图。它分为主电路、控制电路和照明电路三部分。

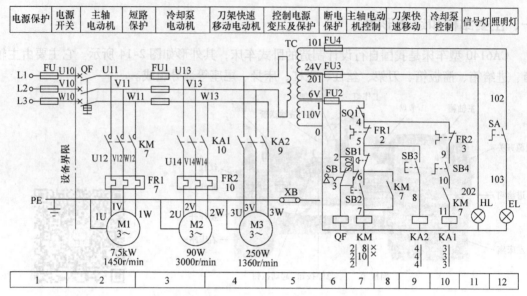

图 2-15　CA6140 型卧式车床电路图

1. 主电路分析

主电路中共有三台电动机。M1 为主轴电动机，带动主轴旋转和刀架的进给运动；M2 为冷却泵电动机，输送切削液；M3 为刀架快速移动电动机。

CA6140 电气控制
线路分析

将钥匙开关 SB 向右转动，再扳动断路器 QF 将三相电源引入。主轴电动机 M1 由接触器 KM 控制，熔断器 FU 实现短路保护，热继电器 FR1 实现过载保护；冷却泵电动机 M2 由中间继电器 KA1 控制，热继电器 FR2 实现过载保护。刀架快速移动电动机 M3 由中间继电器 KA2 控制，熔断器 FU1 实现对电动机 M2、M3 和控制变压器 TC 的短路保护。

2. 控制电路分析

控制电路的电源由控制变压器 TC 的二次侧输出 110V 电压提供。在正常工作时，位置开关 SQ1 的动合触点处于闭合状态。但当床头带罩被打开后，SQ1 动合触点断开，将控制电路切断，保证人身安全。在正常工作时，钥匙开关 SB 和位置开关 SQ2 是断开的，保证断路器 QF 能合闸。但当配电盘壁龛门被打开时，位置开关 SQ2 闭合使断路器 QF 线圈获电，则自动切断电路，以确保人身安全。

（1）主轴电动机 M1 的控制

停车时，按下停止按钮 SB1 即可。主轴的正反转是采用多片摩擦离合器实现的。

（2）冷却泵电动机 M2 的控制　由电路图可见，主轴电动机 M1 与冷却泵电动机 M2 之间实现顺序控制。只有当电动机 M1 起动运转后，合上旋钮开关 SB4，中间继电器 KA1 线圈才会获电，其主触点闭合使电动机 M2 工作，释放切削液。

（3）刀架快速移动电动机 M3 的控制　刀架快速移动的电路为点动控制，因此在主电路中未设置过载保护。刀架移动方向（前、后、左、右）的改变，是由进给操作手柄配合机械装置来实现的。如需要快速移动，按下按钮 SB3 即可。

3. 照明、信号电路分析

照明灯 EL 和信号灯 HL 的电源分别由控制变压器 TC 二次侧输出 24V 和 6V 电压提供。开关 SA 为照明灯开关。熔断器 FU3 和 FU4 分别作为信号灯 HL 和照明灯 EL 的短路保护。

CA6140 型车床电气元件明细见表 2-13。

表 2-13　CA6140 型车床电气元件明细

代号	名称	型号及规格	数量	用途
KM	交流接触器	CJ0-20B、线圈电压 110V	1 只	控制电动机 M1
KA1	中间继电器	JZ7-44、线圈电压 110V	1 只	控制电动机 M2
KA2	中间继电器	JZ7-44、线圈电压 110V	1 只	控制电动机 M3
M1	主轴电动机	Y132M-4-B3 7.5kW、1450r/min	1 台	主传动用
M2	冷却泵电动机	AOB-25、90W、3000r/min	1 台	输送切削液用
M3	快速移动电动机	AOS5634、250W	1 只	溜板快速移动用
FR1	热继电器	JR16-20/3D、15.4A	1 只	M1 的过载保护
FR2	热继电器	JR16-20/3D、0.32A	1 只	M2 的过载保护
SB1	按钮	LAY3-01ZS/1	1 只	停止电动机 M1
SB2	按钮	LAY3-10/3.11	1 只	起动电动机 M1
SB3	按钮	LA9	1 只	起动电动机 M3
SB4	旋钮开关	LAY3-10X/2	1 只	控制电动机 M2
SQ1、SQ2	位置开关	JWM6-11	2 只	断电保护
HL	信号灯	ZSD-0、6V	1 只	刻度照明
QF	断路器	AM2-40、20A	1 只	电源引入
TC	控制变压器	JBK2-100 380V/110V/24V/6V	1 只	控制电源电压
EL	机床照明灯	JC11	1 只	工作照明
SB	旋钮开关	LAY3-01Y/2	1 只	电源开关锁
FU1	熔断器	BZ001、熔体 6A	3 只	M2、M3、TC 短路保护
FU2	熔断器	BZ001、熔体 1A	1 只	110V 控制电路短路保护
FU3	熔断器	BZ001、熔体 1A	1 只	信号灯电路短路保护
FU4	熔断器	BZ001、熔体 2A	1 只	照明电路短路保护
SA	开关		1 只	照明灯开关

第三节　X62W 型卧式万能铣床电气控制电路阅读分析

铣床可用来加工平面、斜面、沟槽，装上分度头可以铣削直齿齿轮和螺旋面，装上圆形工作台还可铣削凸轮和弧形槽，所以铣床在机床设备中占有相当大的比重。铣床的种类很多，按照结构形式和加工性能不同可分为卧式铣床、龙门铣床、立式铣床、仿形铣床和专用铣床等。

万能铣床是一种通用的多用途机床，它可以用圆柱铣刀、角度铣刀、面铣刀等各种刀具对零件进行平面、斜面及成形表面等的加工，还可以加装圆形工作台、万能铣头等附件来扩大加工范围。常用的万能铣床有两种：一种是 X52K 型立式万能铣床，铣头垂直方向放置；另一种是 X62W 型卧式万能铣床，铣头水平方向放置。这两种铣床在结构上大体相似，区别在于铣头的放置方向不同，而工作台的进给方式、主轴变速的工作原理等都一样，电气控制电路经过系列化以后也基本相同。本节以 X62W 型卧式万能铣床为例分析其控制电路。

该铣床型号含义如下：

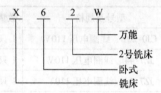

一、主要结构及运动形式

X62W 型卧式万能铣床的外形结构如图 2-16 所示。它主要由主轴、刀杆、悬梁、工作台、回转盘、横溜板、升降台、床身、底座等部分组成。床身固定在底座上，在床身的顶部有水平导轨，上面的悬梁装有一个或两个刀杆支架。刀杆支架用来支撑铣刀心轴的一端，另一端则固定在主轴上，由主轴带动铣刀铣削。刀杆支架在悬梁上以及悬梁在床身顶部的水平

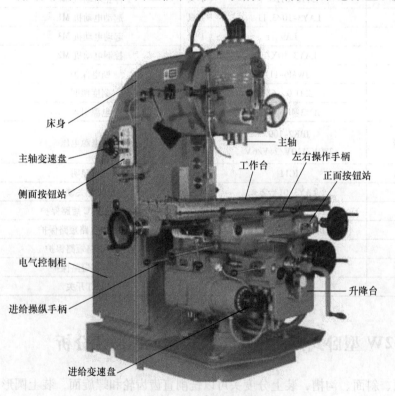

图 2-16 X62W 型卧式万能铣床的外形结构

X62W 工作台的
上下和前后进给

X62W 左右进给

X62W 万能铣床结构

导轨上都可以做水平移动，以便安装不同的心轴。在床身的前面有垂直导轨，升降台可沿着它上下移动。在升降台上面的水平导轨上，装有可前后移动的溜板。溜板上有可转动的回转盘，工作台就在回转盘的导轨上做左右移动。工作台通过 T 形槽来固定工件。这样，安装在工作台上的工件就可以在 3 个坐标轴的 6 个方向上调整位置和实现进给运动。此外，由于回转盘相对于溜板可绕中心线左右转过一个角度，因此，工作台还可以在倾斜方向进给，以加工螺旋槽，故称其为万能铣床。

铣削是一种高效率的加工方式。主轴带动铣刀的旋转运动是主运动；工作台的前后、左右、上下 6 个方向的运动是进给运动；工作台的旋转等其他运动则属于辅助运动。

二、电力拖动特点及控制要求

1）由于主轴电动机的正反转并不频繁，因此采用组合开关来改变电源相序，以实现主轴电动机的正反转。由于主轴传动系统中装有避免振动的惯性轮，使主轴停车困难，故主轴电动机采用电磁离合器制动来实现准确停车。

2）由于工作台要求有前后、左右、上下 6 个方向的进给运动和快速移动，所以也要求进给电动机能正反转，并通过操纵手柄和机械离合器配合实现。进给的快速移动是通过电磁铁和机械挂档来实现的。为了扩大其加工能力，在工作台上可加装圆形工作台，圆形工作台的回转运动是由进给电动机经传动机构驱动的。

3）主轴和进给运动均采用变速盘来进行速度选择，为了保证齿轮的良好啮合，两种运动均要求变速后做瞬间点动。

4）当主轴电动机和冷却泵电动机过载时，进给运动必须立即停止，以免损坏刀具和铣床。

5）根据加工工艺的要求，该铣床应具有以下电气联锁措施。

① 由于 6 个方向的进给运动同时只能有一种运动产生，因此采用了机械手柄和位置开关相配合的方式来实现 6 个方向的联锁。

② 为了防止刀具和铣床的损坏，要求只有主轴旋转后才允许有进给运动。

③ 为了提高劳动生产率，在不进行铣削加工时，可使工作台快速移动。

④ 为了降低加工工件的表面粗糙度值，要求只有进给运动停止后主轴才能停止或同时停止。

6）要求有冷却系统、照明设备及各种保护措施。

三、电气控制电路分析

图 2-17 所示为 X62W 型万能铣床的电气原理图，主要由主电路、控制电路和照明电路三部分组成。

1. 主电路分析

主电路中共有三台电动机：M1 是主轴电动机，拖动主轴带动铣刀进行铣削加工，SA3 是 M1 的转换开关；M2 是进给电动机，拖动工作台进行前后、左右、上下 6 个方向的进给运动和快速移动，其正反转由接触器 KM3、KM4 控制；M3 是冷却泵电动机，供应切削液，与主轴电动机 M1 之间实现顺序控制，即 M1 起动后，M3 才能起动。熔断器 FU1 作为 3 台电动机的短路保护，3 台电动机的过载保护由热继电器 FR1、FR2、FR3 实现。

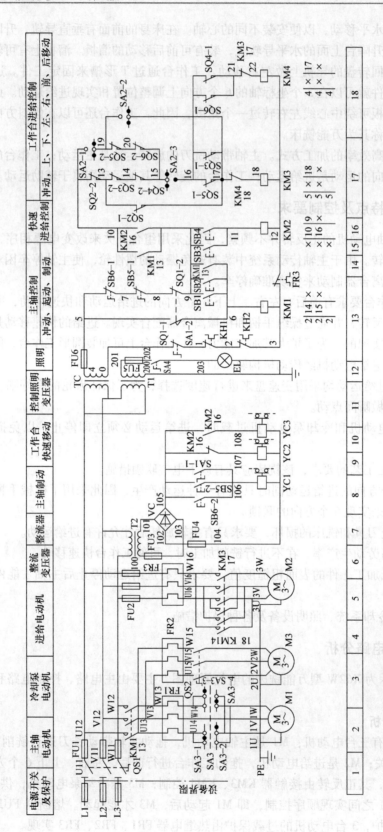

图 2-17 X62W 型万能铣床的电气原理图

2. 控制电路分析

（1）主轴电动机 M1 的控制　为了方便操作，主轴电动机 M1 采用两地控制方式，起动按钮 SB1、SB2，停止按钮 SB5、SB6 分别装在床身和工作台上。YC1 是主轴制动用电磁离合器，KM1 是主轴电动机 M1 的起动接触器，SQ1 是主轴变速冲动行程开关。

1）主轴电动机 M1 的起动。起动前，首先选好主轴的转速，然后合上电源开关 QS1，再将主轴转换开关 SA3（2 区）扳到所需要的转向。SA3 的动作说明见表 2-14。按下起动按钮 SB1（或 SB2），接触器 KM1 线圈获电动作，其主触点和自锁触点闭合，主轴电动机 M1 起动运转，KM1 常开辅助触点（9 - 10）闭合，为工作台进给电路提供电源。

表 2-14　主轴电动机换向转换开关 SA3 的位置及动作说明

开关位置	动作说明		
SA3 - 1	-	-	+
SA3 - 2	+	-	+
SA3 - 3	+	-	+
SA3 - 4	-	-	+

注：- 代表触点断开，+ 代表触点闭合。

2）主轴电动机 M1 的制动。按下停止按钮 SB5 - 1（或 SB6 - 1），接触器 KM1 线圈失电，主轴电动机 M1 断电惯性运转，同时 SB5 - 2（或 SB6 - 2）闭合，使电磁离合器 YC1 获电，主轴电动机 M1 停转。

3）主轴换铣刀控制。在更换铣刀时，为避免主轴转动，造成更换困难，应将主轴制动。方法是将转换开关 SA1 扳到换刀位置，此时常开触点 SA1 - 1（8 区）闭合，电磁离合器 YC1 线圈获电，使主轴处于制动状态，以便换刀；同时动合触点 SA1 - 2 断开，切断了整个控制电路，保证了人身安全。

4）主轴变速冲动控制。主轴变速是由一个变速手柄和一个变速盘来实现的。主轴变速冲动控制是利用变速手柄与冲动行程开关 SQ1 通过机械上的联动机构来实现的，如图 2-18 所示。

变速时，先将变速手柄 3 压下，使手柄的榫块从定位槽中脱出，然后向外拉动手柄使榫块落入第二道槽内，使齿轮组脱离啮合。转动变速盘 4 选定所需要的转速，然后将变速手柄 3 推回原位，使榫块重新落进槽

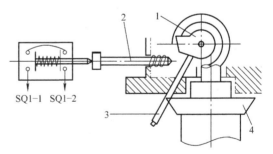

图 2-18　主轴变速冲动控制示意图
1—凸轮　2—弹簧杆　3—变速手柄　4—变速盘

内，使齿轮组重新啮合。由于轮齿之间不能刚好对上，若冲动一下，则利于啮合。当手柄推进时，凸轮 1 将弹簧杆 2 推动一下又返回，弹簧杆 2 又推动一下位置开关 SQ1（13 区），使动断触点 SQ1 - 2 先分断，动合触点 SQ1 - 1 后闭合，接触器 KM1 线圈瞬时得电，主轴电动机 M1 也瞬时起动；但紧接着凸轮 1 放开弹簧杆 2，位置开关 SQ1（13 区）复位，电动机 M1 断电。由于未采取制动而使电动机 M1 惯性运转，故电动机 M1 产生一个冲动力，使齿轮系统抖动，保证了齿轮的顺利啮合。变速前应先停车。

（2）进给电动机 M2 的控制　工作台的进给是通过两个操纵手柄和机械联动机构控制对

应的位置开关使进给电动机M2正转或反转来实现的，并且前后、左右、上下6个方向的运动之间实现了联锁，不能同时接通。

1）工作台的左右进给运动。工作台的左右进给运动是由工作台左右进给操纵手柄与位置开关SQ5和SQ6联动实现的，其控制关系见表2-15，共有左、中、右三个位置。当手柄扳向左（或右）位置时，行程开关SQ5（或SQ6）的动断触点SQ5 – 2或SQ6 – 2（17区）被分断，动合触点SQ5 – 1（17区）或SQ6 – 1（18区）闭合，使接触器KM3（或KM4）获电动作，电动机M2正转或反转。在SQ5或SQ6被压合的同时，机械机构已将电动机M2的传动链与工作台的左右进给丝杠搭合，工作台则在丝杠带动下左右进给。当工作台向左或向右运动到极限位置时，工作台两端的挡铁就会撞动手柄使其回到中间位置，位置开关SQ5或SQ6复位，使电动机的传动链与左右丝杠脱离，电动机M2停转，工作台停止运动，从而实现左右进给的终端保护。当手柄扳向中间位置时，位置开关SQ5和SQ6均未被压合，进给控制电路处于断开状态。

表2-15 工作台左右进给手柄功能

手柄位置	位置开关动作	接触器动作	电动机M2转向	工作台运动方向
左	SQ5	KM3	正转	向左
右	SQ6	KM4	反转	向右
中	—		停止	停止

2）工作台的上下和前后进给运动。工作台的上下和前后进给是由同一手柄控制的。该手柄与位置开关SQ3和SQ4联动，有上、下、前、后、中五个位置，其控制关系见表2-16。当手柄扳到中间位置时，位置开关SQ3和SQ4未被压合，工作台无任何进给运动；当手柄扳到上或后位置时，位置开关SQ4被压合，使其动断触点SQ4 – 2（17区）分断，动合触点SQ4 – 1（18区）闭合，接触器KM4获电动作，电动机M2反转，机械机构将电动机M2的传动链与前后进给丝杠搭合，电动机M2则带动溜板向后运动，若传动链与上下进给丝杠搭合，电动机M2则带动升降台向上运动。当手柄扳到下或前位置时，请读者自行分析。和左右进给一样，工作台的上、下、前、后四个方向也均有极限保护，使手柄自动复位到中间位置，使电动机和工作台停止运动。

3）联锁控制。上、下、前、后、左、右6个方向的进给只能选择其一，绝不可能出现两个方向的可能性。在两个手柄中，当一个操作手柄被置于某一进给方向时，另一个操纵手柄必须置于中间位置，否则将无法实现任何进给运动，即实现了联锁保护。如当将左右进给手柄扳向右、而又将另一进给手柄扳到上时，则位置开关SQ6和SQ4均被压合，使SQ6 – 2和SQ4 – 2均分断，接触器KM3和KM4的通路均断开，电动机M2只能停转，保证了操作安全。

表2-16 工作台上、下、前、后、中位置时进给手柄功能

手柄位置	位置开关动作	接触器动作	电动机M2转向	工作台运动方向
上	SQ4	KM4	反转	向上
下	SQ3	KM3	正转	向下
前	SQ3	KM3	正转	向前
后	SQ4	KM4	反转	向后
中	—	—	停止	停止

4）进给变速冲动。与主轴变速时一样，为使齿轮进入良好的啮合状态，也要进行变速后的瞬时点动。进给变速时，必须先把进给操纵手柄放在中间位置，然后将进给变速盘拉出，使进给齿轮松开，选好进给速度，再将变速盘推回原位。在推进过程中，挡块压下位置开关SQ2（17区），使触点SQ2-2分断、SQ2-1闭合，接触器KM3经10—19—20—15—14—13—17—18路径获电动作，电动机M2起动；但随着变速盘的复位，位置开关SQ2也复位，使KM3断电释放，电动机M2失电停转。由于使电动机M2瞬时点动一下，齿轮系统产生一次抖动，从而使齿轮顺利啮合。

5）工作台的快速移动。在加工过程中，在不进行铣削加工时，为了减少生产辅助时间，可使工作台快速移动；当进入铣削加工时，则要求工作台以原进给速度移动。6个进给方向的快速移动是通过两个进给操纵手柄和快速移动按钮配合实现的。

工件安装好后，扳动进给操纵手柄选定进给方向，按下快速移动按钮SB3或SB4（两地控制），接触器KM2得电，KM2的一个动合触点接通进给控制电路，为工作台6个方向的快速移动做好准备；另一个动合触点接通电磁离合器YC3，使电动机M2与进给丝杠直接搭合，实现工作台的快速进给；KM2的动断触点分断，电磁离合器YC2失电，使齿轮传动链与进给丝杠分离。当快速移动到预定位置时，松开快速移动按钮SB3或SB4，接触器KM2断电释放，电磁离合器YC3断开，YC2吸合，快速移动停止。

6）圆形工作台的控制。为了提高铣床的加工能力，可在工作台上安装附件——圆形工作台，进行圆弧或凸轮的铣削加工。圆形工作台工作时，所有的进给系统均停止工作，实现联锁。转换开关SA2是用来控制圆形工作台的。当圆形工作台工作时，将SA2扳到接通位置，此时触点SA2-1和SA2-3（17区）断开，触点SA2-2（18区）闭合，电流经10-13-14-15-20-19-17-18使接触器KM3得电，电动机M2起动，通过一根专用轴带动圆形工作台做旋转运动。当不需要圆形工作台工作时，则将转换开关SA2扳到断开位置，此时触点SA2-1和SA2-3闭合，触点SA2-2断开，以保证工作台在6个方向的进给运动，因为圆形工作台的旋转运动和6个方向的进给运动也是联锁的。

（3）冷却和照明控制 冷却泵电动机M3只有在主轴电动机M1起动后才能起动，因而采用的是顺序控制。铣床照明由变压器T1供给24V安全电压，由开关SA4控制。照明电路的短路保护由熔断器FU5实现。

X62W型万能铣床电气元件明细见表2-17。

表2-17 X62W型万能铣床电气元件明细

代号	名称	型号及规格	数量	用途
QS1	开关	HZ10-60/3J 60A、380V	1只	电源总开关
QS2	开关	HZ10-10/3J 10A、380V	1只	冷却泵开关
SA1	开关	LS2-3A	1只	换刀开关
SA2	开关	HZ10-10/3J 10A、380V	1只	圆形工作台开关
SA3	开关	HZ3-133 10A、500V	1只	M1换向开关
M1	主轴电动机	Y132M-4-B3 7.5kW、380V、1450r/min	1台	驱动主轴
M2	进给电动机	Y90L-4 1.5kW、380V、1400r/min	1台	驱动进给
M3	冷却泵电机	JCB-22 125W、380V、2790r/min	1台	驱动冷却泵

（续）

代号	名称	型号及规格	数量	用途
FU1	熔断器	RL1-60　　60A、熔体50A	3只	电源短路保护
FU2	熔断器	RL1-15　　15A、熔体10A	3只	进给短路保护
FU3、FU6	熔断器	RL1-15　　15A、熔体4A	2只	整流、控制电路短路保护
FU4、FU5	熔断器	RL1-15　　15A、熔体2A	2只	直流、照明电路短路保护
FR1	热继电器	JR0-40　　整定电流16A	1只	M1过载保护
FR2	热继电器	JR0-10　　整定电流0.43A	1只	M2过载保护
FR3	热继电器	JR0-10　　整定电流3.4A	1只	M3过载保护
T2	变压器	BK-100　　380/36V	1台	整流电源
TC	变压器	BK-150　　380/110V	1台	控制电路电源
T1	照明变压器	BK-50　　50VA、380/24V	1台	照明电源
VC	整流器	2CZ×4　5A、50V	1只	整流用
KM1	接触器	CJ0-20　　20A、线圈电压110V	1只	主轴起动
KM2	接触器	CJ0-10　　10A、线圈电压110V	1只	快速进给
KM3	接触器	CJ0-10　　10A、线圈电压110V	1只	M2正转
KM4	接触器	CJ0-10　　10A、线圈电压110V	1只	M2反转
SB1、SB2	按钮	LA2　　绿色	1只	起动电动机M1
SB3、SB4	按钮	LA2　　黑色	1只	快速进给点动
SB5、SB6	按钮	LA2　　红色	1只	停止、制动
YC1	电磁离合器	B1DL-Ⅲ	1台	主轴制动
YC2	电磁离合器	B1DL-Ⅱ	1台	正常进给
YC3	电磁离合器	B1DL-Ⅱ	1台	快速进给
SQ1	位置开关	LX3-11K　　开启式	1只	主轴冲动开关
SQ2	位置开关	LX3-11K　　开启式	1只	进给冲动开关
SQ3	位置开关	LX3-131　　单轮自动复位	1只	
SQ4	位置开关	LX3-131　　单轮自动复位	1只	
SQ5	位置开关	LX3-11K　　开启式	1只	M2正、反转及联锁
SQ6	位置开关	LX3-11K　　开启式	1只	

实训项目一　CA6140型卧式车床故障分析及排除训练

一、实训目的

1）学会分析故障的思路和方法。

2）能正确使用工具排除故障。

二、项目设备

1）工具：常用电工工具。

2）仪表：MF30 型万用表、5050 型兆欧表、T301-A 型钳形电流表。

3）车间现场 CA6140 型卧式车床或教学用 CA6140 型卧式车床配电柜。

三、常见故障分析与检修方法

（1）合不上电源开关 QF CA6140 型卧式车床的电源开关 QF 采用钥匙开关 SB 做开锁断电保护，采用位置开关 SQ2 做开门（配电柜门）断电保护。因此，出现电源开关 QF 合不上闸的情况时，先检查钥匙开关 SB 的位置是否正确（正确位置触点应断开），再检查位置开关 SQ2 是否因电气柜门没关紧、打开或其他原因造成触点闭合（正常工作时是断开的）。

（2）全无故障

1）试车。所谓全无故障，即试车时，信号灯、照明灯、机床电动机都不工作，且控制电动机的接触器、继电器等均无动作和响声。

2）分析。全无故障通常发生在电源电路，读图发现，信号灯、照明灯、电动机控制电路的电源均由变压器 TC 提供，经逻辑分析，故障范围划在变压器 TC 以及为 TC 供电的电路 U11 – FU1 – U13 – TC、V11 – FU1 – V13 – TC。值得注意的是，变压器 TC 二次侧三个绕组公共连接点 0 号线断线或接触不良时，也会造成全无故障。

3）检查方法。

① 电压法。由电源侧向变压器 TC 方向测量，根据测量结果找出故障点，见表 2-18。

② 电阻法。由变压器 TC 向电源方向测量，根据测量结果找出故障点，见表 2-19。该方法利用 TC 一次回路测量，称为电阻双分阶测量法。

表 2-18　电压法

故障现象	测试状态	U11 – V11	U13 – V13	故障点
全无现象	接通电源	0	0	机床无电源
		380V	0	FU1 断路
		380V	380V	TC 断路或 0 号线断线

表 2-19　电阻法

故障现象	测试状态	U13 – V13	U11 – V11	故障点
全无现象	切断电源	∞	∞	TC 断路
		R	∞	FU1 熔断或接触不良
		R	R	0 号线断线

注：R 为 TC 绕组电阻。

修复措施：若熔断器 FU1 熔断，要查明原因，如为短路，在排除短路点后，方可重新更换熔丝，再通电试车。若变压器绕组断路，要检查变压器配置的熔断器熔体是否符合要求，如不符合要求，更换变压器后方可试车。

（3）主轴电动机 M1 不能起动

1）通电试车。主轴电动机 M1 不能起动的原因较多，试车时首先观察接触器 KM 线圈是否得电，若不得电，再试试刀架快速移动电动机，并观察中间继电器 KA2 线圈是否得电。若接触器 KM 线圈得电，再观察电动机 M1 是否转动，是否有嗡嗡声，如有嗡嗡声，为断相故障。

2）故障分析。若接触器 KM 线圈不得电，则故障在控制电路。如试刀架快速移动电动机时，中间继电器 KA2 线圈也不能得电，经逻辑分析，故障范围在接触器 KM、中间继电器 KA2 线圈公共电路上，即 0 - TC - 1 - FU2 - 2 - SQ1 - 4。如中间继电器 KA2 线圈得电，故障范围在 KM 线圈 5 - SB1 - 4 - SB2 - 7 - 0 电路上。若接触器 KM 线圈正常得电，电动机 M1 不起动，则故障在电动机 M1 主电路上。

3）检查方法。

① 控制电路故障检查用电压法和电阻法皆可。值得注意的是，控制电路由变压器 TC 绕组 110V 提供电源，该绕组与接触器线圈串联，用电阻法测量时，要在确认变压器 TC 绕组无故障后，将其当作二次回路断开，将 FU2 拧下即可；或不断开，利用其构成回路来测量，测量方法见表 2-20。该方法合理利用 TC 绕组 110V 电压构成二次回路。若测量中发现位置开关 SQ1 断路，要检查床头带罩是否关紧。

表 2-20　利用二次回路测量法

故障现象	测试状态	7 - 5	7 - 4	7 - 2	7 - 1	7 - 0	故障点
KM、KA2 均不能得电，照明灯亮	切断电源，不按下按钮 SB2	∞	R	R	R	R	FR1 动作或接触不良
		∞	∞	R	R	R	SQ1 接触不良
		∞	∞	∞	R	R	FU2 熔断或接触不良
		∞	∞	∞	∞	R	TC 线圈断路
		∞	∞	∞	∞	∞	KM 线圈断路

注：R 为 KM 线圈、TC 绕组串联后的直流电阻。

② 主电路故障检查。主电路故障多为电动机断相故障。电动机断相时，不允许长时间通电，故主电路故障检查不宜采用电压法，只有接触器 KM 主触点以上电路在接触器 KM 主触点不闭合时，才可采用电压法测量。若必须用电压法测量，可将电动机 M1 与主电路分开，再接通电源，使接触器 KM 主触点闭合后再进行测量，但拆装工作比较繁琐，不宜采用。

测量断相故障，用电阻法也很简单。测量时，利用电动机绕组构成的回路进行测量。方法是切断电源后，用万用表测量 U12 - V12、U12 - W12、V12 - W12 之间的电阻，如三次测量电阻值相等且较小（电动机绕组的直流电阻较小），判断 U12、V12、W12 三点至电动机三段电路无故障。若某一相与其他两相电阻无穷大，则该相断路，可用此法继续按图向下测量，找到故障点，或用电阻分段测量法测量断路相，找到故障点。接触器 KM 主触点上端电路用电阻分段法测量即可。若上述两次检查没发现故障点，则故障在 KM 主触点上。

注意：使用电阻法测量时如果压下接触器触点测量，变压器绕组会与电动机绕组构成回路，从而影响测量结果。

如维修者能灵活使用各种测量方法，则接触器 KM 主触点上方电路可用电压法，接触器 KM 主触点下端电路采用电阻法，若都没找到故障，故障点必定在 KM 主触点上。

（4）主轴电动机 M1 起动后不能自锁　故障现象是按下按钮 SB2 时，主轴电动机 M1 能起动运行，但松开按钮 SB2 后，主轴电动机 M1 也随之停止。造成这种故障的原因是接触器 KM 的自锁动合触点接触不良或连接导线松脱。

（5）主轴电动机 M1 不能停车　造成这种故障的原因多是接触器 KM 的主触点熔焊；停止按钮 SB1 被击穿或电路中 5、6 两点连接导线短路；接触器铁心表面粘牢污垢。可采用下列方法判明是哪种原因造成电动机 M1 不能停车：若断开 QF，接触器 KM 释放，则说明故障为按钮 SB1 被击穿或导线短接；若接触器过一段时间释放，则故障为铁心表面粘牢污垢；若断开 QF，接触器 KM 不释放，则故障为主触点熔焊，打开接触器灭弧罩，可直接观察到该故障。可根据具体故障情况采取相应措施。

（6）刀架快速移动电动机不能起动　该故障分析方法、检查方法与主轴电动机 M1 基本相同，若中间继电器 KA2 线圈不得电，故障多发生在按钮 SB3 上。按钮 SB3 安装在十字手柄上，经常活动，易成为 FU2 熔断的短路点。试车时，注意将十字手柄扳到中间位置后再试，否则不易分清该故障为电气部分故障还是机械部分故障。

（7）冷却泵电动机不能起动　该故障分析方法与电动机 M1 的故障分析方法基本相同，如发生热继电器 FR2 热元件因冷却泵电动机接线盒进水发生短路而烧断，要考虑 FU1 是否超过额定值。

新安装冷却泵若转动但不上水，多为冷却泵电动机电源相序不对，不能离心上水。

四、项目实施

1. 检修步骤及工艺要求

1）在教师指导下对车床进行操作，了解车床的各种工作状态及操作方法。

2）在教师的指导下，参照电器位置图和机床接线图，熟悉车床电气元件的分布位置和走线情况。结合机械、电气等方面知识，弄清 CA6140 型卧式车床电气控制的特殊环节。教师讲授机床电气电路排故四步法，流程图如图 2-19 所示。

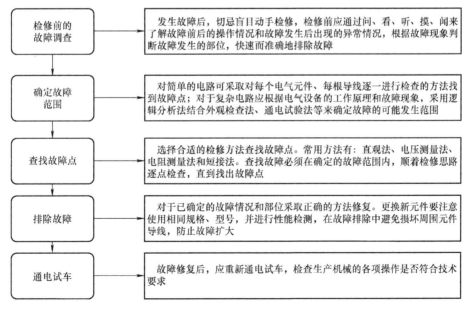

图 2-19　排故四步法流程图

排故四步法可以简化成图 2-20 所示的排故流程。

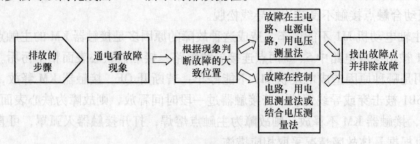

图 2-20 简化的排故流程

其中的故障现象分为表面现象和进一步现象，例如"车床主轴不起动"这样一个故障，表面现象即为按下机床主轴起动按钮后机床主轴不旋转，进一步现象是指控制主轴电动机的接触器动作情况。

3）在机床电路上查找某一故障范围内电路走线情况。

4）在 CA6140 型卧式车床上人为设置自然故障点。

5）教师示范检修。

检修时参照如下步骤：

① 通电试车过程中，引导学生观察故障现象。

② 根据故障现象，依据电路图用逻辑分析法确定故障范围。

③ 采用正确的检查方法查找故障点。

④ 用正确的方法排除故障。

⑤ 通电试车，恢复机床正常工作。

6）教师设置故障点，由学生检修。

设置故障点时，应注意以下几点。

① 人为设置的故障要符合自然故障。

② 切忌设置人为非自然故障，如更改电路。

③ 先设置一个故障，由学生检修，然后随学生能力提高再逐渐增加故障。

④ 设置一处以上故障点，故障现象尽可能不要相互掩盖，在同一电路上不设置重复故障。

⑤ 设置的故障必须与学生应该具有的修复能力相适应。随着学生检修水平的逐步提高，再相应提高故障难度。

⑥ 应尽量设置不容易造成人身和设备事故的故障。

⑦ 学生检修时，教师要密切注意学生的检修动态，随时做好采取应急措施的准备。

2. 注意事项

1）熟悉 CA6140 型卧式车床电气控制电路的基本环节及控制要求，认真观摩教师示范检修。

2）检修所用工具、仪表应符合使用要求。

3）排除故障时，必须修复故障点，但不得采用元件代换法。

4）检修时，严禁扩大故障范围或产生新的故障。

5）带电检修时，必须有指导教师监护，以确保安全。

五、评分标准

评分标准见表2-21。

表2-21 评分标准

项目内容	配分	评分标准	扣分
故障分析	30	(1) 不进行调查研究扣5分 (2) 标错故障范围，每个故障点扣15分 (3) 不能标出最小故障范围，每个故障点扣10分	
排除故障	70	(1) 停电不验电扣5分 (2) 仪器仪表使用不正确，每次扣5分 (3) 排除故障的方法不正确扣10分 (4) 损坏电气元件，每个扣40分 (5) 不能排除故障点，每个扣35分 (6) 扩大故障范围，每个扣40分	
安全文明生产		违反安全文明生产规程扣10~70分	
定额时间30min		不许超时检查，修复故障过程中允许超时，但以每超时5min扣5分计算	
备注		除定额时间外，各项内容的最高扣分不得超过配分数	成绩	
开始时间		结束时间		实际时间	

实训项目二 X62W 型卧式万能铣床故障分析及排除训练

一、实训目的

掌握 X62W 型卧式万能铣床电气控制电路的故障分析及检修方法。

二、项目设备

1）工具：常用电工工具。

2）仪表：MF30 型万用表、5050 型兆欧表、T301-A 型钳形电流表。

3）车间现场 X62W 型卧式万能铣床或教学用 X62W 型卧式万能铣床配电柜。

三、X62W 型万能铣床电气控制电路常见故障分析与检修方法

（1）全无故障 全无故障的分析方法与前面所介绍的机床全无故障分析方法类似，故障范围为变压器 TC、T1 供电的电源电路。采用电压法测量，很快便可找到故障。

（2）主轴电动机 M1 不能起动 主轴电动机 M1 不能起动的故障要与主轴电动机 M1 变速冲动故障合并检查。因此试车时，既要测试电动机 M1 的起动，也要测试其变速冲动。若主轴电动机 M1 既没起动也无冲动（接触器 KM 线圈不得电），则故障在其控制电路的公共电路上，即 5 - FU6 - 4 - TC - SA1 - 2 - 1 - FR1 - 2 - FR2 - 3 - KM1 - 6。若变速冲动时接触

器 KM1 线圈得电，起动时接触器 KM1 线圈不得电，则故障在 5 - SB6 - 7 - SB5 - 1 - 8 - SQ1 - 2 - 9 - SB1、SB2 - 6。测量故障前要先查看上刀制动开关 SA1 是否处于断开位置，变速冲动开关是否复位。检测方法可参照 CA6140 型卧式车床主轴电动机控制电路的检测方法。

若接触器 KM1 线圈得电，电动机 M1 仍不起动，且有嗡嗡之声，应立即停止试车，判断故障为主电路断相，具体检测方法可参照 CA6140 型卧式车床主轴电动机主电路检测方法。若电动机 M1 正反转有一个方向断相而另一方向正常，则故障为正反转换向转换开关 SA3 触点接触不良造成的。

（3）工作台各个方向都不能进给　工作台的进给运动是通过进给电动机 M2 的正反转配合机械传动来实现的，若各个方向都不能进给，且试车时接触器 KM3、KM4 线圈都不得电，则故障在进给电动机控制电路公共部分，第一段为 9 - KM1 - 10，第二段为 SA2 - 3，第三段为 12 - FR3 - 3。第一段故障范围可通过试车快速进给确认，如快速进给时，接触器 KM3、KM4 线圈得电，则故障范围必在接触器 KM19 - 10 号触点及连线上。第二段很少出现断路故障，通常是因为转换开关 SA2 操作位置错转到接通位置造成的。第三段通常是热继电器 FR3 脱扣，查明原因并复位即可。上述故障点还可用测量法确认。

若接触器 KM3、KM4 线圈可得电，则故障必在电动机 M2 主电路，范围是正反转公共电路。检测方法同本章第一节例 2 故障一的检测方法。

（4）工作台能上下前后进给，不能左右进给　工作台左右进给电路是：先起动主轴电动机，电流经 9 - 10 - 13 - 14 - 15 - 16 - 17 - 18 - 12 - 3，接触器 KM3 线圈得电，电动机 M2 正转，工作台向左进给；电流经 9 - 10 - 13 - 14 - 15 - 16 - 21 - 22 - 12 - 3，接触器 KM4 线圈得电，电动机 M2 反转，工作台向右进给。

因工作台上下前后可进给，首先排除进给电动机 M2 主电路，再排除 9 - 10 段、15 - 16 段、17 - 18 - 12 - 3 段、21 - 22 - 12 - 3 段。位置开关 SQ5 和位置开关 SQ6 不可能同时损坏（除非压合 SQ5、SQ6 的纵向手柄机械故障），故还要排除 16 - 17 段、16 - 21 段。最终确定故障范围是 10 - 13 - 14 - 15 段。该段电路正是控制上、下、前、后进给及变速冲动，与左、右进给的联锁电路。如试车时进给变速冲动也正常，则排除 13 - 14 - 15 段，故障必在位置开关 SQ2 - 2（10 - 13）上，反之故障在 13 - 14 - 15 段。采用电阻法测量该电路时，为避免二次回路造成判断失误，可操作位置开关 SQ5、SQ6 或圆形工作台转换开关将寄生回路切断，再进行测量。该故障多是因为位置开关 SQ2、SQ3、SQ4 接触不良或没复位造成的。

（5）工作台能左右进给，不能上下前后进给　参照故障（4）的分析方法，工作台不能上下前后进给的故障范围是 10 - 19 - 20 - 15，检测方法同故障（4）。

（6）工作台上下前后能进给，向左能进给，向右不能进给　采用故障（4）所使用的方法分析，判定该故障的故障范围是位置开关 SQ6 - 1 的动合触点及连线。反之，如果只有向左不能进给故障，故障范围是位置开关 SQ5 - 1 的动合触点及其连线。

由此可分析判断只有向下、前不能进给时，故障范围是位置开关 SQ3 - 1 的动合触点及连线。只有向上、后不能进给时，故障范围是位置开关 SQ4 - 1 的动合触点及连线。造成上述故障的原因多是位置开关经常被压合，使螺钉松动、开关移位、触点接触不良、开关机构卡住等。

（7）工作台能下前左进给，不能上后右进给　工作台上后右进给由电动机 M2 反转拖动，电动机 M2 反转由接触器 KM4 控制，由逻辑分析可知，若接触器 KM4 线圈不得电，故障范围是 21 – KM3 – 22 – KM4 – 12。若接触器 KM4 线圈得电，则故障必在接触器 KM4 的主触点及连线上。如果故障现象正相反，则故障范围是 17 – KM4 – 18 – KM3 – 12，或接触器 KM3 的主触点及其连线。

（8）工作台不能快速移动、主轴制动失灵　这种故障是因为电磁离合器电源电路故障所致。故障范围是变压器 TC – FU3、VC、熔断器 FU4 以及连接电路。首先检查变压器 TC 输出交流电压是否正常，再检查整流器 VC 输出直流电压是否正常。如不正常，采用相应的测量方法找到故障点，加以排除。

检修时还应注意，若整流器 VC 中一只二极管损坏断路，将导致输出电压偏低，吸力不够。这种故障与离合器的摩擦片因磨损导致摩擦力不足的现象较相似。检修时要仔细检测辨认，以免误判。

（9）变速时不能冲动　电动机能正常起动，变速时不能冲动是由于冲动位置开关 SQ1（主轴）、位置开关 SQ2（进给）受频繁冲击，致使开关位置移动、电路断开或接触不良。检修时，如位置开关没有撞坏，可调整好开关与挡铁的距离，重新固定，即可恢复冲动控制。

四、项目实施

1. 检修步骤及工艺要求

1）在教师指导下对铣床进行操作，了解机床的各种工作状态及操作方法。

2）在教师的指导下，参照电器位置图和机床接线图，熟悉机床电气元件的分布位置和走线情况；搞清操纵手柄处于不同位置时，位置开关的工作状态及运动部件的工作情况。

3）在机床电路上查找某一故障范围内电路的走线情况。

4）在 X62W 型卧式万能铣床上人为设置自然故障点，教师示范检修。检修时参照如下步骤：

① 通电试车过程中，引导学生观察故障现象。

② 根据故障现象，依据电路图用逻辑分析法确定故障范围。

③ 采用正确的检查方法查找故障点。

④ 用正确的方法排除故障。

⑤ 通电试车，复核机床工作。

5）教师设置故障点，由学生检修。设置故障点时，应注意以下几点。

① 人为设置的故障要符合自然故障。

② 切忌设置更改电路的人为非自然故障。

③ 先设置一个故障，由学生检修，然后随学生能力逐渐提高再增加故障。

④ 设置一处以上故障点，故障现象尽可能不要相互掩盖，在同一电路上不设置重复故障（不符合自然故障逻辑）。

⑤ 设置的故障必须与学生应该具有的修复能力相适应。随着学生检修水平的逐步提高，再相应提高故障难度。

⑥ 应尽量设置不造成人身和设备事故的故障点。

⑦ 学生检修时，教师要密切注意学生的检修动态，随时做好采取应急措施的准备。

2. 注意事项

1）熟悉 X62W 型卧式万能铣床电气控制电路的基本环节及控制要求，认真观摩教师示范检修。

2）检修所用工具、仪表应符合使用要求。

3）排除故障时，必须修复故障点，但不得采用元件代换法。

4）检修时，严禁扩大故障范围或产生新的故障。

5）带电检修时，必须有指导教师监护，以确保安全。

五、评分标准

评分标准参见表 2-21。

拓展阅读

本 章 小 结

本章重点介绍了 CA6140 型卧式车床和 X62W 型卧式万能铣床的电气控制电路原理及维修方法。对于机床电路的阅读分析介绍了查线分析法，对主电路—控制电路—辅助电路—联锁、保护环节—特殊控制环节进行逐步分析，最后总体检查。

对于机床电气控制电路的检修讲解了机床维修的一般思路：结合机械电气设备维修的一般要求和方法，检修前先进行故障调查，用逻辑分析法确定并缩小故障范围，对故障范围进行外观检查，用试验法进一步缩小故障范围，以及用测量法确定故障点等，应灵活运用，遇到问题及时解决，更好地完成维护保养工作。

进行机床电气控制线路故障检查与维修是学习本章的主要目的，学生首先要学会方法，其次是习惯利用方法的实践，通过大量的实践形成快速排故的思路，并在实践中不断总结提高，做好维修工作。

思考与练习题

1. 在 CA6140 型卧式车床中，若主轴电动机 M1 只能点动，则可能的故障原因是什么？在此情况下，冷却泵能否正常工作？

2. CA6140 型卧式车床的主轴是如何实现正反转控制的？

3. CA6140 型卧式车床的主轴电动机因过载而自动停车后，操作者立即按起动按钮，但电动机不能起动，分析可能的原因。

4. X62W 型卧式万能铣床电气控制线路具有哪些电气联锁措施？

5. 如果 X62W 型卧式万能铣床的工作台能左右进给，但不能前后、上下进给，试分析故障原因。

第三章

可编程序控制器应用

1. 了解可编程序控制器的产生、发展及定义。
2. 掌握 PLC 元件功能和使用方法。
3. 掌握 PLC 控制系统的基本控制原理。
4. 掌握三菱 FX 系列 PLC 的基本指令、步进顺控指令及常用功能指令的使用。

1. 能够使用 PLC 编程软件进行编程。
2. 能合理分配 I/O 地址，绘制 PLC 控制接线图。
3. 能够根据控制要求应用基本指令实现 PLC 控制系统的编程。
4. 能够使用步进顺控指令进行状态编程。
5. 会使用常用功能指令进行简化的编程。
6. 能正确连接 PLC 控制系统的电气控制电路并能实现系统调试。

40 多年来，可编程序控制器从无到有，实现了工业控制领域接线逻辑到存储逻辑的飞跃；其功能从弱到强，实现了逻辑控制到数字控制的进步；其应用领域从小到大，实现了单体设备简单控制到胜任运动控制、过程控制及集散控制等各种任务的跨越。今天的可编程序控制器正在成为工业控制领域的主流控制设备，在世界工业控制中发挥着越来越大的作用。

第一节　可编程序控制器概述

可编程序控制器（Programmable Logic Controller，简称 PLC）是以微处理器为核心，综合计算机技术、自动化技术和通信技术发展起来的一种新型工业自动控制装置。目前，PLC已被广泛应用于各种生产机械和生产过程的自动控制领域，成为一种最重要、应用场合最多的工业控制装置，被公认为现代工业自动化的三大支柱（PLC、机器人、CAD/CAM）之一，其应用的深度和广度成为衡量一个国家工业自动化程度高低的标志。

一、可编程序控制器的产生

20 世纪 60 年代，计算机技术已开始应用于工业控制了。但由于计算机技术本身的复杂性、编程难度高、难以适应恶劣的工业环境以及价格昂贵等原因，未能在工业控制中广泛应用。当时的工业控制，主要还是以继电器－接触器控制系统占主导地位。

1968 年，美国最大的汽车制造商通用汽车制造公司（GM）为适应汽车型号的不断更新，试图寻找一种新型的工业控制器，以尽可能减少重新设计和更换继电器控制系统的硬件及接线，减少设计时间，降低成本，因而设想把计算机的完备功能、灵活性及通用性等优点和继电器控制系统的简单易懂、操作方便、价格便宜等优点结合起来，制成一种适用于工业环境的通用控制装置，并把计算机的编程方法和程序输入方式加以简化，用面向控制过程、面向对象的自然语言进行编程。

1969 年美国数字设备公司（DEC）根据美国通用汽车公司的要求，研制成功了世界上第一台可编程序控制器，并在通用汽车公司的自动装配线上试用，取得了很好的效果，从此这项技术迅速发展起来。早期的可编程序控制器仅有逻辑运算、定时、计数等顺序控制功能，只用来取代传统的继电器控制，通常称为可编程序逻辑控制器（Programmable Logic Controller）。

20 世纪 80 年代以后，随着大规模、超大规模集成电路等微电子技术的迅速发展，16 位、32 位及 64 位微处理器应用于 PLC 中，使 PLC 得到迅速发展。PLC 不仅控制功能增强，同时可靠性得以提高，功耗、体积减小，成本降低，编程和故障检测更加灵活方便，而且具有通信和联网、数据处理和图像显示等功能，使 PLC 成为具有逻辑控制、过程控制、运动控制、数据处理、联网通信等功能的多功能控制器。

二、可编程序控制器的特点、应用及分类

1. PLC 的特点

PLC 技术之所以高速发展，除了工业自动化的客观需求外，主要是因为它具有许多独特的优点：

（1）可靠性高、抗干扰能力强　可靠性高、抗干扰能力强是 PLC 最重要的特点之一。PLC 的平均无故障时间可达几十万个小时，之所以有这么高的可靠性，是由于它采用了一系列硬件和软件的抗干扰措施。

（2）编程简单、使用方便　目前，大多数 PLC 仍采用继电控制形式的梯形图编程方式，既继承了传统控制电路的清晰直观性，又考虑到了大多数工厂企业电气技术人员的读图习惯及编程水平，所以非常容易被接受和掌握。

（3）功能完善、适应性强　现代 PLC 不仅具有逻辑运算、定时、计数、顺序控制等功能，而且还具有 A－D 和 D－A 转换、数值运算、数据处理、PID 控制、通信联网等功能。同时，由于 PLC 产品的系列化、模块化，有品种齐全的各种硬件装置供用户选用，可以组成满足各种要求的控制系统。

（4）使用简单，调试维修方便　由于 PLC 用软件代替了传统电气控制系统的硬件，控制柜的设计、安装接线工作量大为减少。PLC 的用户程序大部分可在实验室进行模拟调试，缩短了应用设计和调试周期。在维修方面，由于 PLC 的故障率低，故维修工作量小，而且具有很强的自诊断功能，如果出现故障，可根据 PLC 上的指示或编程器上提供的故障信息迅速查明原因，因此维修方便。

（5）体积小，能耗低　PLC 是将微电子技术应用于工业设备的产品，其结构紧凑、坚

固、体积小、质量轻、功耗低，并且由于 PLC 的强抗干扰能力，易于装入设备内部，是实现机电一体化的理想控制设备。

2. PLC 的应用

经过 40 多年的发展，PLC 已广泛应用于冶金、石油、化工、建材、机械制造、电力、汽车、轻工、环保及文化娱乐等行业，随着 PLC 性能价格比的不断提高，其应用领域不断扩大。目前 PLC 的应用可归纳为以下几个方面。

（1）开关量逻辑控制　这是 PLC 最基本、最广泛的应用领域。利用 PLC 最基本的逻辑运算、定时、计数等功能实现逻辑控制，可以取代传统的继电器控制，用于单机控制、多机群控制、生产自动线控制等，如机床、注射机、印刷机械、装配生产线及电梯的控制等。

（2）运动控制　PLC 可用于直线运动或圆周运动的控制。早期直接用开关量 I/O 模块连接位置传感器和执行机械，现在一般使用专用的运动模块。目前，制造商已提供了拖动步进电动机或伺服电动机的单轴或多轴位置控制模块，即把描述目标位置的数据传送给模块，模块移动一轴或多轴到目标位置。当每个轴运动时，位置控制模块保持适当的速度和加速度，确保运动平滑。

（3）过程控制　PLC 可实现模拟量控制，具有 PID 控制功能的 PLC 可构成闭环控制，用于过程控制。这一功能已广泛用于冶金、精细化工、锅炉控制、热处理等场合。

（4）数据处理　现代 PLC 都具有数学运算（包括逻辑运算、函数运算、矩阵运算）、数据传送、转换、排序和查表等功能，可进行数据的采集、分析和处理，同时可通过通信接口将这些数据传送给其他智能装置。

（5）通信联网　可编程序控制器的通信包括主机与远程 I/O 模块之间的通信、多台可编程序控制器之间的通信、可编程序控制器和其他智能控制设备（如计算机、变频器）之间的通信。可编程序控制器与其他智能控制设备一起，可以组成"集中管理、分散控制"的分布式控制系统，满足工厂自动化（FA）系统发展的需要。

第二节　可编程序控制器的结构及工作原理

一、可编程序控制器的硬件组成

世界各国生产的 PLC 外观各异，但作为工业控制计算机，其硬件系统大体相同，主要由中央处理器（CPU）、存储器、输入/输出单元、电源、编程设备、通信接口等部分组成。其中，CPU 是 PLC 的核心，输入/输出单元是连接现场输入/输出设备与 CPU 之间的接口电路，通信接口用于与编程器、上位计算机等外部设备连接。PLC 系统结构示意图如图 3-1 所示。

1. 中央处理器

中央处理器是可编程序控制器的核心，它在系统程序的控制下，完成逻辑运算、数学运算、协调系统内部各部分工作等任务。PLC 中所配置的 CPU 随机型不同而不同，常用的有三类：通用微处理器（如 80286、80386 等）、单片微处理器（如 8031、8096 等）和位片式微处理器（如 AMD29W 等）。在 PLC 中 CPU 按系统程序赋予的功能，指挥 PLC 有条不紊地进行工作，归纳起来主要有以下几个方面。

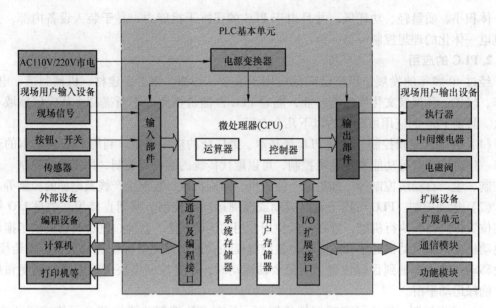

图 3-1　PLC 系统结构示意图

1）接收从编程器或计算机输入的用户程序和数据。

2）诊断电源、PLC 内部电路的工作故障和编程中的语法错误等。

3）通过输入接口接收现场的状态或数据，并存入输入映像寄存器或数据寄存器中。

4）从存储器逐条读取用户程序，经过解释后执行。

5）根据执行的结果，更新有关标志位的状态和输出映像寄存器的内容，通过输出单元实现输出控制。有些 PLC 还具有制表打印和数据通信等功能。

2. 存储器

存储器主要有两种：一种是可读/写操作的随机存储器 RAM，另一种是只读存储器 ROM（不能修改）、EPROM（紫外线可擦）和 EEPROM（电可擦）。存储器区域按用途不同分为程序区和数据区。在 PLC 中，存储器主要用于存放系统程序、用户程序及工作数据。

系统程序是由 PLC 的制造厂家编写的，和 PLC 的硬件组成有关，完成系统诊断、命令解释、功能子程序调用管理、逻辑运算、通信及各种参数设定等功能，提供 PLC 运行的平台。系统程序关系到 PLC 的性能，而且在 PLC 使用过程中不会变动，所以由制造厂家直接固化在只读存储器 ROM、PROM 或 EPROM 中，用户不能访问和修改。

用户程序是随 PLC 的控制对象而定的，由用户根据对象生产工艺的控制要求而编制的应用程序。为了便于读出、检查和修改，用户程序一般存于 CMOS 静态 RAM 中，用锂电池作为后备电源，以保证掉电时不会丢失信息。为了防止干扰对 RAM 中程序的破坏，当用户程序运行正常、不需要改变时，可将其固化在只读存储器 EPROM 中。现在有许多 PLC 直接采用 EEPROM 作为用户存储器。

工作数据是 PLC 运行过程中经常变化、经常存取的一些数据，它存放在 RAM 中，以适应随机存取的要求。在 PLC 的工作数据存储器中，设有存放输入输出继电器、辅助继电器、定时器、计数器等逻辑器件的存储区，这些器件的状态都是由用户程序的初始设置和运行情况而确定的。根据需要，部分数据在掉电时用后备电池维持其现有的状态，这部分在掉电时可保存数据的存储区域称为保持数据区。

3. 输入/输出单元

输入/输出单元通常也称为 I/O 单元或 I/O 模块，是 PLC 与工业生产现场之间的连接部件。PLC 通过输入接口可以检测被控对象的各种数据，以这些数据作为 PLC 对被控对象进行控制的依据；同时 PLC 又通过输出接口将处理结果传送给被控对象，以实现控制目的。

由于外部输入设备和输出设备所需的信号电平是多种多样的，而 PLC 内部 CPU 处理的信息只能是标准电平，所以 I/O 接口要实现这种转换。I/O 接口一般都具有良好的光电隔离和滤波功能，以提高 PLC 的抗干扰能力。接到 PLC 输入接口的输入器件往往是各种开关（光电开关、压力开关、行程开关等）、按钮、传感器触点等；PLC 的输出接口往往与被控对象相连接，被控对象有电磁阀、指示灯、接触器、继电器等。I/O 接口根据输入输出信号的不同可以分为：数字量（开关量）输入、数字量（开关量）输出、模拟量输入、模拟量输出等。

（1）输入接口电路　各种 PLC 的输入接口电路大多相同，常用的开关量输入接口按其使用的电源不同有三种类型：直流输入接口、交流输入接口和交流/直流输入接口，其基本原理电路如图 3-2 ~ 图 3-4 所示。

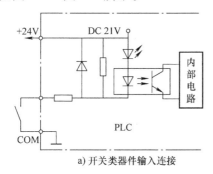
a) 开关类器件输入连接

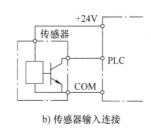
b) 传感器输入连接

图 3-2　直流输入电路

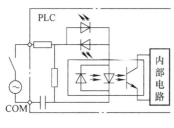

图 3-3　交流输入电路

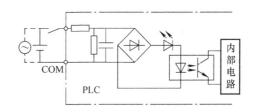

图 3-4　交流/直流输入电路

（2）开关量输出接口电路　常用的开关量输出接口按输出开关器件不同有三种类型：继电器输出、晶体管输出和晶闸管输出，其基本原理电路如图 3-5 所示。继电器输出接口可驱动交流或直流负载，但其响应时间长，动作频率低；而晶体管输出和晶闸管输出接口的响应速度快，动作频率高，但前者只能用于驱动直流负载，后者只能用于驱动交流负载。

4. 电源

PLC 配有开关电源，以供内部电路使用。与普通电源相比，PLC 电源的稳定性好、抗干扰能力强，对电网提供的电源稳定度要求不高，一般允许电源电压在其额定值 ±15% 的范围

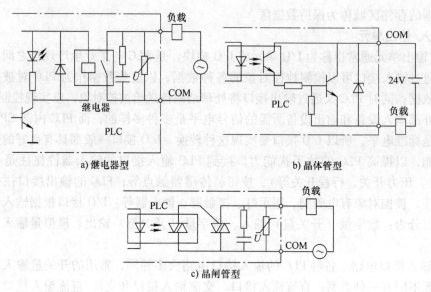

图 3-5 开关量输出电路

内波动。许多 PLC 还向外提供直流 24V 稳压电源，用于对外部传感器供电；并备有备用锂电池，以确保外部故障时内部重要数据不至于丢失。

5. 外部设备

编程器的作用是编辑、调试、输入用户程序，也可在线监控 PLC 内部状态和参数，与 PLC 进行人机对话。它是开发、应用、维护 PLC 不可缺少的工具，一般有简易编程器和智能编程器两类。PLC 还可以配设盒式磁带机、打印机、EPROM 写入器、高分辨率大屏幕彩色图形监控系统等其他外部设备。

二、可编程序控制器的软件

PLC 是一种工业控制计算机，不仅有硬件，软件也必不可少。PLC 的软件由系统程序和用户程序组成。系统程序由 PLC 制造厂商设计编写，并存入 PLC 的系统存储器中，用户不能直接读写与更改。系统程序一般包括系统诊断程序、输入处理程序、编译程序、信息传送程序、监控程序等。PLC 的用户程序是用户利用 PLC 的编程语言，根据控制要求编制的程序。

编程语言是学习 PLC 程序设计的前提，PLC 的主要编程语言采用比计算机语言相对简单、易懂、形象的专用语言。国际电工委员会（IEC）的 PLC 编程语言标准中有 5 种编程语言：梯形图（Ladder Diagram）、指令表（Instruction List）、顺序功能图（Sequential Function Chart）、功能图块（Function Block Diagram）、结构文本（Structured Text）。下面简单介绍前三种。

1. 梯形图

梯形图语言是应用最广泛的一种编程语言，是 PLC 的第一编程语言。它是在传统继电器－接触器控制系统中常用的接触器、继电器等图形表达符号的基础上演变而来的一种图形语言。它与电气控制电路图相似，能直观地表达被控对象的控制逻辑顺序和流程，很容易被电气工程人员和维护人员掌握，特别适用于开关逻辑控制。

图 3-6 所示是继电器控制电路图与 PLC 控制的梯形图比较。从图中可看出，两种图所表达的基本思想是一致的，但其本质却不相同。传统继电器－接触器控制系统控制电路是由物理元器件按钮、继电器、导线及电源构成的硬接线电路；PLC 梯形图程序，其电路使用的是 PLC 内部软元件，如输入继电器、输出继电器、定时/计数器等，该程序修改灵活方便，是硬接线电路无法比拟的。梯形图两侧的垂直公共线称为母线，在分析梯形图逻辑关关时，可以假想左右母线之间有一个左正确的直流电源，母线之间有"能流"从左流向右。一般右母线不画出。

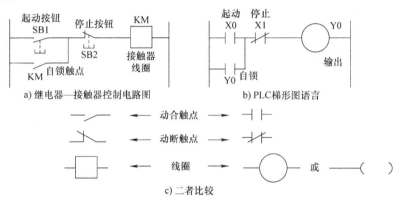

图 3-6　继电器控制电路图与 PLC 控制的梯形图比较

2. 指令表

这种编程语言类似于计算机的汇编语言，是用指令助记符来编程的。在 PLC 应用中，经常采用简易编程器，而这种编程器中没有 CRT 屏幕显示，或没有较大的液晶屏幕显示。因此，就用一系列 PLC 操作命令组成的指令表将梯形图描述出来，再通过简易编程器输入到 PLC 中。虽然各个 PLC 生产厂家的指令表形式不尽相同，但其基本功能相差无几。图 3-7 所示为梯形图与指令表的对照。

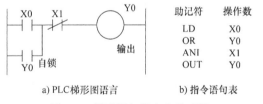

a) PLC梯形图语言　　　b) 指令语句表

图 3-7　梯形图与指令表的对照

可以看出，指令是指令表程序的基本单元，每条指令语句包括指令部分和数据部分。指令部分指定逻辑功能，数据部分要指定功能存储器的地址号或设定数值。

3. 顺序功能图

顺序功能图（SFC）用来描述开关量控制系统的功能，是一种用于编制顺序控制程序的图形语言。它将一个完整的控制过程分为若干阶段，各阶段具有不同的动作，阶段间有一定的转换条件，转换条件满足就可实现阶段转移，即上一阶段动作结束、下一阶段动作开始。步、转换和动作是顺序功能图的三要素，如图 3-8 所示。顺序功能图提供了一种组织程序的图形方法，根据它可

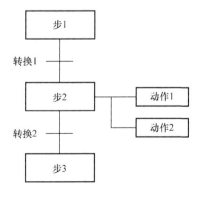

图 3-8　顺序功能图

以方便地画出顺序控制梯形图。

三、可编程序控制器的工作原理

可编程序控制器的工作原理简单地表述为在系统程序的管理下，通过运行应用程序完成用户任务。个人计算机与 PLC 的工作方式有所不同，计算机一般采用等待命令的工作方式。而 PLC 在确定了工作任务、装入了专用程序后，成为一种专用机。它采用循环扫描工作方式，系统工作任务管理及应用程序执行都是以循环扫描方式完成的。

可编程序控制器有两种基本的工作状态，即运行（RUN）状态和停止（STOP）状态。当处于停止状态时，PLC 只进行内部处理和通信服务等内容，一般用于程序的编制与修改。当处于运行状态时，PLC 除了要进行内部处理和通信服务之外，还要执行反映控制要求的用户程序，即执行输入处理、程序处理及输出处理，一个工作周期可分为 5 个阶段，如图 3-9 所示。

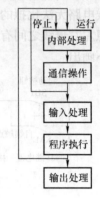

图 3-9 可编程序控制器的工作原理

1. 内部处理阶段

PLC 接通电源后，在进行循环扫描之前，首先确定自身的完好性，若发现故障，除了故障灯亮之外，还可判断故障性质：一般性故障，只报警不停机，等待处理；严重故障，则停止运行用户程序，此时 PLC 切断一切输出联系。

确定内部硬件正常后，进行清零或复位处理，清除各元件状态的随机性；检查 I/O 连接是否正确；起动监控定时器，执行一段涉及各种指令和内存单元的程序，然后监控定时器复位，允许扫描用户程序。

2. 通信服务阶段

PLC 在通信服务阶段检查是否有与编程器和计算机的通信请求，若有则进行相应处理，如果有与计算机等的通信要求，也在这段时间完成数据的接收和发送任务。

可编程序控制器处于停止状态时，只执行以上的操作。可编程序控制器处于运行状态时，还要完成下面 3 个阶段的操作，即输入采样阶段、程序执行阶段、输出刷新阶段，如图 3-10 所示。

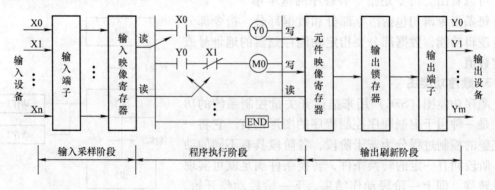

图 3-10 PLC 执行程序的过程示意图

3. 输入采样阶段

在输入采样阶段，PLC 以扫描工作方式按顺序对所有输入端的输入状态进行采样，并存入输入映像寄存器中，此时输入映像寄存器被刷新。接着进入程序执行阶段，在程序执行阶段或其他阶段，即使输入状态发生变化，输入映像寄存器的内容也不会改变，输入状态的变化只有在下一个扫描周期的输入处理阶段才能被采样。

4. 程序执行阶段

在程序执行阶段，PLC 对程序按顺序进行扫描执行。若程序用梯形图来表示，则总是按先上后下、从左到右的顺序进行。当遇到程序跳转指令时，则根据跳转条件是否满足来决定程序是否跳转。当指令中涉及输入、输出状态时，PLC 从输入映像寄存器和元件映像寄存器中读出，根据用户程序进行运算，运算的结果再存入元件映像寄存器中。对于元件映像寄存器来说，其内容会随程序执行的过程而变化。

5. 输出刷新阶段

当所有程序执行完毕后，进入输出刷新阶段。在这一阶段里，PLC 将元件映像寄存器中与输出有关的状态（输出继电器状态）转存到输出锁存器中，并通过一定方式输出，驱动外部负载。

从 PLC 输入端的输入信号发生变化到 PLC 输出端对该输入变化做出反应，需要一段时间，这种现象称为 PLC 输入/输出响应滞后。对一般的工业控制，这种滞后是完全允许的。应该注意的是，这种响应滞后不仅是由于 PLC 扫描工作方式造成的，更主要是由 PLC 输入接口的滤波环节带来的输入延迟，以及输出接口中驱动器件的动作时间带来的输出延迟，同时还与程序设计有关。滞后时间是设计 PLC 应用系统时应注意把握的一个参数。

从以上分析我们可以看出，可编程序控制器的控制实质其实是按一定算法进行输入、输出的变换，并将这个变换予以物理实现。入出变换、物理实现是 PLC 实施控制的两个基本点。入出变换实际上就是信息处理，PLC 应用微处理技术，并使其专业化应用于工业现场。物理实现即 PLC 要考虑实际的控制要求，要求 PLC 的输入应当排除干扰信号，输出应放大到工业控制的水平，能方便实际控制系统使用，这就要求 PLC 的 I/O 电路应专门设计。

第三节　三菱 FX 系列 PLC 的系统配置和编程元件

一、FX 系列 PLC 型号的含义及基本单元

1. FX 系列 PLC 型号的含义

三菱 FX 系列 PLC 基本单元和扩展单元的型号由字母和数字组成，其基本命名格式如图 3-11 所示，其各部分含义如下：

（1）系列序号　系列序号有 0、2、ON、OS、2C、2N、2NC、1N、1S，即 FX0、FX2、FX0N、FX0S、FX2C、FX2N、FX2NC、FX1N 和 FX1S。

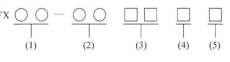

图 3-11　FX 系列 PLC 基本命名格式

（2）输入/输出的总点数　为 4～256。

（3）单元类型　M 为基本单元；E 为输入/输出混合扩展单元及扩展模块；EX 为输入

专用扩展模块；EY 为输出专用扩展模块。

（4）输出形式 R 为继电器输出；T 为晶体管输出；S 为晶闸管输出。

（5）特殊品种的区别 D 为 DC（直流）电源，DC 输入；A1 为 AC（交流）电源，AC 输入（AC100～120V）或 AC 输入模块；H 为大电流输出扩展模块；V 为立式端子排的扩展模式；C 为接插口输入输出方式；F 为输入滤波器 1ms 的扩展模块；L 为 TTL 输入型模块；S 为独立端子（无公共端）扩展模块；无记号为 AC 电源，DC 输入，横式端子排，标准输出（继电器输出 2A/点、晶体管输出 0.5A/点或晶闸管输出 0.3A/点）。

2. 基本单元

FX 系列 PLC 基本单元各部分说明（以 FX2N 为例）如图 3-12 所示。

1）电源：请根据使用的基本单元连接适当的电源。

2）输入接线：对一般型号，在输入端和 COM 端间外接干接点即可。

3）输出接线：在输出方式允许的前提下，不同的电压等级需使用不同的 COM 端。

4）电池：型号 F2-40BL，为 3.6V 锂电池，不可充电，寿命 5 年（建议 4～4.5 年更换一次），更换时请断开 PLC 电源（带 RAM 存储盒时为 3 年）。

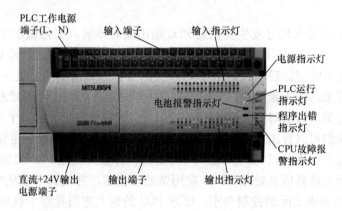

图 3-12　FX2N 系列 PLC 基本单元各部分说明

二、FX 系列 PLC 的外部接线

1. PLC 与输入设备的连接

FX 系列 PLC 输入回路的连接如图 3-13 所示。输入回路的连接是 COM（公共）端通过具体的输入设备（如按钮、行程开关、继电器触点、传感器等）连接到对应的输入点 X 上，通过输入点将外部信号传送到 PLC 内部。当某输入设备的状态发生变化时，对应输入点 X 的状态就随之变化，这样 PLC 可随时检测到这些外部信号的变化。

对于热继电器的动断触点可以作为输入信号进行过载保护，也可以在输出侧进行保护。对于停止按钮、热继电器保护触点等的输入，如果输入信号由动合触点提供，梯形图中的触点类型与继电器电路的触点类型完全一致。如果接入 PLC 的是输入信号的动断触点，这时在梯形图中所用触点的类型与 PLC 外接动合触点时刚好相反，与继电器电路图中的习惯也是相反的，建议尽可能采用动合触点作为 PLC 的输入信号。对于热继电器，为提高保护的快速性，可以采用动断触点输入。

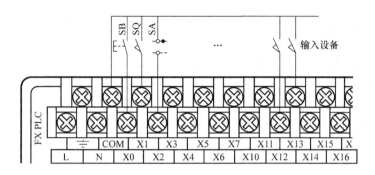

图 3-13　PLC 与输入设备的连接

2. PLC 与输出设备的一般连接方法

输出回路就是 PLC 的负载回路，FX 系列 PLC 输出回路的连接如图 3-14 所示。PLC 提供输出端子，通过输出端子将负载和负载电源连接成一个回路，这样，负载的状态就由输出端子对应的输出继电器控制，输出继电器的动合触点闭合，负载即可得电。

在设计输出回路的接线时，应注意输出回路的公共端问题。一般情况下，每一回路输出应有两个输出端子。为了减少输出端子的个数，以减小 PLC 的体积，在 PLC 内部将每路输出其中的一个输出端子采用公共端连接，即将这几路输出的一端连接到一起，形成公共端 COM。FX2 系列 PLC 采用四路输出共用一个公共端 COM。接在同一个公共端上的各路负载必须使用同一个电源，在使用时要特别注意这一点，否则将导致负载不能正常工作。PLC 与输出设备连接的注意事项如下：

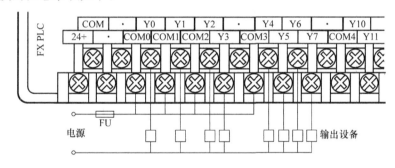

图 3-14　PLC 输出回路的连接

1）除了 PLC 输入和输出共用一电源外，输入公共端与输出公共端不能接在一起。

2）PLC 的晶体管、晶闸管型输出都有较大的漏电流，尤其是晶闸管输出，将可能出现输出设备的误动作，所以要在负载两端并联一个旁路电阻。

3）多种负载和多种电源共存的处理。同一台 PLC 控制的负载，其负载类别、等级可能不同，在连接负载时（I/O 点分配），应尽量让不同电源的负载使用不同的 COM 输出点。

3. 通信线的连接

PLC 一般设有专用的通信口，通常为 RS485 口或 RS422 口，FX2N 型 PLC 为 RS422 口，与通信口的接线常采用专用的接插件连接。

三、FX2N 系列 PLC 的编程元件

PLC 在软件设计中需要各种逻辑元件和运算元件，称之为编程元件。PLC 内部有许多具

有不同功能的软元件，实际上这些软元件是由不同电子电路和存储器组成的。例如，输入继电器（X）由输入电路和输入映像寄存器组成；输出继电器（Y）由输出电路和输出映像寄存器组成；定时器（T）、计数器（C）、辅助继电器（M）、状态继电器（S）、数据寄存器（D）、变址寄存器（V/Z）等都是由存储器组成的。一般可认为编程元件和继电器－接触器的元件类似。作为计算机的存储单元，从实质上来说，某个元件被选中，只代表这个元件的存储单元置1，失去选中条件只是这个存储单元置0。由于元件只不过是存储单元，可以无限次地被访问，故 PLC 编程元件可以有无数个常开、常闭触点。作为计算机的存储单元，PLC 的元件可以组合使用。

1. 输入继电器 X（X0～X267）

在 PLC 内部，与输入端子相连的输入继电器是光电隔离的电子继电器，采用八进制编号，有无数个常开、动断触点，输入继电器不能用程序驱动，其等效电路如图3-15所示。

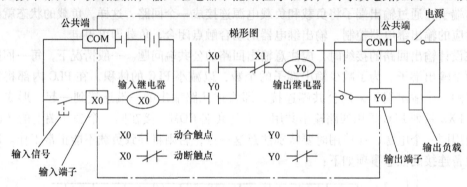

图3-15 输入／输出继电器的等效电路

2. 输出继电器 Y（Y0～Y267）

输出继电器也采用八进制编号，有无数个常开、动断触点，其线圈由程序驱动。其符号和使用如图3-15所示。在 PLC 内部，输出继电器的触点与输出端子相连，向外部负载输出信号，每一个输出继电器的常开、动断触点，编程时可多次重复使用。

3. 辅助继电器 M

PLC 内部有许多辅助继电器，其作用相当于继电器控制系统中的中间继电器，它的接点不能直接驱动外部负载。这些元件往往用作状态暂存、移位等运算。另外，辅助继电器还有一些特殊功能。辅助继电器采用符号 M 与十进制数共同组成编号。FX2N 系列 PLC 中有三种特性不同的辅助继电器，分别是通用辅助继电器（M0～M499）、断电保持辅助继电器（M500～M3071）和特殊功能辅助继电器（M8000～M8255）。

（1）通用辅助继电器（M0～M499） FX2N 系列共有 500 点通用辅助继电器。在 PLC 运行时，如果电源突然断电，则通用辅助继电器全部线圈均关闭。当电源再次接通时，除了因外部输入信号而变为打开状态的以外，其余的仍将保持关闭状态，它们没有断电保持功能。通用辅助继电器常在逻辑运算中作为辅助运算、状态暂存、移位等功能使用。根据需要，可通过程序设定，将 M0～M499 转变为断电保持辅助继电器。

（2）断电保持辅助继电器（M500～M3071） FX2N 系列有 M500～M3071 共 2572 点断电保持辅助继电器。它与普通辅助继电器不同的是具有断电保持功能，即能记忆电源中断瞬时的状态，并在重新通电后保持断电前的状态，其原因是电源中断时采用 PLC 锂电池保持其映像寄存器中的内容。其中 M500~M1023 可由软件将其设定为通用辅助继电器。如图 3-16 所示，若辅助继电器 M600 及 M601 的状态决定电动机的转向，且 M600 及 M601 为断电保持辅助继电器，则当机构断电又来电时，电动机可仍按断电前的转向运行，直至碰到限位开关才发生转向的变化。

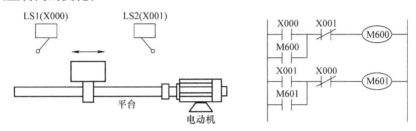

图 3-16 断电保持辅助继电器的应用

（3）特殊功能辅助继电器（M8000~M8255） 特殊功能辅助继电器共 256 点，各具特定的功能，一般分为触点利用型和线圈利用型两类。

1）触点利用型特殊功能辅助继电器。其线圈由 PLC 自动驱动，用户只可使用其触点。例如：

M8000：运行监视，PLC 运行时 M8000 接通，M8001 与 M8000 逻辑相反。

M8002：初始脉冲，仅在运行开始瞬间接通一个扫描周期，因此可以用 M8002 的动合触点使具有断电保持功能的元件初始化复位或给它们置初值。M8003 与 M8002 逻辑相反。

M8011、M8012、M8013 和 M8014 分别是产生 10ms、100ms、1s 和 1min 时钟脉冲的特殊功能辅助继电器。M8000、M8002、M8012 的波形图如图 3-17 所示。

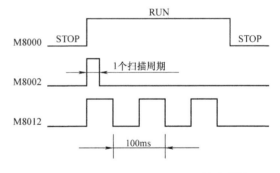

图 3-17 M8000、M8002、M8012 的波形图

2）线圈利用型特殊辅助继电器。由用户程序驱动其线圈，使 PLC 执行特定的操作，用户并不使用它们的触点，例如：

M8030 为锂电池电压指示特殊功能辅助继电器，当锂电池电压下降到某一值时，M8030 动作，指示灯亮，提醒 PLC 维修人员及时更换锂电池。

M8033 为 PLC 停止时输出保持特殊功能辅助继电器。

M8034 为禁止输出特殊功能辅助继电器。

M8039 为定时扫描特殊功能辅助继电器。

需要说明的是，未定义的特殊功能辅助继电器不可以在用户程序中使用。

4. 状态继电器 S（S0~S999）

状态继电器是构成状态转移图的重要软元件，它与后述的步进顺序控制指令配合使用。状态继电器的符号位为 S，其地址按十进制编号。FX2N 系列有 S0~S999 共 1000 点。状态继电器包括以下 5 种类型：

1）初始状态继电器 S0～S9 共 10 点。

2）回零状态继电器 S10～S19 共 10 点。

3）通用状态继电器 S20～S499 共 480 点。

4）保持状态继电器 S500～S899 共 400 点。

5）报警用状态继电器 S900～S999 共 100 点，这 100 个状态继电器可用作外部故障诊断输出。

5. 定时器 T（T0～T255）

定时器实际是内部脉冲计数器，可对内部 1ms、10ms 和 100ms 时钟脉冲进行加计数，当达到用户设定值时，触点动作。定时器可以采用用户程序存储器内的常数 K 或 H 作为设定值，也可以采用数据寄存器 D 的内容作为设定值。

（1）通用定时器（T0～T245） 其工作原理如图 3-18 所示。

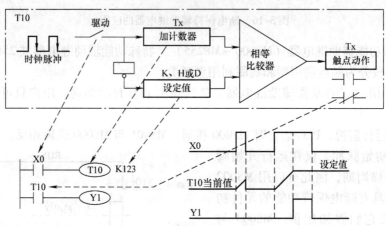

图 3-18 通用定时器的工作原理

1）100ms 定时器 T0～T199 共 200 点，设定范围为 0.1～3276.7s。

2）10ms 定时器 T200～T245 共 46 点，设定范围为 0.01～327.67s。

（2）积算定时器（T246～T255） 其工作原理如图 3-19 所示。

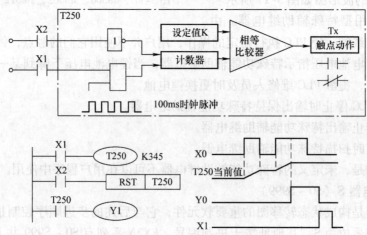

图 3-19 积算定时器的工作原理

1）1ms 定时器 T246 ~ T249 共 4 点，设定范围为 0.001 ~ 32.767s。

2）100ms 定时器 T250 ~ T255 共 6 点，设定范围为 0.1 ~ 3276.7s。

6. 计数器 C（C0 ~ C255）

FX2N 系列提供了 256 点计数器，根据计数方式、工作特点可以分为内部信号计数器（简称内部计数器）和外部高速计数器（简称高速计数器）。

1）16 位通用加计数器，C0 ~ C199 共 200 点，设定值：1 ~ 32767。设定值与当前值相同时，其输出触点动作。通用型：C0 ~ C99 共 100 点；断电保持型：C100 ~ C199 共 100 点。16 位加计数器的工作原理如图 3-20 所示。

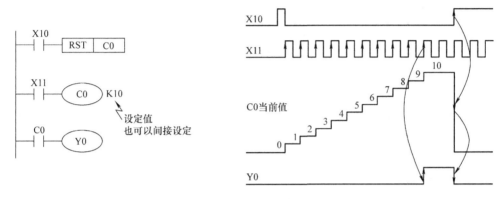

图 3-20　16 位加计数器的工作原理

2）32 位通用加/减计数器，C200 ~ C234 共 35 点，设定值：- 2147483648 ~ 2147483647。通用计数器：C200 ~ C219 共 20 点；保持计数器：C220 ~ C234 共 15 点。

计数方向由特殊功能辅助继电器 M8200 ~ M8234 设定，加/减计数方式设定：对于 C△△△，当 M8△△△△接通（置1）时，为减计数器；断开（置0）时，为加计数器。

计数值设定：直接用常数 K 或间接用数据寄存器 D 的内容作为计数值。间接设定时，要用元件号紧连在一起的两个数据寄存器，其工作原理如图 3-21 所示。

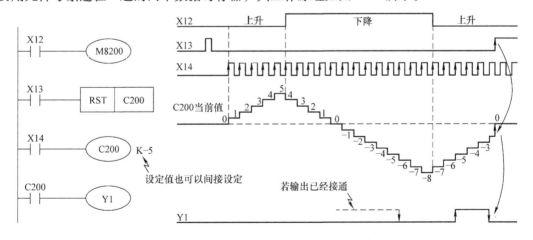

图 3-21　32 位通用加/减计数器的工作原理

3）高速计数器，C235 ~ C255 共 21 点，共享 PLC 上 6 个高速计数器输入（X0 ~ X5）。

高速计数器按中断原则运行。

7. 数据寄存器 D（D0 ~ D8255）

PLC 在进行输入输出处理、模拟量控制、位置控制时，需要许多数据寄存器存储数据和参数。数据寄存器为 16 位，最高位为符号位。可用两个数据寄存器来存储 32 位数据，最高位仍为符号位。数据寄存器有以下几种类型。

1）通用数据寄存器（D0 ~ D199）。

2）断电保持数据寄存器（D200 ~ D7999）。

3）特殊数据寄存器（D8000 ~ D8255）。

8. 变址寄存器（V0 ~ V7，Z0 ~ Z7）

变址寄存器 V、Z 和通用数据寄存器一样，是进行数值数据读、写的 16 位数据寄存器，主要用于运算操作数地址的修改。进行 32 位数据运算时，将 V0 ~ V7、Z0 ~ Z7 对号结合使用，如指定 Z0 为低位，则 V0 为高位，组合成为：（V0，Z0）。

9. 指针（P/I）

指针用作跳转、中断等程序的入口地址，与跳转、子程序、中断程序等指令一起应用。地址号采用十进制数分配。指针（P/I）包括分支和子程序用的指针（P）以及中断用的指针（I）。在梯形图中，指针放在左侧母线的左边。

10. 常数（K/H）

K 表示十进制整数的符号，主要用来指定定时器或计数器的设定值及应用功能指令操作数中的数值；H 表示十六进制数，主要用来表示应用功能指令的操作数值。例如 20 用十进制表示为 K20，用十六进制则表示为 H14。

第四节 三菱 FX 系列 PLC 基本指令及编程

基本指令是基于继电器、定时器、计数器类软元件，主要用于逻辑处理的指令。用基本指令可以编制出开关量控制系统的用户程序。它是 PLC 程序中应用最频繁的指令，熟练应用基本指令是 PLC 编程的基础。FX 系列 PLC 共有 29 条基本指令。

一、FX 系列 PLC 基本指令

1. 逻辑取及线圈驱动指令 LD、LDI、OUT

（1）指令说明

1）LD（load）取指令：用于动合触点与左母线连接的指令，操作元件可以是 X、Y、M、T、C 和 S。

2）LDI（load inverse）取反指令：用于动断触点与左母线连接的指令，操作元件可以是 X、Y、M、T、C 和 S。

3）OUT（out）线圈驱动指令：用于驱动线圈的输出指令，操作元件可以是 Y、M、T、C 和 S，不能用于输入继电器。

4）LD 和 LDI 指令还可以与 ANB、ORB 指令配合，用于电路块的起点。

5）OUT 指令可以连续使用若干次，相当于线圈的并联。OUT 指令的操作元件是定时器 T 和计数器 C 时，必须设置常数 K，如图 3-22 所示。

（2）指令应用 取、取反及线圈驱动指令的应用如图 3-22 所示。

图 3-22 取、取反及线圈驱动指令的应用

2. 触点串联、并联指令 AND、ANI、OR、ORI

（1）指令说明

1）AND（and）与指令：用于单个动合触点与左边电路的串联连接。

2）ANI（and inverse）与非指令：用于单个动断触点与左边电路的串联连接。

AND 和 ANI 都是一个程序步的指令，后面必须有被操作的元件名称及元件号，操作元件可以是 X、Y、M、T 和 C。在使用该指令时，串联触点的个数没有限制，但是受到图形编辑器和打印机的功能限制。

值得注意的是，如果是两个或两个以上触点并联连接的电路再串联连接时，需要用到后述的 ANB 指令。

3）OR（or）或指令：用于单个动合触点与前面电路的并联连接。

4）ORI（or inverse）或非指令：用于单个动断触点与前面电路的并联连接。

OR 和 ORI 都是一个程序步的指令，后面必须有被操作的元件名称及元件号，操作元件可以是 X、Y、M、T 和 C。

OR、ORI 指令是从该指令的当前步开始，对前面的 LD、LDI 指令进行并联连接的指令，左端接到该指令所在电路块的起始点（LD、LDI 点）上，右端与前一条指令对应的触点的右端相连。OR 和 ORI 并联连接的次数无限制，但是因为图形编辑器和打印机的功能限制，建议尽量并联的次数不超过 24 次。值得注意的是，如果是两个或两个以上触点串联连接的电路再并联连接，需要用到后述的 ORB 指令。

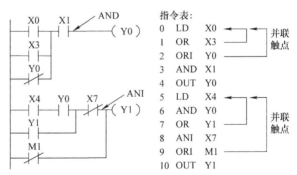

图 3-23 单个触点的串联和并联的应用

（2）指令应用 单个触点的串联和并联的应用如图 3-23 所示。

（3）连续输出 使用 OUT 指令后，再通过触点对其他线圈使用 OUT 指令的方式称为纵接输出或连续输出。如图 3-24a 所示，Y0 输出后通过 X4 的触点去驱动线圈 Y1，这种连续输

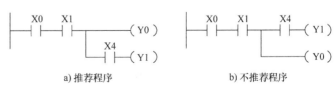

a) 推荐程序　　　　　b) 不推荐程序

图 3-24 连续输出电路、多重输出电路

出只要顺序正确，可以重复多次使用。但是如果驱动顺序换成图3-24b所示的形式，则属于多重输出结构，必须使用堆栈指令（MPS、MRD、MPP）。使用堆栈指令使程序步数增多，因此不推荐使用多重输出结构。

3. 电路块连接指令 ANB、ORB

两个或两个以上的触点组成的电路称为电路块。

（1）指令说明

1）ANB（and block）与块指令：电路块串联连接指令。由两个或两个以上触点并联的电路称为并联电路块。ANB指令将并联电路块与前面的电路串联。在使用ANB指令之前应该先完成并联电路块的内部连接，并联电路块中各支路的起始触点使用LD或LDI指令。

2）ORB（or block）或块指令：电路块并联连接指令。由两个或两个以上触点串联连接的电路称为串联电路。ORB指令用于将串联电路块进行并联连接。串联电路块的起始触点要使用LD或LDI指令，完成了电路块的内部连接后，使用ORB指令将前面已经连接好的电路块并联起来。

3）ANB、ORB指令可以重复使用多次，但是连续使用ORB时，应限制在8次以内。

（2）指令应用　ANB、ORB指令的应用如图3-25所示。

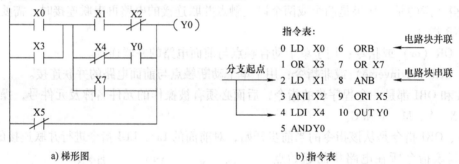

图3-25　电路块连接

4. 置位与复位指令 SET、RST

（1）指令说明

1）SET（set）置位指令：用于驱动线圈，使元件保持的指令，操作元件为Y、M、S。如图3-26所示，当X0动合触点接通时，Y0变为ON并保持该状态，即使X0动合触点断开，Y0也仍然保持ON状态。

2）RST（reset）复位指令：用于线圈的复位，使元件保持复位的指令，操作元件是Y、M、S、T、C、D、V和Z。如图3-26所示，当X1动合触点接通时，Y0变为OFF并保持该状态，即使X1动合触点再次断开，Y0也仍然保持OFF状态。

3）对于同一编程元件可以重复多次使用SET、RST指令，顺序可以任意，但是对于外部输出，只有最后执行的一条指令才有效。

4）RST指令可以对定时器、计数器、数据寄存器、变址寄存器的内容清零。如图3-27所示，当X0动合触点接通时，累积型定时器T246复位；当X3动合触点接通时，计数器C200复位，当前值变为0。如果不希望计数器和累积型定时器具有断电保持功能，可以在用户程序开始运行时用初始化脉冲M8002将其复位。

（2）指令应用 置位与复位指令的应用如图 3-26 所示，RST 复位指令对定时器与计数器的应用如图 3-27 所示。

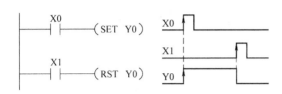

图 3-26 置位与复位指令

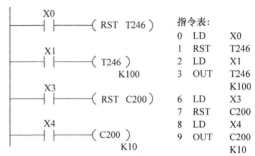

图 3-27 定时器与计数器的复位

5. 脉冲输出指令 PLS、PLF

（1）指令说明

1）PLS：上升沿微分输出指令。当输入条件从断变为通时，PLS 指令使其操作数的线圈接通一个扫描周期。使用 PLS 指令后，元件 Y、M（不包括特殊功能辅助继电器）仅在驱动输入由 OFF 转为 ON 时的一个扫描周期内动作。如图 3-28c 所示，M0 仅在 X0 动合触点由断开变为接通的一个扫描周期内为 ON。

2）PLF：下降沿微分输出指令。当输入条件从通变为断时，PLF 指令使其操作数的线圈接通一个扫描周期。使用 PLF 指令后，元件 Y、M 仅在驱动输入由 ON 转为 OFF 时的一个扫描周期内动作。如图 3-28c 所示，M1 仅在 X1 动合触点由接通变为断开的一个扫描周期内为 ON。

（2）指令应用 脉冲输出指令的应用如图 3-28 所示。

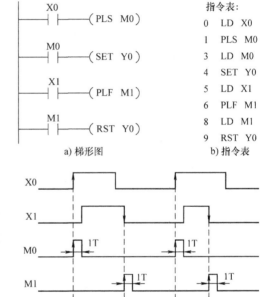

图 3-28 脉冲输出指令的应用

6. 边沿检测触点指令 LDP、LDF、ANDP、ANDF、ORP、ORF

边沿检测触点指令也称为脉冲式触点指令，见表 3-1。

表 3-1 边沿检测触点指令说明

符号	名称	功能	电路表示	操作元件
LDP	取脉冲上升沿	脉冲上升沿逻辑运算开始	X0 —|↑|—(Y0)	X、Y、M、S、T、C
LDF	取脉冲下降沿	脉冲下降沿逻辑运算开始	X0 —|↓|—(Y0)	X、Y、M、S、T、C

（续）

符号	名称	功能	电路表示	操作元件
ANDP	与脉冲上升沿	脉冲上升沿串联连接	X0 X1 —(Y0)	X、Y、M、S、T、C
ANDF	与脉冲下降沿	脉冲下降沿串联连接	X0 X1 —(Y0)	X、Y、M、S、T、C
ORP	或脉冲上升沿	脉冲上升沿并联连接	X0 —(Y0) X1	X、Y、M、S、T、C
ORF	或脉冲下降沿	脉冲下降沿并联连接	X0 —(Y0) X1	X、Y、M、S、T、C

（1）指令说明

1）LDP、ANDP 和 ORP 是用作上升沿检测的触点指令，仅在指定位元件的上升沿（由 OFF 变为 ON）时接通一个扫描周期。

2）LDF、ANDF 和 ORF 是用作下降沿检测的触点指令，仅在指定位元件的下降沿（由 ON 变为 OFF）时接通一个扫描周期。

（2）指令应用 边沿检测触点指令的应用如图 3-29 所示。

7. 多重输出电路指令 MPS、MPP、MRD

FX 系列 PLC 有 11 个存储中间运算结果的存储区域，称为栈存储器，如图 3-30 所示。堆栈采用先进后出的数据存取方式。使用一次进栈指令 MPS 时，就将该时刻的运算结果压入栈的第一层存储空间，再次使用进栈指令 MPS 时，又将该时刻的运算结果压入栈的第一层存储空间，而将栈中此前压入的数据依次向下一层推移。

设计程序时，通常有某一触点或某一触点组的状态需多次使用的情况，在 PLC 中专门设置了 3 条完成此类任务的指令即栈操作指令。它把运算结果暂时存入栈存储器中，用户可以随时调用，这样可以使用户程序的编写变得简单，功能更强。

（1）指令说明

1）MPS：进栈指令。MPS 指令可以将多重输出电路的公共触点或电路块先存储起来。

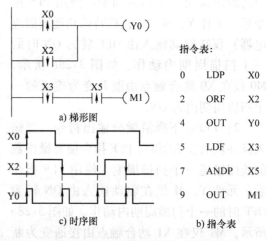

指令表：

0	LDP	X0
2	ORF	X2
4	OUT	Y0
5	LDF	X3
7	ANDP	X5
9	OUT	M1

a) 梯形图

c) 时序图   b) 指令表

图 3-29 边沿检测触点指令的应用

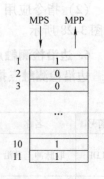

图 3-30 栈存储器

2）MPP：出栈指令。使用 MPP 指令时，各层的数据依次向上移动一次，将最上端的数据读出后，数据就从栈中消失。多重电路的最后一个支路前使用 MPP 出栈指令。

3）MRD：读栈指令。MRD 指令是读出最上层所存储的最新数据的专用指令。读出时栈内数据不发生移动，仍然保持在栈内且位置不变。多重电路的中间支路前使用 MRD 读栈指令。

4）MPS 和 MPP 指令必须成对使用，而且连续嵌套使用次数应少于 11 次。

（2）指令应用

1）一层栈电路。如图 3-31 所示，堆栈只使用了一层存储空间。

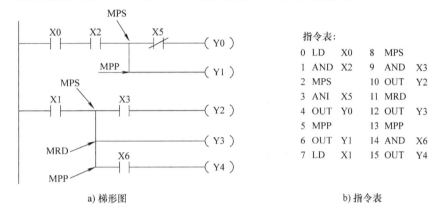

a) 梯形图　　　　　　　　　　　　　　　　b) 指令表

图 3-31　一层栈电路

2）二层栈电路。如图 3-32 所示，堆栈使用了两层存储空间。

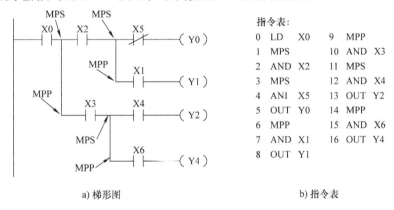

a) 梯形图　　　　　　　　　　　　　　　　b) 指令表

图 3-32　二层栈电路

8. 主控触点指令 MC、MCR

在编程时，经常会遇到多个线圈同时受一个或一组触点控制的情况。如果在每个线圈的控制电路中都串入同样的触点，程序显得很繁琐，主控触点指令可以解决这一问题。使用主控指令的触点称为主控触点，它在梯形图中与其他触点垂直，是与母线相连的动合触点，是控制一组电路的总开关。

（1）指令说明

1）MC（master control）：主控指令，用于公共触点的串联连接。操作数 N（0～7）为嵌套层数。在 MC 指令内再次使用 MC 指令时，嵌套层数 N 的编号依次增大，最多可以编写 8 层（N7）。

2）MCR（master control reset）：主控复位指令，是主控指令的结束。如果主控指令有嵌套，在主控复位时应从大的嵌套层开始解除，嵌套层数 N 的编号依次减小。

3）与主控触点相连的触点必须使用 LD 或 LDI 指令，即执行 MC 指令后，母线移动到主控触点的后面，MCR 使母线回到原来的位置。MC 和 MCR 必须成对使用。

4）如图 3-33 所示，当 X0 动合触点接通时，执行 MC 和 MCR 之间的指令；当 X0 动合触点断开时，不执行 MC 和 MCR 之间的指令，此时非累积定时器和用 OUT 指令驱动的元件均复位，累积定时器、计数器、用置位/复位指令驱动的软元件保持其当时的状态。

（2）指令应用　图 3-33 所示为一级主控触点指令的应用。

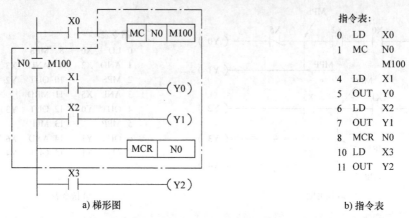

指令表：

0	LD	X0
1	MC	N0
		M100
4	LD	X1
5	OUT	Y0
6	LD	X2
7	OUT	Y1
8	MCR	N0
10	LD	X3
11	OUT	Y2

a) 梯形图　　　　　　　　　　　　　　b) 指令表

图 3-33　一级主控触点指令的应用

9. 取反指令、空操作指令和结束指令 INV、NOP、END

（1）指令说明

1）INV（inverse）：取反指令，将执行该指令之前的运算结果取反。如果运算结果为 0，则将它变为 1；如果运算结果为 1，则将它变为 0。

2）NOP（non processing）：空操作指令，使该步执行做空操作。在程序中很少使用 NOP 指令，执行完清除用户存储器的操作后，用户存储器的内容全部变为 NOP 指令。

3）END（end）：结束指令，表示程序结束。若程序不写 END 指令，将从用户程序存储器的第一步执行到最后一步。将 END 指令放在程序结束处，只执行第一步至 END 之间的程序，当 PLC 执行到 END 指令时就进行输出处理，可以缩短扫描周期。在程序调试过程中，按段插入 END 指令，可以顺序扩大对各程序段动作的检查，在确认处于前面电路块的动作正确无误后，依次删除 END 指令。在执行 END 指令时也刷新监视时钟。

（2）指令应用　INV 指令的应用如图 3-34 所示。图中，如果 X0 动合触点接通，则 Y0 为 OFF；反之，则 Y0 为 ON。

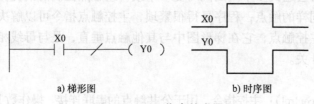

a) 梯形图　　　　　　　　　　　　　　b) 时序图

图 3-34　INV 指令的应用

二、梯形图程序的设计规则及技巧

梯形图作为 PLC 程序设计的一种最常用的编程语言，被广泛应用于工程现场的系统设计。为了更好地使用梯形图语言，在程序的设计过程中应该遵循一些基本规则。

1. 设计规则

（1）线圈的布置　梯形图程序设计过程中应该遵守梯形图语言规范，线圈应该放在逻辑行的最右边。梯形图中每一逻辑行从左到右排列，以触点与左母线连接开始，以线圈、功能指令与右母线连接结束，右母线可以省略，如图 3-35 所示。

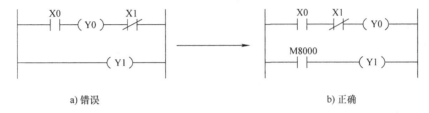

图 3-35　梯形图设计规则一

（2）触点的布置　梯形图的触点应该画在水平线上，不能画在垂直分支上，如图 3-36 所示。

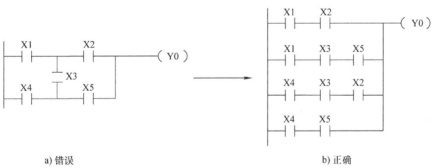

图 3-36　梯形图设计规则二

（3）不采用双线圈输出　在同一个梯形图中，如果同一元件的线圈使用两次或多次，称为双线圈输出。这时前面的输出无效，只有最后一次输出才有效，因此程序中一般不出现双线圈输出，如图 3-37 所示。

图 3-37　梯形图设计规则三

（4）线圈只能并联不可串联　在梯形图中若要表示几个线圈同时得电的情况，应该将线圈并联而不能串联，如图3-38所示。

a) 错误　　b) 正确

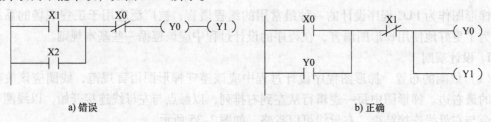

图3-38　梯形图设计规则四

2. 设计技巧

为了更好地使用梯形图语言，在程序的设计过程中除了遵循一些基本规则外，还应该掌握一些设计技巧，以减少程序的长度，节省内存，提高运行效率。

（1）"上面多、下面少"　串联电路并联时，应将串联触点多的电路放在梯形图的最上面，这样可以减少梯形图程序的长度，使程序更简洁，如图3-39所示。

a) 优化前　　b) 优化后

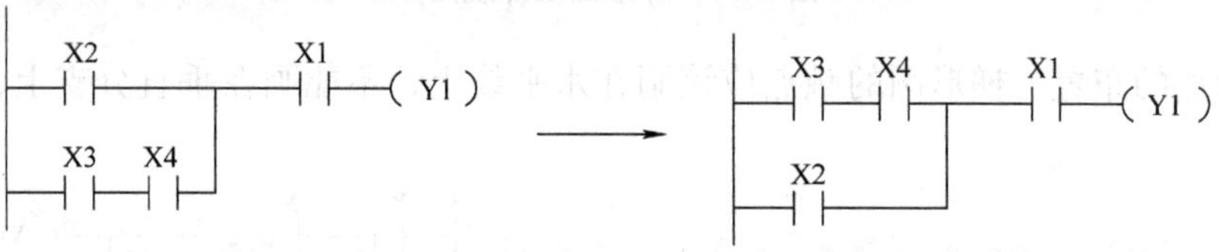

图3-39　梯形图设计技巧一

（2）"左边多、右边少"　并联电路串联时，应该将并联触点多的电路放在最左边，这样可以使编制的程序简洁，减少指令语句，如图3-40所示。

a) 优化前　　b) 优化后

图3-40　梯形图设计技巧二

（3）避免出现多重输出电路　尽量调整为连续输出电路，避免使用MPS、MPP指令，如图3-41所示。

a) 优化前　　b) 优化后

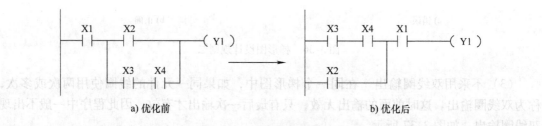

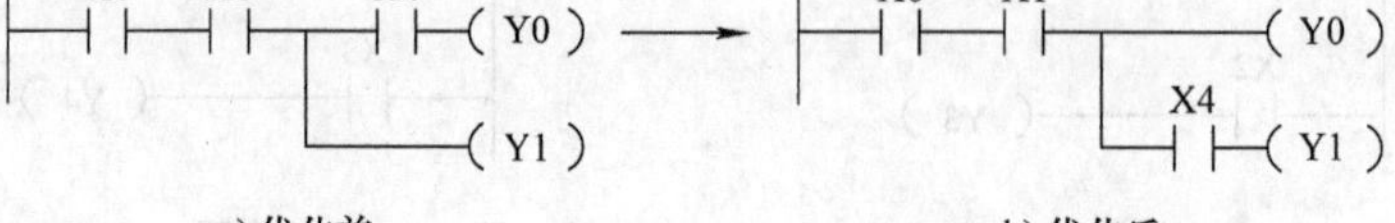

图3-41　梯形图设计技巧三

（4）尽量减少 PLC 的输入和输出点数　PLC 的价格与 I/O 点数有关，每一个输入信号和输出信号分别要占用一个输入点和一个输出点，因此减少输入信号和输出信号的点数是降低硬件费用的主要措施。如图 3-42a 所示，如果输出元件 HL1 和 HL2 的输出规律完全一样，则可以将 HL1 和 HL2 并联后接入一个输出点，这样梯形图也得以简化，如图 3-42b 所示。

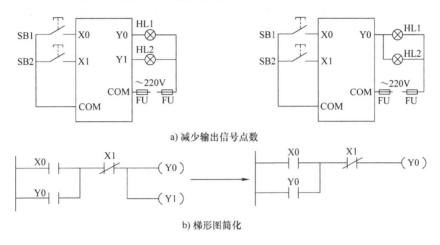

a) 减少输出信号点数

b) 梯形图简化

图 3-42　梯形图设计技巧四

（5）合理设置中间单元　在梯形图中，若多个线圈都受某些触点串、并联电路的控制，为了简化电路，在梯形图中可设置用该电路控制的辅助继电器，如图 3-43 中的 M0，辅助继电器的作用类似于继电器控制电路中的中间继电器。

（6）时间继电器瞬时触点的处理　在继电器控制电路中，时间继电器除了有延时动作的触点外，还有在线圈通电或断电时立即动作的瞬时触点。在进行 PLC 设计时，定时器没有可供使用的瞬时触点，如果需要可以在梯形图中对应的定时器线圈的两端并联辅助继电器。此辅助继电器的触点功能类似于定时器的瞬时动作触点，如图 3-44 所示。

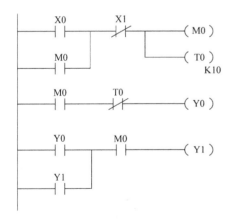

图 3-43　梯形图设计技巧五

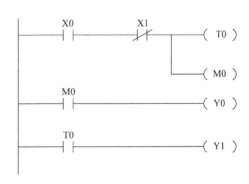

图 3-44　梯形图设计技巧六

三、基本控制电路的程序设计

梯形图程序设计是 PLC 应用中的关键环节，为了方便初学者顺利掌握 PLC 程序设计的方法和技巧，这里介绍一些基本电路的程序设计方法。

1. 起—保—停电路

实现 Y10 的起动、保持和停止的四种梯形图如图 3-45 所示，这些梯形图均能实现起动、保持和停止的功能。X0 为起动信号，X1 为停止信号。图 3-47a、c 所示为利用 Y10 动合触点实现自锁保持，而图 3-47b、d 所示为利用 SET、RST 指令实现自锁保持。图 3-47a、b 所示为停止优先程序，图 3-47c、d 所示为起动优先程序。

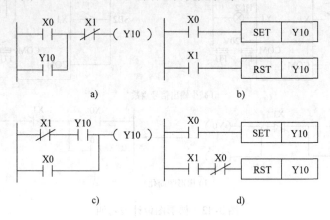

图 3-45　起—保—停梯形图程序

2. 多地控制电路

图 3-46 所示为两地控制一个继电器线圈的程序。其中 X0 和 X1 是一个地方的起动、停止控制按钮，X2 和 X3 是另一个地方的起动、停止控制按钮。

3. 顺序起动控制电路

如图 3-47 所示，Y0 的动合触点串联在 Y1 的控制回路中，Y1 的接通以 Y0 的接通为条件。这样，只有 Y0 接通才允许 Y1 接通，Y0 关断后 Y1 也被关断，而且 Y0 接通的条件下，Y1 可以自行接通和停止。图中 X0、X2 为起动按钮，X1、X3 为停止按钮。

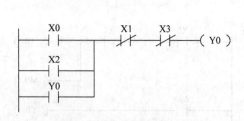

图 3-46　两地控制程序

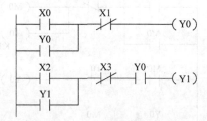

图 3-47　顺序起动程序

4. 集中与分散控制电路

在多台单机组成的自动线上，有在总操作台上的集中控制和在单机操作台上分散控制的联锁。集中与分散控制的梯形图如图 3-48 所示，X2 为选择开关，以其触点为集中控制与分散控制的联锁触点。当 X2 为 ON 时，为单机分散起动控制；当 X2 为 OFF 时，为集中总起动控制。在两种情况下，单机和总操作台都可以发出停止命令。

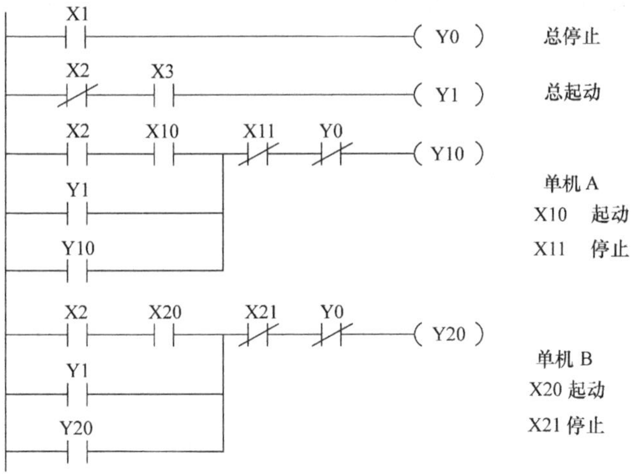

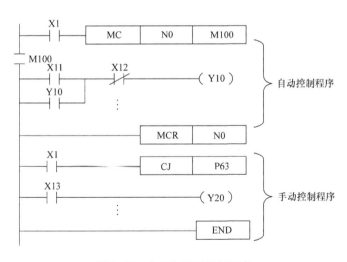

图 3-48 集中与分散控制的梯形图

5. 自动与手动控制电路

在自动与半自动工作设备中，有自动控制与手动控制的联锁，如图 3-49 所示。输入信号 X1 是选择开关，选其触点为联锁触点。当 X1 为 ON 时，执行主控指令，系统运行自动控制程序，自动控制有效，同时系统执行功能指令 CJ P63，直接跳过手动控制程序，手动调整控制无效；当 X1 为 OFF 时，主控指令不执行，自动控制无效，跳转指令也不执行，手动控制有效。

图 3-49 自动与手动控制程序

6. 定时电路

（1）延时闭合和延时分断电路

1）通电延时闭合电路。按下起动按钮，X0 为 ON，延时 2s 后 Y0 得电接通；按下停止按钮，X2 为 OFF，Y0 失电断开。这种电路属于通电延时闭合电路，如图 3-50 所示。

2）断电延时分断电路。按下起动按钮，X0 为 ON，Y0 得电接通并保持；松开起动按钮，X0 为 OFF，延时 10s 后 Y0 失电断开。这种电路属于断电延时分断电路，如图 3-51 所示。

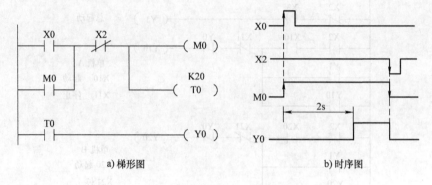

图 3-50　通电延时闭合电路

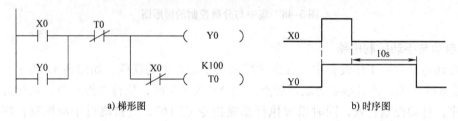

图 3-51　断电延时分断电路

（2）定时范围扩展电路　FX 系列 PLC 定时器的最长定时时间为 3276.7s，如果需要更长的时间，可以采用以下两种方法。

1）多个定时器组合电路。图 3-52 所示为 6000s 的延时程序。当 X0 接通时，T0 线圈得电并且延时 3000s，延时时间到后，T0 动合触点闭合，使 T1 线圈得电并且延时 3000s；延时时间到，Y0 线圈得电接通。因此，从 X0 接通到 Y0 得电共延时 6000s。

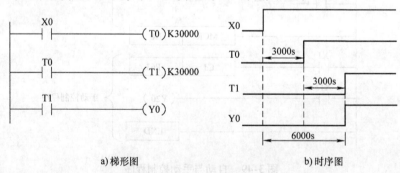

图 3-52　多个定时器组合电路

2）定时器和计数器组合电路。图 3-53 所示为定时器和计数器组合电路。当 X0 断开时，T0 和 C0 复位；当 X0 接通时，T0 开始定时，100s 以后 T0 定时时间到，T0 动断触点断开使其复位，同时动合触点闭合，计数器 C0 计数为 1；T0 复位后当前值变为 0，同时其动断触点接通、动合触点断开，T0 线圈又一次得电，开始计时。如此周而复始地工作，计数器不断计数，直到计满 200 次，200 次后 Y0 线圈得电接通。从 X0 接通到 Y0 得电共延时 20000s。

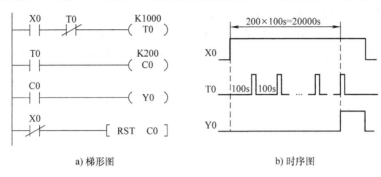

图 3-53 定时器和计数器组合电路

7. 闪烁电路

闪烁电路实际上是一种具有正反馈的振荡电路，它可以产生特定的通断时序脉冲，经常应用在脉冲信号源或闪光报警电路中。

（1）定时器闪烁电路 如图 3-54 所示，方法一是通过两个定时器 T0 和 T1 分别进行定时。设开始时 T0 和 T1 均为 OFF，当 X0 为 ON 时 T0 线圈通电开始定时，0.5s 后 T0 的动合触点接通，使得 Y0 得电接通，同时 T1 线圈通电开始定时，T1 线圈通电 0.5s 后，其动断触点断开，使得 T0 线圈断电，T0 动合触点断开，使 Y0 线圈失电，同时 T1 线圈失电。T1 线圈失电后 T1 动断触点接通，T0 又开始定时，Y0 线圈也随之进行周期性通电和断电，直到 X0 变为 OFF。

方法二是两个定时器 T0 和 T1 累积定时。Y0 通电和断电的时间分别等于 T1 和 T0 的设定值，通过改变定时器的设定值可以调整输出脉冲的宽度。

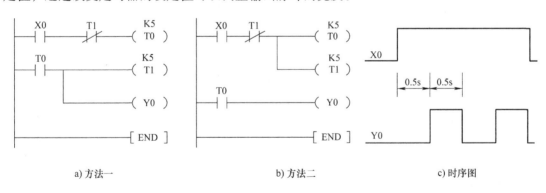

图 3-54 定时器闪烁电路

（2）M8013 闪烁电路 闪烁电路也可以由特殊功能辅助继电器 M8013 来实现。M8013 可以实现周期为 1s 的时钟脉冲，如图 3-55 所示，Y0 输出的脉冲宽度为 0.5s。同样，M8014 也可以实现周期为 1min 的闪烁电路。

图 3-55 M8013 闪烁电路

（3）二分频电路 若输入一个频率为 f 的方波，则在输出端得到一个频率为输入频率 1/2 的方波，其梯形图如图3-56所示。由于PLC程序是按顺序执行的，当X0的上升沿到来的时候，第一个扫描周期M0映像寄存器为ON（只接通一个扫描周期），此时M1线圈由于Y0动合触点断开而无法得电，Y0线圈则由于M0动合触点接通而得电。下一个扫描周期，M0映像寄存器为OFF，虽然Y0动合触点接通，但此时M0动合触点（第二个逻辑行）已经断开，所以M1线圈仍然无法得电，Y0线圈则由于自锁触点而一直得电，直到下一个X0的上升沿到来时，M1线圈才得电，从而将Y0线圈断电，实现二分频。

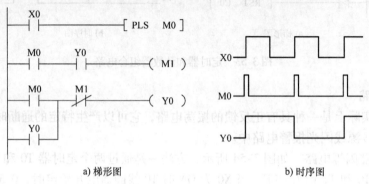

a) 梯形图　　　　　　　　b) 时序图

图3-56　二分频电路

第五节　三菱 FX 系列 PLC 步进顺控指令及状态编程

PLC 状态编程的思想是将一个复杂的控制过程分解为若干个工作状态，明确各状态的任务、状态转移条件和转移方向，再依据总的控制顺序要求，将这些状态组合成状态转移图，最后依一定的规则将状态转移图转绘为梯形图程序。

一、状态转移图

状态转移图是一种通用的技术语言，主要由步、有向线段、转换、转换条件和动作等要素组成。

（1）流程步 流程步又称为工作步，它是控制系统中的一个稳定状态。流程步用矩形方框表示，框中用数字表示该步的编号，编号可以是实际的控制步序号，也可以是 PLC 中的工作位编号。对应于系统的初始状态工作步，称为初始步，该步是系统运行的起点，一个系统至少需要有一个初始步，初始步用双线矩形框表示。步可根据被控对象工作状态的变化来划分，在任何一步之内，各输出状态不变，但是相邻步之间输出状态是不同的。在状态转移图中，一个完整的状态必须包括：

1）该状态的控制元件。

2）该状态所驱动的对象。

3）向下一个状态转移的条件。

4）明确的转移方向。

（2）转换 转换就是从一个步向另外一个步之间的切换，两个步之间用一个有向线段表示，可以从一个步切换到另一个步，代表向下转换方向的箭头可以忽略。通常转换用有向线段上的一段横线表示，在横线旁可以用文字、图形符号或逻辑表达式标注描述转换的条件。当相邻步之间的转换条件满足时，就从一个步按照有向线段的方向进行切换。

二、步进顺控指令

FX 系列 PLC 仅有两条步进顺控指令，见表3-2。其中 STL（Step Ladder）是步进节点指令，表示步进开始，以使该状态的动作可以被驱动；RET 是步进返回指令，使步进顺控程序执行完毕时，非步进顺控程序的操作在主母线上完成。为防止出现逻辑错误，步进顺控程序的结尾必须使用 RET 步进返回指令。

表3-2 步进顺控指令梯形图符号

指令助记符、名称	功能	梯形图符号	程序步
STL 步进节点指令	步进节点驱动	S	1
RET 步进返回指令	步进程序结束返回	RET	1

STL 指令只有与状态继电器 S 配合才具有步进功能，使用 STL 指令的状态继电器的动合触点称为 STL 触点。使用 STL 和 RET 指令编制步进梯形图的原则为：先进行负载的驱动处理，然后进行状态的转移处理。从步进梯形图中可以看出顺序功能图和梯形图之间的对应关系，STL 触点驱动的电路块具有三个功能，即对负载的驱动处理、指定转换条件和转换目标。例如，某自动往返的小车的状态转移图与梯形图及指令表如图 3-57 所示。

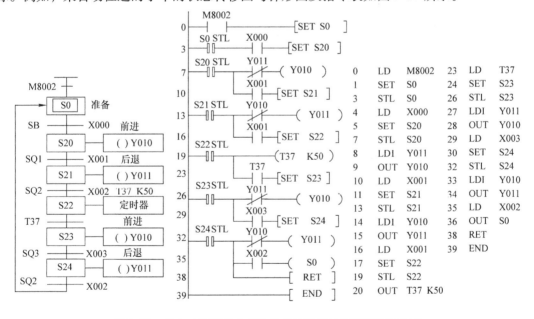

图3-57 某自动往返的小车的状态转移图与梯形图及指令表

三、基本流程的程序设计

顺序功能图的基本结构根据步和步之间转换的不同情况，有以下几种不同的基本结构形式：单流程、选择流程、并行流程、跳步和循环流程。这里主要对前三种流程的程序设计予以介绍。

1. 单流程的程序设计

（1）设计步骤　单流程结构是顺序功能图中最简单的一种形式，其设计步骤如下：

1）根据控制要求，列出 PLC 的 I/O 分配表，画出 I/O 分配图。

2）将整个工作过程按工作步序进行分解，每个工作步对应一个状态，将其分为若干个状态。

3）理解每个状态的功能和作用，设计驱动程序。

4）找出每个状态的转移条件和转移方向。

5）根据上述分析，画出控制系统的状态转移图。

6）根据状态转移图写出指令表。

（2）单流程程序设计实例

例1：用步进顺控指令设计一个三相异步电动机正反转循环的控制系统。其控制要求如下：按下起动按钮，电动机正转 3s，暂停 2s，反转 3s，暂停 2s，如此循环 5 个周期，然后自动停止。运行中，可按停止按钮停止，热继电器动作也可以使电动机停止运行。

解：1）I/O 分配。

根据控制要求，其 I/O 分配为 X0：SB 动合触点（停止按钮）；X1：SB1 动合触点（起动按钮）；X2：FR 动合触点（热继电器）；Y0：KM1（电动机正转接触器）；Y1：KM2（电动机反转接触器）。根据以上分析绘制 PLC 的 I/O 接线图，如图 3-58 所示。

2）顺序功能图程序设计。

通过分析控制要求可知，这是一个单流程控制程序，其工作流程图如图 3-59 所示。根据工作流程图画出顺序功能图，如图 3-60 所示，其梯形图如图 3-61 所示，指令表见表 3-3。

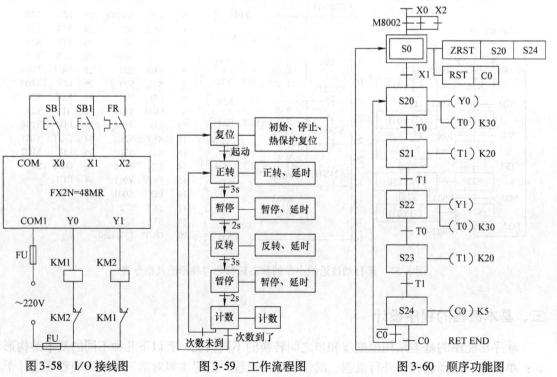

图 3-58　I/O 接线图　　　　图 3-59　工作流程图　　　　图 3-60　顺序功能图

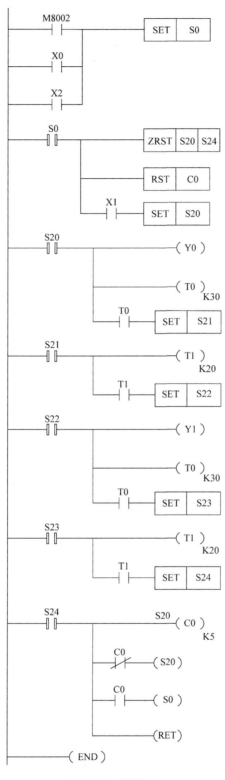

图 3-61 梯形图

表3-3 指令表

指令		说明	
LD M8002		STL S22	第二分支驱动处理
OR X0		OUT Y1	
OR X2	驱动处理	OUT T0 K30	
SET S0		LD T0	
STL S0		SET S23	
ZRST S20 S24		STL S23	各分支转换到汇合点
RST C0		OUT T1 K20	
LD X1	转换到第一分支	LD T1	
SET S20		SET S24	
STL S20		STL S24	
OUT Y0	第一分支驱动处理	OUT C0 K5	
OUT T0 K30		LDI C0	
LD T0		OUT S20	
SET S21	转换到第二分支	LD C0	合并处理
STL S21		OUT S0	
OUT T1 K20	第二分支驱动处理	RET	
LD T1		END	
SET S22			

2. 选择流程的程序设计

（1）选择流程的结构形式　由两个或两个以上的分支流程组成的，根据控制要求只能从中选择1个分支流程执行的程序称为选择流程程序。图3-62所示为两个支路的选择流程程序。

（2）选择流程的编程　选择流程分支的编程与一般状态的编程一样，先进行驱动处理，然后进行转换处理，所有的转换处理按顺序执行，简称为"先驱动后转换"。

选择流程合并的编程是先进行汇合前状态的驱动处理，然后按顺序向汇合状态进行转换处理。图3-62所示的选择流程可以转换成步进梯形图，如图3-63所示，其指令表见表3-4。

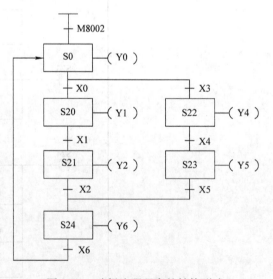

图3-62 选择流程程序的结构形式

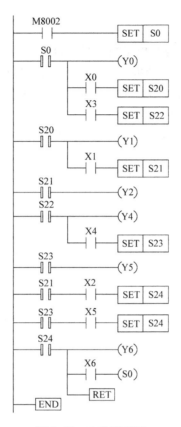

图 3-63　步进梯形图

表 3-4　指令表

指令	说明	指令	说明
LD M8002	驱动处理	LD X4	第二分支驱动处理
SET S0		SET S23	
STL S0		STL S23	
OUT Y0		OUT Y5	
LD X0	转换到第一分支	STL S21	第一分支转换到汇合点
SET S20		LD X2	
LD X3	转换到第二分支	SET S24	
SET S22		STL S23	
STL S20	第一分支驱动处理	LD X5	第二分支转换到汇合点
OUT Y1		SET S24	
LD X1		STL S24	合并处理
SET S21		OUT Y6	
STL S21		LD X6	
OUT Y2		OUT S0	
STL S22	第二分支驱动处理	RET END	
OUT Y4			

（3）编程举例

例2：用步进指令设计三相异步电动机正反转能耗制动的控制系统。其控制要求如下：按下正转按钮SB1，KM1接通，电动机正转；按下反转按钮SB2，KM2接通，电动机反转；按下停止按钮SB，KM1或KM2断开，KM3接通，进行能耗制动5s。要求有必要的电气互锁，若热继电器FR1动作，电动机停车。

解：1）I/O分配。根据控制要求，其I/O分配为：

X0：SB0；	Y0：KM1；
X1：SB1；	Y1：KM2；
X2：SB2；	Y2：KM3

X3：FR1（动合）

根据以上分析绘制PLC的I/O接线图，如图3-64所示。

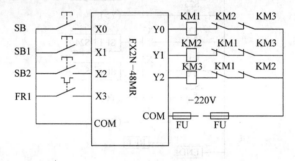

图3-64 I/O接线图

2）顺序功能图程序设计。通过分析控制要求可知，这是一个选择流程控制程序，设计顺序功能图如图3-65所示。

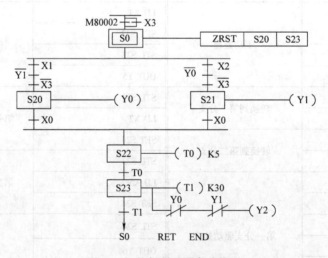

图3-65 能耗制动顺序功能图

3）步进梯形图和指令表程序。将上述顺序功能图转换为步进梯形图，如图3-66所示，指令表略。

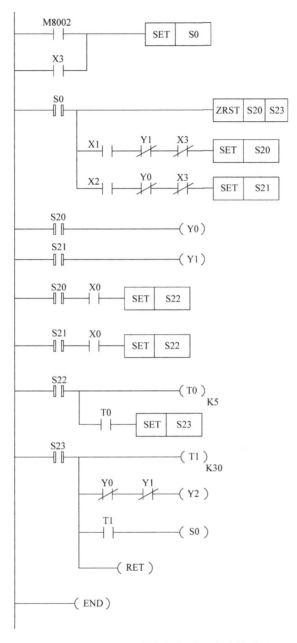

图 3-66　电动机正反转能耗制动的步进梯形图

3. 并行流程的程序设计

1）由两个或两个以上的分支流程组成的，必须同时执行各分支的程序，称为并行流程程序。图 3-67 所示为两个并行分支的并行流程程序。并行流程分支的编程与选择流程分支的编程一样，也是先进行驱动处理，然后进行转换处理，所有的转换处理按顺序执行。并行流程合并的编程也是先进行汇合状态的驱动处理，然后按顺序向汇合状态进行转换处理。图 3-67 所示的并行流程转换的步进梯形图如图 3-68 所示，指令表见表 3-5。

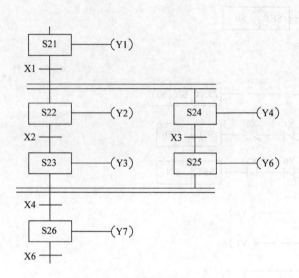

图 3-67 并行流程程序的结构

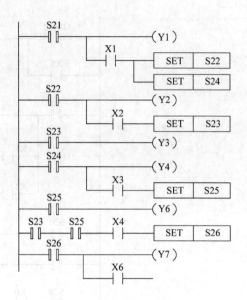

图 3-68 并行流程步进梯形图

表 3-5 指令表

指令	说明	指令	说明
STL S21	驱动处理	LD X3	第二分支驱动处理
OUT Y1		SET S25	
LD X1	转换条件	STL S25	
SET S22	转换到第一分支	OUT Y6	
SET S24	转换到第二分支	STL S23	
STL S22	第一分支驱动处理	STL S25	各分支转换到汇合点
OUT Y2		LD X4	
LD X2		SET S26	
SET S23		STL S26	合并处理
STL S23		OUT Y7	
OUT Y3		LD X6	
STL S24	第二分支驱动处理	……	
OUT Y4			

2）并行流程程序设计实例：

例 3：设计一个用 PLC 控制的十字路口交通灯的控制系统，其控制要求如下：自动运行时，按下起动按钮，交通灯系统按图 3-69 所示要求开始工作。

交通灯 1 个周期 120s，南北向、东西向信号灯同时工作，如图 3-69 所示。0～50s 南北向绿灯及东西向红灯亮；50～60s 南北向黄灯及东西向红灯亮；60～110s 南北向红灯及东西向绿灯亮；110～120s 南北向红灯、东西向黄灯亮。

解：①I/O 分配。根据控制要求，其 I/O 分配为 X0：手动开关 SA1；Y0：南北向绿灯；

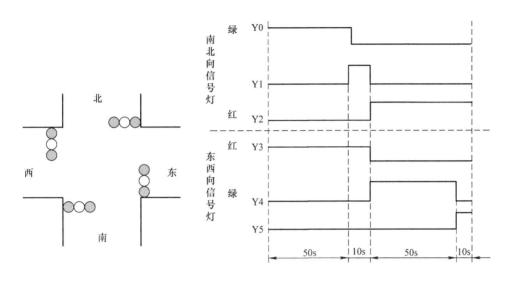

图 3-69　交通灯一周期工作示意图

Y1：南北向黄灯；Y2：南北向红灯；Y3：东西向红灯；Y4：东西向绿灯；Y5：东西向黄灯。绘制 I/O 接线图，如图 3-70 所示。

②顺序功能图程序设计。根据交通灯控制要求，由时序图可知，东西向、南北向各信号灯是两个同时进行的独立顺序控制过程，是一个典型的并行流程控制程序。设计交通灯顺序功能图如图 3-71 所示，转换成步进梯形图如图 3-72 所示。

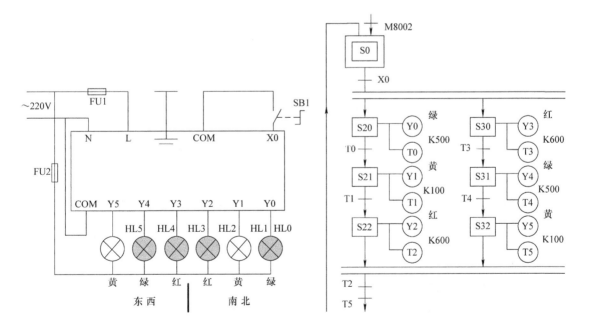

图 3-70　I/O 接线图　　　　　　图 3-71　交通灯顺序功能图

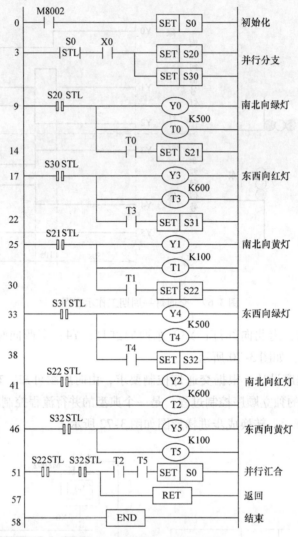

图 3-72　交通灯步进梯形图

第六节　三菱 FX 系列 PLC 功能指令及编程

基本逻辑指令和步进指令是主要用于逻辑处理的指令。作为工业控制用的计算机，仅仅进行逻辑处理是不够的，现代工业控制在很多场合需要进行数据处理，这就用到功能指令。功能指令主要用于数据的传送、运算、变换及程序控制等。

一、功能指令

1. 功能指令的数据形式

在基本指令中所使用的元器件是基于继电器、定时器、计数器类的软元件，主要用于逻辑处理，这些软元件在可编程序控制器内部反映的是"位"的变化，主要用于开关量信息的传递、变换及逻辑处理。而 PLC 的功能指令主要处理大量的数据信息，需设置大量的用于存储数值数据的"字"或"双字"软元件。另外，一定量的软元件组合也可用于数据存储，例如，KnX000 表示位组合元件是从 X000 开始的 n 组位元件组合。若 n 为 1，则 K1X0 指 X000、X001、X002、X003 四位输入继电器的组合；而 n 为 2，则 K2X0 是指 X000 ~ X007 八位输入继电器的二组组合。上述这些能处理数值数据的软元件被称为"字软件"。

2. 功能指令的使用

功能指令不含表达梯形图符号间相互关系的成分，而是直接表达该指令要做什么。现以算术运算指令中的加法指令为例，介绍功能指令的使用要素。

图 3-73 中 X0 动合触点是功能指令的执行条件，其后的方框即为功能框。使用功能指令须注意指令要素，现说明如下：

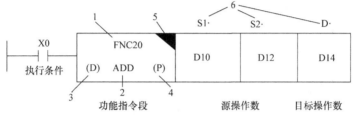

图 3-73　功能指令的格式及要素

（1）功能指令编号　每条功能指令都有一定的编号。

（2）助记符　该指令的英文缩写。

（3）数据长度　功能指令处理的数据长度分为 16 位和 32 位，有（D）表示 32 位，无（D）表示 16 位。

（4）执行形式　指令中标（P）为脉冲执行型，在执行条件满足时仅执行一个扫描周期。无（P）表示连续执行方式，即在执行条件满足时每个扫描周期都要执行一次。在连续方式下应特别注意，某些指令加▼起警示作用。

（5）操作数　〔S〕表示源操作数，〔D〕表示目标操作数，m 和 n 表示其他操作数。某种操作数不止一个时，可用下标区别，例〔S1〕〔S2〕。

（6）变址功能　操作数旁加"·"即为具有变址功能，如〔S1·〕〔S2·〕。

（7）程序步数　一般 16 位指令占 7 个程序步，32 位指令占 13 个程序步。

各种功能指令的功能参见附录 B，下面介绍几类比较常用的指令。

二、传送、比较指令及应用

1. 传送、比较指令说明

（1）传送指令　传送指令（D）MOV（P）的编号为 FNC12，该指令要素见表 3-6。其指令格式是：（D）MOV（P）〔S·〕〔D·〕。其中，〔S·〕为源数据；〔D·〕为目标操作数。该指令的功能是将源操作数〔S·〕的内容传送到目标操作数〔D·〕中，如图 3-74 所示。当 X0 为 ON 时，则将〔S·〕中的数据 K100 传送到目标操作数〔D·〕即 D10 中。在指令执行时，常数 K100 会自动转换成二进制数。当 X0 为 OFF 时，则指令不执行，数据保持不变。

表 3-6　指令要素

功能编号	助记符	功能	操作软元件	
			S	D
12	MOV	将源操作元件的数据传送到指定的目标操作元件中	K、H、KnX、KnY、KnM、KnS、T、C、D、V、Z	KnY、KnM、KnS、T、C、D、V、Z

（2）比较指令　CMP 是两数比较指令，该指令要素见表 3-7。源操作数［S1·］和［S2·］都被看作二进制数，其最高位为符号位。如果该位为"0"，则表示该数为正；如果该位为"1"，则表示该数为负。目标操作数［D·］由三个位软设备组成，梯形图中

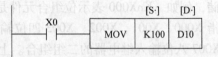

图 3-74　传送指令的使用

标明的是其首地址，另外两个位软设备紧随其后。例如在图 3-75 中，目标操作数［D·］由 M0 和紧随其后的 M1、M2 组成，当执行比较操作，即动合触点 X000 闭合时，每扫描一次该梯形图，就对两个源操作数［S1·］和［S2·］进行比较，结果如下：

当［S1·］＞［S2·］时，M0 当前值为 1；

当［S1·］＝［S2·］时，M1 当前值为 1；

当［S1·］＜［S2·］时，M2 当前值为 1。

执行比较操作后，即使其控制电路断开，其目标操作数的状态仍保持不变，除非用 RST 指令将其复位。如要清除比较结果，要采用 RST 或 ZRST 复位指令，如图 3-76 所示。

表 3-7　CMP 指令要素

指令名称	助记符	指令代码位数	操作数范围			程序步
			［S1·］	［S2·］	［D·］	
比较	CMP CMP（P）	FNC10 (16/32)	K、H KnX、KnY、KnM、KnS T、C、D、V、Z		Y、M、 S	CMP、CMPP…7 步 DCMP、CMPP…13 步

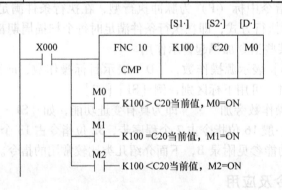

图 3-75　CMP 指令使用说明

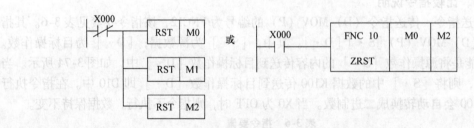

图 3-76　比较结果复位

（3）区间比较指令 ZCP　区间比较指令 ZCP 的使用要素见表 3-8。指令的编号为 FNC11，指令格式是：（D）ZCP（P）［S1·］［S2·］［S·］［D·］。其中［S1·］和

[S2·]为区间起点和终点；[S·] 为另一比较软元件；[D·] 为标志软元件，指令中给出标志软元件的首地址。指令执行时源操作数 [S·] 与 [S1·] 和 [S2·] 的内容进行比较，并将比较结果送到目标操作数 [D·] 中，如图 3-77 所示。

表 3-8 区间比较指令 ZCP 的使用要素

指令名称	助记符	指令代码位数	操作数范围				程序步
			[S1·]	[S2·]	[S·]	[D·]	
区间比较	ZCP ZCP （P）	FNC11 （16/32）	K、H KnX、KnY、KnM、KnS T、C、D、V、Z			Y、M、S	ZCP、ZCPP…9 步 DZCP、DZCPP…17 步

（4）触点型比较指令 触点型比较指令是使用触点符号进行数据 [S1·]、[S2·] 比较的指令，根据比较结果确定触点是否允许能流通过。按照触点在梯形图中的位置分为 LD 类、AND 类、OR 类，其指令要素分别见表 3-9 ～ 表 3-11，指令说明如图 3-78 ～ 图 3-80所示。

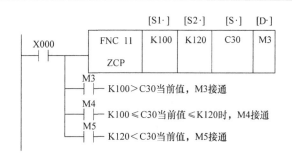

图 3-77 ZCP 指令使用说明

表 3-9 从母线取用触点比较指令要素

FNC No	16 位助记符 （5 步）	32 位助记符 （9 步）	操作数		导通条件	非导通条件
			[S1·]	[S2·]		
224	LD =	（D）LD =	K、H、KnX、 KnY、KnM、 KnS、T、C、D、 V、Z		[S1·] = [S2·]	[S1·] ≠ [S2·]
225	LD >	（D）LD >			[S1·] > [S2·]	[S1·] ≤ [S2·]
226	LD <	（D）LD <			[S1·] < [S2·]	[S1·] ≥ [S2·]
228	LD < >	（D）LD < >			[S1·] ≠ [S2·]	[S1·] = [S2·]
229	LD≤	（D）LD≤			[S1·] ≤ [S2·]	[S1·] > [S2·]
239	LD≥	（D）LD≥			[S1·] ≥ [S2·]	[S1·] < [S2·]

表 3-10 串联型触点比较指令要素

FNC No	16 位助记符 （5 步）	32 位助记符 （9 步）	操作数		导通条件	非导通条件
			[S1·]	[S2·]		
232	AND =	（D）AND =	K、H、KnX、 KnY、KnM、 KnS、T、C、D、 V、Z		[S1·] = [S2·]	[S1·] ≠ [S2·]
233	AND >	（D）AND >			[S1·] > [S2·]	[S1·] ≤ [S2·]
234	AND <	（D）AND <			[S1·] < [S2·]	[S1·] ≥ [S2·]
236	AND < >	（D）AND < >			[S1·] ≠ [S2·]	[S1·] = [S2·]
237	AND≤	（D）AND≤			[S1·] ≤ [S2·]	[S1·] > [S2·]
238	AND≥	（D）AND≥			[S1·] ≥ [S2·]	[S1·] < [S2·]

表 3-11　并联型触点比较指令要素

FNC No	16 位助记符 (5 步)	32 位助记符 (9 步)	操作数		导通条件	非导通条件
			[S1·]	[S2·]		
240	OR =	(D) OR =	K、H、KnX、KnY、KnM、KnS、T、C、D、V、Z		[S1·] = [S2·]	[S1·] ≠ [S2·]
241	OR >	(D) OR >			[S1·] > [S2·]	[S1·] ≤ [S2·]
242	OR <	(D) OR <			[S1·] < [S2·]	[S1·] ≥ [S2·]
244	OR < >	(D) OR < >			[S1·] ≠ [S2·]	[S1·] = [S2·]
245	OR ≤	(D) OR ≤			[S1·] ≤ [S2·]	[S1·] > [S2·]
246	OR ≥	(D) OR ≥			[S1·] ≥ [S2·]	[S1·] < [S2·]

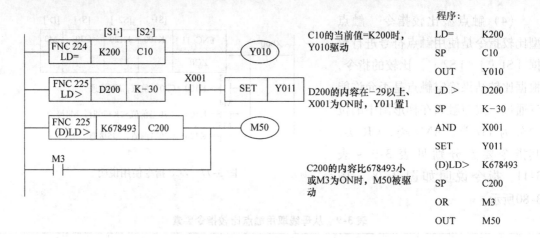

图 3-78　从母线取用触点比较指令说明

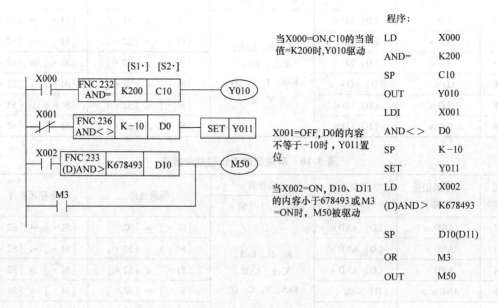

图 3-79　串联型触点比较指令应用说明

程序:

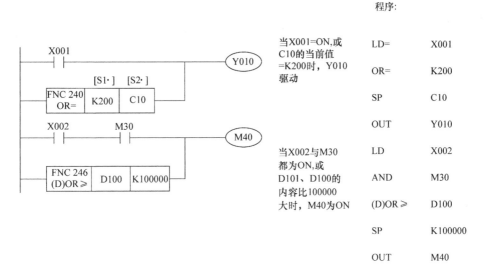

当X001=ON,或C10的当前值=K200时, Y010驱动

LD=	X001	
OR=	K200	
SP	C10	
OUT	Y010	

当X002与M30都为ON,或D101、D100的内容比100000大时, M40为ON

LD	X002	
AND	M30	
(D)OR ≥	D100	
SP	K100000	
OUT	M40	

图3-80 并联型触点比较指令应用说明

2. 传送、比较指令的应用实例

例4: 电动机的丫/△起动控制。

设置起动按钮为 X000, 停止按钮为 X001; 电路主(电源)接触器 KM1 接于输出口 Y000, 电动机丫联结, 接触器 KM2 接于输出口 Y001, 电动机△联结, 接触器 KM3 接于输出口 Y002。依据电动机丫/△起动控制要求, 通电时, Y000、Y001 为 ON (传送常数为 1 + 2 = 3), 电动机丫起动; 当转速上升到一定程度时, 断开 Y000、Y001, 接通 Y002 (传送常数为 4); 然后接通 Y000、Y002 (传送常数为 1 + 4 = 5), 电动机△运行。停止时, 应使传送常数为 0。另外, 起动过程中的每两个状态间应有时间间隔。

本例使用向输出端口送数的方式实现控制, 梯形图及说明如图3-81所示。

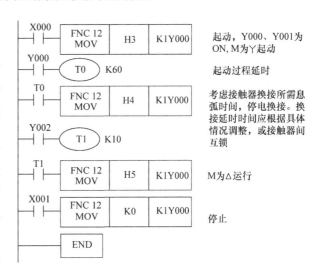

起动, Y000、Y001为 ON, M为丫起动

起动过程延时

考虑接触器换接所需息弧时间, 停电换接。换接延时时间应根据具体情况调整, 或接触器间互锁

M为△运行

停止

图3-81 电动机的丫/△起动梯形图及说明

例5: 密码锁的程序设计。

密码锁有 12 个按钮, 分别接入 X0 ~ X13, 其中 X0 ~ X3 代表第一个16 进制数; X4 ~ X7 代表第二个16 进制数; X10 ~ X13 代表第三个16 进制数。根据设计, 每次同时按四个按钮代表三个16 进制数, 共按四次, 如与密码锁设定都相符合, 3s 后自动开锁, 10s 后重新锁定。

密码锁的密码由程序设定。假定为 H2A4、H1E、H151、H18A, 从 K3X0 上送入的数据应分别和它们相等, 可用比较指令实现判断, 其梯形图如图3-82 所示。

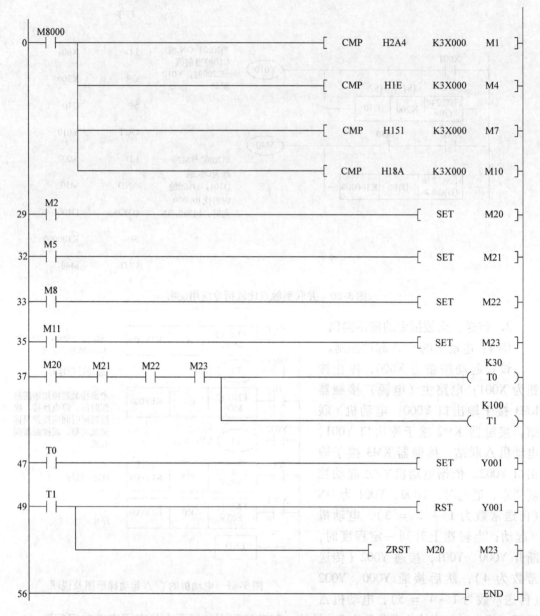

图 3-82 密码锁的梯形图

三、算术运算指令及应用

1. 算术运算指令说明

算术运算指令可完成加、减、乘、除，加 1、减 1 的运算。

（1）加法指令　ADD 加法指令是将指定源元件中的二进制数相加，结果送到目标元件中。加法指令要素见表 3-12。ADD 加法指令有 3 个常用标志：M8020 为零标志，M8021 为借位标志，M8022 为进位标志。加法指令使用说明如图 3-83 所示，当执行条件 X000 由 OFF→ON 时，[D10] + [D12]→[D14]。

表 3-12 加法指令要素

指令名称	助记符	指令代码位数	操作数范围			程序步
			[S1·]	[S2·]	[D·]	
加法	ADD ADD（P）	FNC20 (16/32)	K、H KnX、KnY、KnM、KnS T、C、D、V、Z		KnY、KnM、KnS T、C、D、V、Z	ADD、ADDP…7 步 DADD、DADDP…13 步

（2）减法指令 该指令是将［S1·］指定元件中的内容以二进制形式减去［S2·］指定元件中的内容，其结果存入由［D·］指定的元件中。其指令要素见表3-13。减法指令使用说明如图3-84 所示，当执行条件 X000 由 OFF→ON 时，［D10］－［D12］→［D14］。

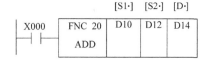

图 3-83 加法指令使用说明

表 3-13 减法指令要素

指令名称	助记符	指令代码位数	操作数范围			程序步
			[S1·]	[S2·]	[D·]	
减法	SUB SUB（P）	FNC21 (16/32)	K、H KnX、KnY、KnM、KnS T、C、D、V、Z		KnY、KnM、KnS T、C、D、V、Z	SUB、SUBP…7 步 DSUB、DSUBP…13 步

（3）乘法指令 该指令是将［S1·］指定元件中的内容乘以［S2·］指定元件中的内容，其结果存入由［D·］指定的元件中，数据均为有符号数。其指令要素见表3-14。

如图 3-85 所示，当 X0 为 ON 时，将二进制 16 位数［S1·］、［S2·］相乘，结果送入［D·］

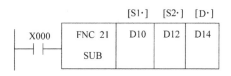

图 3-84 减法指令使用说明

中。D 为 32 位，即数据寄存器 D0 中的数据和 D2 中的数据相乘，结果存放在数据寄存器 D5、D4 中（16 位乘法）；当 X1 为 ON 时，数据寄存器 D1、D0 中的数据和 D3、D2 中的数据相乘，结果存放在数据寄存器 D7、D6、D5、D4 中（32 位乘法）。

表 3-14 乘法指令要素

指令名称	助记符	指令代码位数	操作数范围			程序步
			[S1·]	[S2·]	[D·]	
乘法	MUL MUL（P）	FNC22 (16/32)	K、H KnX、KnY、KnM、KnS T、C、D、Z		KnY、KnM、KnS T、C、D	MUL、MULP…7 步 DMUL、DMULP…13 步

（4）除法指令 其指令要素见表3-15。［S1·］、［S2·］分别是作为被除数和除数的源软元件；［D·］是存放商和余数的目标软元件。其功能是将［S1·］指定为被除数，

[S2·] 指定为除数，将除得的结果送到
[D·] 指定的目标元件中，余数送到[D·]
的下一个元件中。如图 3-86 所示，当 X0
为 ON 时，数据寄存器 D0 中的数据除以
D2 中的数据，商存放在数据寄存器 D4
中，余数存放在数据寄存器 D5 中（16 位
除法）；当 X1 为 ON 时，数据寄存器 D1、

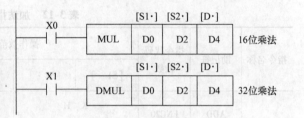

图 3-85 乘法指令使用说明

D0 中的数据除以 D3、D2 中的数据，商存放在数据寄存器 D5、D4 中，余数存放在数据寄存
器 D7、D6 中（32 位除法）。

表 3-15 除法指令要素

指令名称	助记符	指令代码位数	操作数范围			程序步
			[S1·]	[S1·]	[D·]	
除法	DIV DIV（P）	FNC23 （16/32）	K、H KnX、KnY、KnM、KnS T、C、D、Z		KnY、KnM、KnS T、C、D	DIV、DIVP…7 步 DDIV、DDIVP…13 步

（5）加 1 指令　指令要素见表
3-16，其指令使用说明如图 3-87 所
示。当 X000 由 OFF→ON 时，由[D·]
指定的元件 D10 中的二进制数加 1。
若用连续指令，则每个扫描周期
加 1。

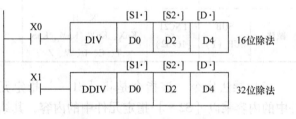

图 3-86 除法指令使用说明

表 3-16 加 1 指令要素

指令名称	助记符	指令代码位数	操作数范围	程序步
			[D·]	
加 1	INC INC（P）	FNC24 （16/32）	KnY、KnM、KnS T、C、D、V、Z	INC、INCP…3 步 DINC、DINCP…5 步

（6）减 1 指令　指令要素见表 3-17，其指令使用
说明如图 3-88 所示。当 X001 由 OFF→ON 变化时，
由 [D·] 指定的元件 D10 中的二进制数减 1。若用
连续指令，则每个扫描周期减 1。

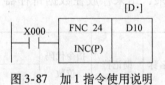

图 3-87 加 1 指令使用说明

表 3-17 减 1 指令要素

指令名称	助记符	指令代码位数	操作数范围	程序步
			[D·]	
减 1	DEC DEC（P）	FNC25 （16/32）	KnY、KnM、KnS T、C、D、V、Z	DEC、DECP…3 步 DDEC、DDECP…5 步

2. 算术运算指令应用实例

例 6：算术运算式的实现。

某控制程序中要进行以下算式的运算：$38X \div 255 + 2$。式中"X"代表输入端口 K2X000 送入的二进制数，运算结果需送到输出口 K2Y000；X020 为起停开关。其梯形图如图 3-89 所示。

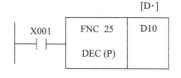

图 3-88　减 1 指令使用说明

（1）I/O 分配　I/O 分配表见表 3-18。

表 3-18　I/O 分配表

输入		功能说明	输出		功能说明
K2X0	X0	二进制数输入	K2Y0	Y0	二进制数输出
	X1			Y1	
	X2			Y2	
	X3			Y3	
	X4			Y4	
	X5			Y5	
	X6			Y6	
	X7			Y7	
	X20	起动			

（2）软件编程

例 7：使用乘除运算实现灯移位点亮控制。

用乘除法指令实现灯组的移位点亮循环。有一组灯共 15 个，接于 Y000 ~ Y007、Y010 ~ Y017、Y020 ~ Y027、Y030 ~ Y037。要求：当 X000 为 ON 时，灯正序每隔1s 单个移位并循环；当 X000 为 OFF 时，灯反序每隔1s 单个移位，至 Y000 为 ON 时停止，其程序如图 3-90 所示。

四、程序控制类指令及应用

条件跳转指令、子程序指令、中断指令及程序循环指令，统称为程序控制类指令，见表 3-19。程序控制指令用于程序执行流程的控制。对一个扫描周期而言，跳转指令可以使程序出现跨越或跳跃以实现程序段的选择；子程序指令可调用某段子程序；循环指令可多次重复执行特定的程序段；中断指令则用于中断信号引起的子程序调用。程序控制类指令可以影响程序

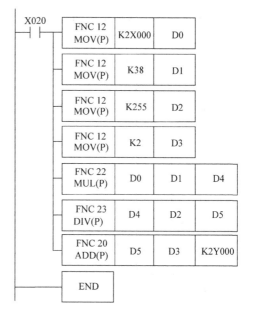

图 3-89　四则运算应用举例梯形图

执行的流向及内容。对合理安排程序的结构，有效提高程序的功能，实现某些技巧性运算都有重要的意义。这里只介绍条件跳转指令。

125

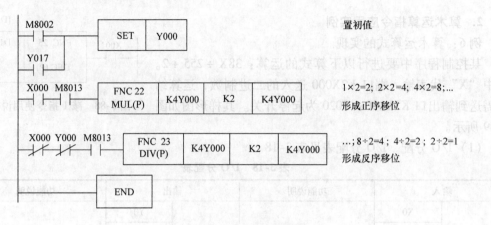

图 3-90　灯组移位控制梯形图

表 3-19　程序控制类指令

FNC NO	指令助记符	指令名称	FNC NO	指令助记符	指令名称
00	CJ	条件跳转	05	DI	禁止中断
01	CALL	子程序调用	06	FEND	主程序结束
02	SRET	子程序返回	07	WDT	警戒时钟
03	IRET	中断返回	08	FOR	循环范围开始
04	EI	允许中断	09	NEXT	循环范围结束

1. 条件跳转指令使用说明

1) 条件跳转指令的要素和含义。

条件跳转指令要素见表 3-20。在满足跳转条件之后的各个扫描周期中，PLC 将不再扫描执行跳转指令与跳转指针 PΔ 间的程序，即跳到以指针 PΔ 为入口的程序段中执行。直到跳转的条件不再满足，跳转停止进行，其使用说明如图 3-91 所示。

表 3-20　条件跳转指令要素

指令名称	助记符	指令代码位数	操作数 [D·]	程序步
条件跳转	CJ CJ（P）	FNC00 (16)	P0 ~ P63 P63 即 END	CJ 和 CJ（P）…3 步 标号 P…1 步

2) 使用条件跳转指令的注意事项：

① CJP 指令表示脉冲执行方式。

② 在一个程序中一个标号只能出现一次，否则将出错。

③ 在跳转执行期间，即使被跳过程序的驱动条件改变，但其线圈（或结果）仍保持跳转前的状态，因为跳转期间根本没有执行这段程序。

④ 如果在跳转开始时定时器和计数器已在工作，则在跳转执行期间它们将停止工作，到跳转条件不满足后又继

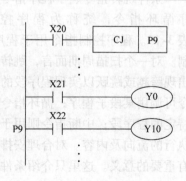

图 3-91　条件跳转指令使用说明

续工作。对于正在工作的定时器 T192～T199 和高速计数器 C235～C255，不管有无跳转，仍连续工作。

⑤ 若累积定时器和计数器的复位（RST）指令在跳转区外，即使它们的线圈被跳转，但对它们的复位仍然有效。

2. 跳转指令的应用

跳转指令可用来选择执行一定的程序段，在工业控制中经常使用。例如，同一套设备在不同的条件下有两种工作方式，需运行两套不同的程序时，可使用跳转指令。常见的手动、自动工作状态的转换即是这样的情况。为了设备的可靠性也为了调试的需要，许多设备要建立自动及手动两种工作方式，这就要求在程序中编排两段程序，一段手动、一段自动，然后建立一个手动/自动转换开关，对程序段进行选择。

例8：某设备有手动和自动两种工作方式，由 SB3 按钮选择开关控制，断开时为手动控制，接通时为自动控制。手动操作时按下 SB2，电动机运行，按下 SB1，电动机停止；自动操作时按下 SB2，起动电动机，1min 后自动停止，按下 SB1，电动机停止。其接线图及梯形图如图 3-92 所示。

程序执行过程：

手动方式——手动开关 SA1 断开，X3 动合触点断开，不执行 CJ P0，顺序执行 4～8 步，因 X3 动断触点闭合，执行 CJ P1，跳过自动操作至结束。

自动方式——手动开关 SA1 接通，X3 动合触点闭合，执行 CJ P0，跳过 4～8 步，因 X3 动断触点断开，不执行 CJ P1，执行自动操作至结束。

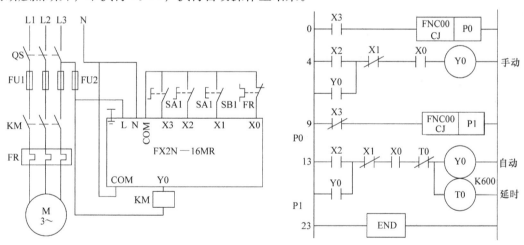

图 3-92 跳转指令应用举例

第七节 PLC 控制系统设计及维护

PLC 控制系统应用设计应该以 PLC 为程序控制中心，组成电气控制系统，实现对生产设备或过程的控制。PLC 控制系统是以程序形式来体现其控制功能的，大量的工作时间将用在软件设计，也就是程序设计上。本节主要介绍 PLC 应用设计步骤、PLC 的选型、硬件配置以及系统的可靠性、稳定性和软件设计方法。

一、PLC 控制系统的应用设计步骤

PLC 应用设计一般应按图 3-93 所示的步骤进行。

1. 熟悉被控制对象，明确控制要求

首先应分析系统的工艺要求，对被控对象的工艺过程、工作特点、环境条件、用户要求及其他相关情况进行仔细全面的分析，特别要确定哪些外围设备是发送信号给 PLC 的，哪些外围设备是接收来自 PLC 的信号的，确定被控系统所必须完成的动作及动作顺序。

在分析被控对象及其控制要求的基础上，根据 PLC 的技术特点，优选控制方案。

2. 确定控制方案，选择 PLC

根据生产工艺和机械运动的控制要求，确定电气控制系统是手动还是半自动、全自动，是单机控制还是多机控制，明确其工作方式；还要确定系统中的各种功能，如是否有定时计数功能、紧急处理功能、故障显示报警功能、通信联网功能等。通过研究工艺过程和机械运动的各个步骤和状态，来确定各种控制信号和检测反馈信号的相互转换和联系；确定 PLC 输入/输出信号的性质及数量，综合上述结果来选择合适的 PLC 型号，确定其各种硬件配置。

3. 硬件与软件设计

（1）硬件设计　PLC 控制系统硬件设计包括 PLC 选型、I/O 配置、电气电路的设计与安装，例如 PLC 外部电路和电气控制柜、控制台的设计、装配、安装及接线等工作，可与软件设计工作平行进行。

（2）软件设计

1）控制程序设计。用户控制程序的设计即为软件设计，即画出梯形图，写出语句表，将程序输入 PLC。

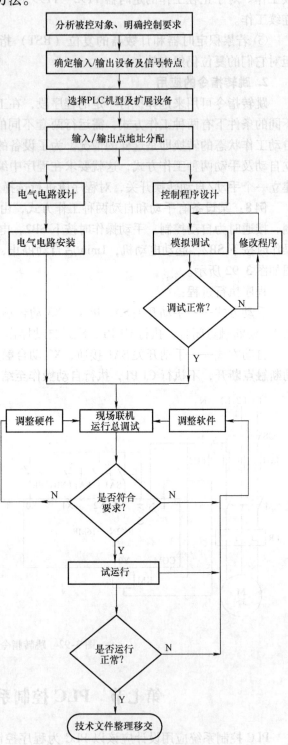

图 3-93　PLC 控制系统设计步骤

2）模拟调试。将设计好的用户控制程序输入 PLC 后应仔细检查与验证，并修改程序。之后在工作室里进行用户程序的模拟运行和程序调试，对于复杂的程序先进行分段调试，然后进行总调试，并做必要的修改，直到满足要求为止。

4. 现场联机运行总调试

PLC 控制系统设计和安装好以后，可进行现场联机运行总调试。在检查接线等无差错后，先对各单元环节和各电气控制柜分别进行调试，然后再按系统动作顺序，逐步进行调试，并通过指示灯显示器，观察程序执行和系统运行是否满足控制要求，如有问题先修改软件，必要时调整硬件，直到符合要求为止。现场调试后，一般将程序固化在有长久记忆功能的可擦可编只读存储器（EPROM）卡盒中长期保存。

5. 技术文件的整理

系统现场调试和运行成功后，整理技术资料，编写技术文件（包括设计图样、程序清单、调试运行情况等资料）及使用、维护说明书等。

二、PLC 控制系统硬件与软件设计

1. 硬件设计的基本要求与实施方法

PLC 控制系统的硬件主要由 PLC、输入/输出设备和电气控制柜等组成。硬件设计的基本要求主要应考虑如下一些方面。

（1）确定控制方案　选择的最优控制方案应该满足系统的控制要求。设计前，应深入现场进行调研，搜集相关资料，确定系统的工作方式和各种控制功能。通过各种控制信号与检测反馈信号的相互转换和联系，来确定 PLC 输入/输出信号的性质和数量，选择合适的 PLC 确定硬件系统的各种配置，以便制订系统的最优控制方案。

（2）功能完善　在保证完成系统控制功能的基础上，应尽量把自检、报警以及安全保护等各种功能都纳入设计方案，确保系统的功能比较完善。

（3）高可靠性　在 PLC 控制系统中，就 PLC 本身来说，其薄弱环节在 I/O 端口。虽然它与现场之间、端口之间以及端口输入/输出信号与总线信号之间有相当可靠的隔离，但由于 PLC 应用场合越来越多，应用环境越来越复杂，所受到的干扰也就越来越多，如来自电源波形的畸变、现场设备所产生的电磁干扰、接地电阻的耦合、输入元件触点的抖动等各种形式的干扰，都有可能使系统不能正常工作。因此，在进行系统硬件设计时应采取各种措施，以提高 PLC 控制系统的可靠性。

1）将 PLC 电源与系统动力设备分别配线。在电源干扰特别严重的情况下，可采用屏蔽层隔离变压器供电，还可加电路滤波器，以便抑制从交直流电源侵入的常模和共模瞬变干扰，还可抑制 PLC 内部开关电源向外发出噪声。在对 PLC 工作要求可靠性较高的场合，应将屏蔽层和 PLC 浮动端子接地。

2）使 PLC 控制系统良好接地。在 PLC 控制系统中有多种形式的"地"，主要有以下几种。

① 信号地。它是输入端信号元件——传感器的地。

② 交流地。它是交流供电电源的中性线，通常噪声主要由此产生。

③ 屏蔽地。一般是为了防止静电、磁感应而设置外壳或全屏网，通过专用的铜导线与大地之间的连接。

④ 保护地。一般将机械设备外壳或设备内独立器件的外壳接地，用以保护人身安全和防止设备漏电。

为了抑制附加电源及输入/输出端的干扰，应使 PLC 控制系统良好接地。当信号频率低于 1MHz 时，可用一点接地；信号频率高于 10MHz 时，采用多点接地；信号频率为 1 ~ 10MHz 时，采用哪种接地应视实际情况而定。因此，PLC 组成的控制系统通常用一点接地，接地线横截面积应大于 2mm²，接地电阻应小于 100Ω，接地线应为专用地线。屏蔽地线、保护地线不能与电源地线、信号地线和其他地线扭在一起，只能各自独立地接到接地铜牌上。为减少信号的电容耦合噪声，可采用多种屏蔽措施。对于电场屏蔽的分布电容，将屏蔽地接入大地即可解决。对于纯防磁的部位，例如强磁铁、变压器、大电动机的磁场耦合，可采用高导磁材料作为外罩，将外罩接地来屏蔽。

3）PLC I/O 配线应该从下面两个方面来提高系统的可靠性。

① 将各种电路分开布线。PLC 电源线、I/O 电源线、输入/输出信号线、交流线、直流线都应分开布线，开关量与模拟量的信号线也应分开布线，后者应采用屏蔽线，且屏蔽层应接地。数字传输线要用屏蔽线，并将屏蔽层接地。由于双绞线中电流方向相反、大小相等，并且感应电流产生的噪声可以相互抵消，所以信号线应尽量采用双绞线或屏蔽线。

② PLC I/O 信号的防错。在 I/O 端并联旁路电阻，以减小 PLC 输入电流和外部负载上的电流，其电路接线如图 3-94 所示。

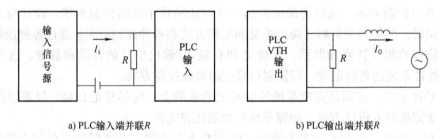

a) PLC输入端并联R   b) PLC输出端并联R

图 3-94 PLC 的 I/O 端并联旁路电阻

当输入信号源为晶体管或光电开关输出类型时，在关断时仍有较大的漏电流。而 PLC 的输入继电器灵敏度较高，当漏电流干扰超过一定值时，就会形成误信号。同样，当 PLC 的输出器件为 VTH（双向晶闸管）或晶体管，而外部负载又很小时，会因为这类输出器件在关断时有较大的漏电流引起微小电流负载的变动，导致输入与输出信号错误，给设备和人身造成不良后果。在硬件设计中，应该在 PLC 输入、输出端并联旁路电阻，以减小 PLC 输入电流和外部负载上的电流，也可以在 PLC 输入端加 RC 滤波环节，利用 RC 的延迟作用来抑制窜入脉冲所引起的干扰。在晶闸管输出的负载两端并联 RC 浪涌电流抑制器，以减少漏电流的干扰。

4）采用性能优良的电源抑制电网引入的干扰。

5）电缆电路敷设的抗干扰措施。为减少动力电缆辐射电磁干扰，尤其是变频装置馈电电缆，不同类型的信号应分别由不同的电缆传输。信号电缆应按传输信号种类分层敷设，严禁同一电缆不同导线同时传输动力电源和信号，避免信号电缆与动力电缆靠近、平行敷设，以减少电磁干扰。

6）PLC 具有丰富的内部软继电器，如定时器、计数器、辅助继电器、特殊继电器等，利用它们的程序设计可以屏蔽输入元件的错误信号，防止输出元件的误动作，提高系统运行的可靠性。

7）在连续工作的场合，应选择双 CPU 机型 PLC 或采用冗余技术（或模块）。对于使用条件恶劣的场合，应选用与之相适应的 PLC 以及采取相应的保护措施。

石油、化工、冶金等行业的一些 PLC 控制系统，要求有极高的可靠性。一旦系统发生故障会造成停产、设备损坏，给企业带来较大的经济损失，而使用冗余系统或热备用系统就能有效地解决上述问题。

① 冗余控制系统。如图 3-95 所示，整个 PLC 控制系统由两套完全相同的系统组成。正常运行时，主 CPU 工作，而备用 CPU 输出被禁止。当主 CPU 发生故障时，备用 CPU 自动投入运行，一切过程由冗余控制单元 RPU 控制，切换时间为 1~3 个扫描周期。I/O 系统的切换也是由 RPU 完成的。

② 热备用系统。如图 3-96 所示，两台 CPU 通信接口连在一起，处于通电状态。当系统发生故障时，由主 CPU 通知备用 CPU 投入运行。其切换过程比冗余控制系统慢，但结构简单。

图 3-95　冗余控制系统　　　　　　　　图 3-96　热备用系统

（4）经济性　在保证系统控制功能和高可靠性的基础上，应尽量降低成本。

此外，在系统的硬件设计中还应考虑 PLC 控制系统的先进性、可扩展性和整体的美观性。

2. 软件设计

用户程序的设计是 PLC 应用中最关键的问题。在掌握 PLC 的指令以及使用方法的同时，还要掌握正确的程序设计方法。一般用户程序的设计可分为经验设计法、步进顺控设计法等。

经验设计法也称为试凑法，需要设计者了解大量的典型电路，在掌握这些典型电路的基础上，充分理解实际的控制问题，将实际控制问题分解成典型控制电路，然后用典型电路或修改的典型电路拼凑梯形图。这种方法具有很大的试探性和随意性，最终的结果也不是唯一的，设计所用的时间、设计的质量与设计者的经验有直接的关系，一般用于较简单的或与某些典型系统类似的控制系统设计。步进顺控设计法适用 I/O 点数较多、工艺复杂的设备，通常要求较强的时序性，动作间要求严格的顺序关系，其具体做法见前述内容。程序设计过程中需注意的问题如下：

（1）复杂系统程序设计的思路　实际的 PLC 应用系统往往比较复杂，不仅需要 PLC 输入/输出点数多，控制过程复杂，而且为了满足生产的需要，很多工业设备都需要设置多种不同的工作方式，常见的有手动和自动（连续、单周期、单步）工作方式等。

在进行复杂系统程序设计时，首先需要确定程序的总体结构，将系统的程序按工作方式和功能分成若干部分，如公共程序、手动程序、自动程序等部分。手动程序和自动程序是不能同时执行的，所以用跳转指令将它们分开，用工作方式的选择信号作为跳转的条件，然后再分别设计局部程序。最后是程序的综合与调试，用于进一步理顺各部分程序之间的相互关系，并进行程序的调试。

（2）程序的内容和质量

1）PLC 程序的内容。应能最大限度地满足控制要求，完成所要求的控制功能。除控制功能外，其通常还应包括以下几个方面的内容。

① 初始化程序：在 PLC 上电后，一般都要做一些初始化的操作。其作用是为起动做必要的准备，并避免系统发生误动作。

② 检测、故障诊断、显示程序：应用程序一般都设有检测、故障诊断和显示程序等内容。

③ 保护、联锁程序：各种应用程序中，保护和联锁是不可缺少的部分，它可以杜绝由于非法操作而引起的控制逻辑混乱，保证系统的运行更安全、可靠。

2）PLC 程序的质量由以下几个方面来衡量。

① 程序的正确性。正确的程序必须能经得起系统运行实践的考验，离开这一条，对程序所做的评价都是没有意义的。

② 程序的可靠性。好的应用程序可以保证系统在正常和非正常（短时掉电再复电、某些被控量超标、某个环节有故障等）工作条件下都能安全可靠地运行，也能保证在出现非法操作（如按动或误触动了不该动作的按钮）等情况时不至于出现系统控制失误。

③ 参数的易调整性。容易通过修改程序或参数而改变系统的某些功能。例如，有的系统在一定情况下需要变动某些控制量的参数（如定时器或计数器的设定值等），在设计程序时必须考虑怎样编写才能易于修改。

④ 程序的简洁性。编写的程序应尽可能简练。

⑤ 程序的可读性。程序不仅仅给设计者自己看，系统的维护人员也要看。因此，为了有利于交流，也要求程序有一定的可读性。

（3）程序的调试　PLC 程序的调试分为模拟调试和现场调试。调试之前首先对 PLC 外部接线做仔细检查以确保无误，也可以用事先编写好的试验程序对外部接线做扫描通电检查来查找接线故障。

为了安全考虑，最好将主电路断开。当确认接线无误后再连接主电路，将模拟调试好的程序送入用户存储器进行调试，直到各部分的功能都正常，并能协调一致地完成整体的控制功能为止。

1）模拟调试。将设计好的程序写入 PLC 后，首先逐条仔细检查，并改正写入时出现的错误。用户程序一般先在实验室模拟调试，实际的输入信号可以用开关和按钮来模拟，各输出量的通/断状态用 PLC 上有关的发光二极管来显示，一般不用接 PLC 实际的负载（如接触器、电磁阀等）。在调试时应充分考虑各种可能的情况，各种可能的进展路线都应逐一检查，不能遗漏。发现问题后应及时修改梯形图和 PLC 中的程序，直到在各种可能的情况下输入量与输出量之间的关系都完全符合要求。如果程序中某些定时器或计数器的设定值不合适，应该选择合适的设定值。

2）现场调试。将 PLC 安装在控制现场进行联机总调试，在调试过程中将暴露系统中和梯形图程序设计中的问题，应对出现的问题及可能存在的传感器、执行器和硬接线等方面的问题，以及 PLC 的外部接线问题加以解决。如果调试达不到指标要求，则对相应硬件和软件部分做适当调整，通常只需要修改程序就能达到调整的目的。全部调试通过后，经过一段时间的考验，系统就可以投入实际运行。

三、PLC 控制系统的稳定运行

1. PLC 控制系统的维护

PLC 控制系统的维护主要包括以下方面。

1）对大中型 PLC 系统，应指定维护保养制度，做好运行、维护、保养记录。

2）定期对系统进行检查保养，时间间隔为半年，最长不超过一年，特殊场合应缩短时间间隔。

3）检查设备安装、接线有无松动现象及焊点、接点有无松动或脱落，经常除去尘污，清除杂质。

4）检查供电电压是否在允许的范围内。

5）重要器件或模块应有备份。

6）校验输入元件、信号是否正常，有无出现偏差或异常现象。

7）机内后备电池的定期更换：锂电池的寿命通常为 3～5 年，当电池电压降到一定值时，电池电压指示灯亮，应及时更换。

8）加强 PLC 维护和使用人员的思想教育，提高业务素质。

2. 故障检查与排除

（1）PLC 的自诊断　PLC 本身具有一定的自诊断能力，使用者可从 PLC 面板上各种指示灯的发亮和熄灭，判断 PLC 系统是否存在故障，这给用户初步诊断故障带来了很大的方便。PLC 基本单元面板上的指示灯说明如下：

1）POWER 电源指示。当供给 PLC 的电源接通时，该指示灯亮。

2）RUN 运行指示。SW1 置于"RUN"位置或基本单元的 RUN 端与 COM 端的开关合上，则 PLC 处于运行状态，该指示灯亮。

3）机内后备电池电压指示。PLC 的电源接通，当锂电池电压下降到一定值时，该指示灯亮。

4）程序出错指示。

当出现以下错误时，该指示灯闪烁。

① 程序语法有错。

② 程序电路有错。

③ 定时器或计数器没有设置常数。

④ 锂电池电压跌落。

⑤ 由于噪声干扰或导线头落在 PLC 内导致"求和"检查出错。

当发生以下情况时，该指示灯持续亮。

① 程序执行时间超过允许值时，使监视器动作。

② 由于电源浪涌电压的影响，造成有噪声瞬时加到 PLC 内，致使程序执行出错。

5）输入指示。PLC 输入端有正常输入时，输入指示灯亮。有输入而指示灯不亮或无输入而指示灯亮，则有故障。

6）输出指示。若有输入且输出继电器触点动作，输出指示灯亮。如果指示灯亮而触点不动作，可能输出继电器触点已烧坏。

（2）故障检查 利用 PLC 基本单元面板上各种指示灯的运行状态，可初步判断出发生故障的范围，在此基础上可进一步查清故障。先检查确定故障出现在哪一部分，即先进行 PLC 系统的总体检查，检查的顺序和步骤以及检查的项目和内容如下：

1）电源系统的检查。从 POWER 指示灯的亮或灭，较容易判断电源系统正常与否。因为只有电源正常工作时，才能检查其他部分的故障，所以应先检查或修复电源系统。电源系统故障往往发生在供电电压不正常、熔断器熔断或连接不好、接线或插座接触不良的情况下，有时也可能是指示灯或电源部件坏了。

2）系统异常运行检查。先检查 PLC 是否处于运行状态，再检查程序是否有错。若还不能查出故障所在，应接着检查存储器芯片是否插接良好。仍查不出故障所在时，则检查或更换微处理器。

3）输入部分检查。输入部分常见故障及产生原因和处理建议见表3-21。

表 3-21　输入部分检查

故障现象	可能的原因	处理建议
输入均不接通	（1）未向输入信号源供电 （2）输入信号源电源电压过低 （3）端子螺钉松动 （4）端子板接触不良	（1）接通有关电源 （2）调整至合适 （3）拧紧 （4）处理后重接
PLC 输入全异常	输入单元故障	更换输入部件
某特定输入继电器不接通	（1）输入信号源（器件）故障 （2）输入配线断开 （3）输入端子松动 （4）输入端接触不良 （5）输入接通时间过短 （6）输入回路（电路）故障	（1）更换输入器件 （2）重接 （3）拧紧 （4）处理后重接 （5）调整有关参数 （6）查电路或更换
某特定输入继电器关闭	输入回路（电路）故障	查电路或更换
输入随机性动作	（1）输入信号电平过低 （2）输入接触不良 （3）输入噪声过大	（1）查电源及输入器件 （2）检查端子接线 （3）加屏蔽或滤波措施
动作正确，但指示灯灭	LED 损坏	更换 LED

4）输出部分检查。输出部分常见的故障及产生的原因和处理建议见表3-22。系统的输入、输出部分通过接线端子、连接器件和 PLC 连接起来，而且输入外围设备和输出驱动的外围设备均为硬件和硬线连接，因此检查时须多加注意。

5）检查电池。机内电池部分出现故障，一般是由于电池装接不好或使用时间过长所致，把电池装接牢固或更换电池即可。

表 3-22 输出部分检查

故障现象	可能的原因	处理建议
输出均不能接通	（1）未加负载电源 （2）负载电源已坏或电压过低 （3）接触不良（端子排） （4）保险管已坏 （5）输出回路（电路）故障 （6）I/O 总线插座脱落	（1）接通电源 （2）调整或修理 （3）处理后重接 （4）更换保险 （5）更换输出部件 （6）重接
输出均不关断	输出回路（电路）故障	更换输出部件
特定输出继电器不接通（指示灯灭）	（1）输出接通时间过短 （2）输出回路（电路）故障	（1）修改输出程序或数据 （2）更换输出部件
特定输出继电器不接通（指示灯亮）	（1）输出继电器损坏 （2）输出配线断 （3）输出端子接触不良 （4）输出驱动电路故障	（1）更换继电器 （2）重接或更新 （3）处理后更新 （4）更换输出部件

6）外部环境检查。PLC 控制系统工作正常与否，与外部环境条件也有关系，有时发生故障的原因就在于外部环境不合乎 PLC 系统的工作要求。检查外部工作环境主要包括以下几方面。

① 如果环境温度高于 55℃，应安装电风扇或空调机，以改善通风条件；如温度低于 0℃，应安装加热设备。

② 如果相对湿度高于 85%，容易造成控制柜中挂霜或滴水，引起电路故障，应安装空调等，相对湿度不应低于 35%。

③ 周围有无大功率电气设备（例如晶闸管变流装置、弧焊机、大电机起动）产生不良影响，如果有应采取隔离、滤波、稳压等抗干扰措施。

④ 需要特别指出的是，不能忽视检查交流供电电源是否经常性波动及波动幅度的大小，如果经常性波动且幅度大时，就应加装交流稳压器。

⑤ 其他方面也不能忽视，例如周围环境粉尘、腐蚀性气体是否过多，振动是否过大等。

查找故障，尤其是查找大中型系统的故障是比较困难的。上面介绍了查找故障的思路和基本方法，但重要的是使用者对系统的熟悉程度和检修经验。

（3）设计故障检修程序　充分利用 PLC 的内部功能，提供设备的有关运行信息，以方便检查、维护和故障排除。

实训项目一　GX Developer 编程软件的使用

一、项目任务

1）GX Developer 编程软件（离线）操作练习。

GX 编程软件的使用

2）GX Developer 编程软件（在线）监控练习。

二、实训目的和要求

掌握三菱全系列 PLC 的 GX Developer 编程软件的使用方法。

三、实训设备

计算机、GX Developer 编程软件、FX2N–64MR PLC 主机、按钮、连接导线等。

四、基础知识准备

GX Developer 的使用方法如下：

1. 启动编程软件

单击"开始"进入"程序"，选择"GX Developer"，即可启动编程软件，进入操作界面。

2. 建立新项目

打开"工程"，在下拉菜单中选中"新建"，出现图 3-97 所示界面，先在 PLC 系列中选出所使用的可编程序控制器的 CPU 系列，如在实验中选用的是 FX 系列，所以选 FXCPU，PLC 类型是指所选机器的型号，所以选中 FX2N（C），单击"确定"后出现图 3-98 所示界面。

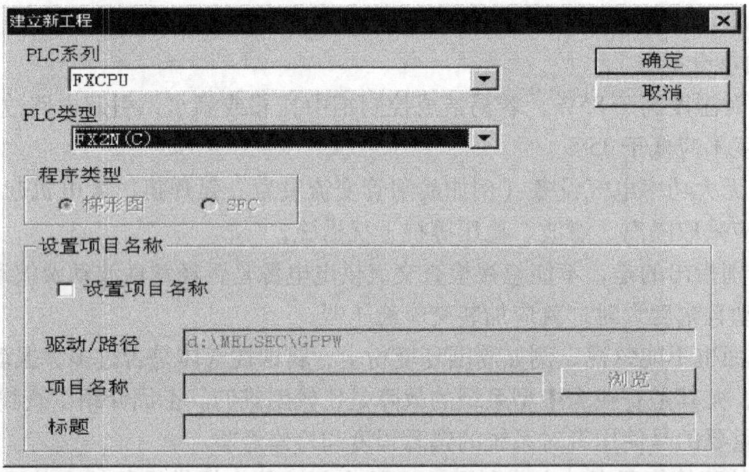

图 3-97　新建工程

3. 操作界面介绍

图 3-98 所示为 GX Developer 编程软件的操作界面，该操作界面由下拉菜单、工具栏、操作编辑区、工程参数列表、状态栏等部分组成。这里需要特别注意的是，在 FX – GP/WIN – C 编程软件里称编辑的程序为文件，而在 GX Developer 编程软件中称之为工程。图 3-98 中引出线所示的名称、内容说明见表 3-23。

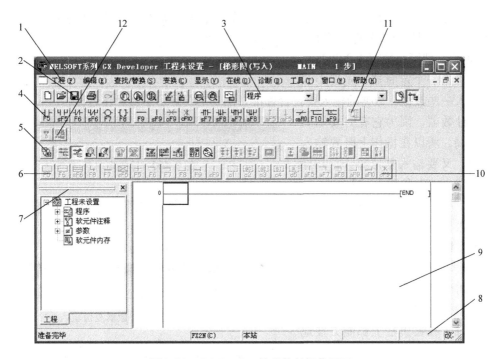

图 3-98　GX Develop 编程软件操作界面

表 3-23　操作界面说明

序号	名称	内　　容
1	下拉菜单	包含工程、编辑、查找/替换、交换、显示、在线、诊断、工具、窗口、帮助共10个菜单
2	标准工具栏	由工程菜单、编辑菜单、查找/替换菜单、在线菜单、工具菜单中常用的功能组成
3	数据切换工具栏	可在程序菜单、参数、注释、编程元件内存这4个项目中切换
4	梯形图标记工具栏	包含编辑梯形图所需要使用的动合触点、动断触点、应用指令等内容
5	程序工具栏	可进行梯形图模式、指令表模式的转换，进行读出模式、写入模式、监视模式、监视写入模式的转换
6	SFC 工具栏	可对 SFC 程序进行块变换、块信息设置、排序、块监视操作
7	工程参数列表	显示程序、编程元件注释、参数、编程元件内存等内容，可实现这些项目数据的设定
8	状态栏	提示当前的操作：显示 PLC 类型以及当前操作状态等
9	操作编辑区	完成程序的编辑、修改、监控等的区域
10	SFC 符号工具栏	包含编辑 SFC 程序所需要使用的步、块启动步、选择合并、平行等功能键
11	编程元件内存工具栏	进行编程元件内存的设置
12	注释工具栏	可进行注释范围设置或对公共/各程序的注释进行设置

4. 梯形图的编写

编写时，最左边是根母线，蓝色框表示现在可写入区域，上方有菜单，只要任意单击其中的元件，就可得到所要的线圈、触点等。如要在某处输入 X000，只要把蓝色光标移动到

所需要写的地方，然后在菜单上选中
┤├触点，出现图 3-99 所示界面，
再输入 X000，即可完成写入 X000。

如要输入一个定时器，先选中线
圈，再输入一些数据，数据的输入要符合标准，图 3-100 显示了其操作过程。

对于计数器，因为它有时要用到
两个输入端，所以在操作上既要输入
线圈部分，又要输入复位部分，其操
作过程如图 3-101 和图 3-102 所示。

注意，在图 3-102 中的箭头所示
部分，计数器选中的是应用指令，而
不是线圈。图 3-103 所示为一个简单
的计数器显示形式。

如果需要画梯形图中的其他一些
线、输出触点、定时器、计时器、辅
助继电器等，在菜单栏上都能方便地

图 3-99 输入动合触点

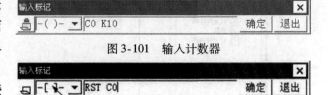

图 3-100 输入定时器

图 3-101 输入计数器

图 3-102 输入计数器复位输入

找到，输入元件编号即可。在图 3-103 的上方还有其他一些功能菜单，把光标指向菜单上的
某处，在屏幕的左下角就会显示其功能，或者打开菜单栏的"帮助"，就可找到一些快捷键
列表、特殊继电器/寄存器等信息。

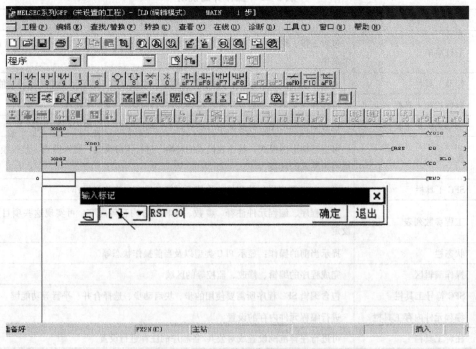

图 3-103 一个简单的计数器显示形式

5. 传输和调试

写完梯形图，写上 END 语句后，必须进行程序转换。转换功能键有两种，如图 3-104

中箭头所示位置。

图 3-104　程序转换功能键

在程序的转换过程中，如果程序有错，界面会提示，也可通过菜单下的"工具"按钮，查询程序的正确性。只有当梯形图转换完毕后，才能进行程序的传送。传送前，必须将 FX2N 与计算机的编程电缆上的开关打开，再打开"在线"菜单，进行传送设置，如图 3-105 所示。

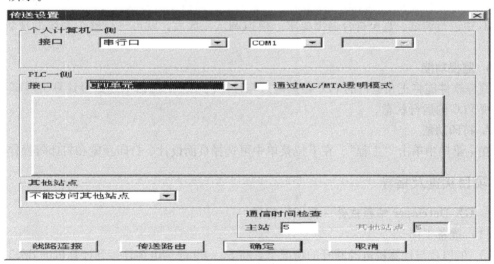

图 3-105　程序传送

根据图 3-69 所示，必须先确定 PLC 与计算机是通过 COM1 口连接还是 COM2 口连接，在实验中已统一将 RS－232 线连接在了计算机的 COM1 口上，在操作时只要进行选择即可。写完梯形图后，在菜单上选择"在线"，选中"写入 PLC（W）"，就出现图 3-106 所示界面。

由图 3-106 可看出，在执行读取及写入前必须先选中"MAIN""PLC 参数"，否则不能执行对程序的读取、写入，然后单击"开始执行"即可。程序下载到 PLC 后即可进行调试工作，先进行模拟调试，即 PLC 的输出端先不接入输出电器，按控制要求在各输入端输入

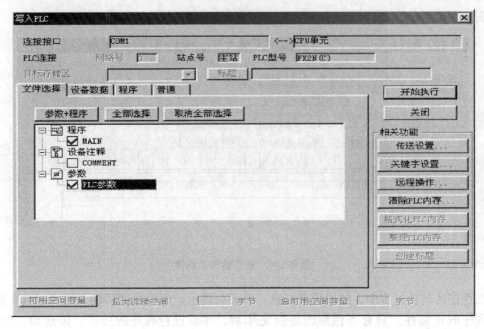

图 3-106　程序写入

信号，观察输出指示灯的状态。若输出不符合要求，则应重新修改梯形图程序，再将其下载到 PLC 中进行调试，直至符合输出要求。模拟调试完成后，就可进行整个系统的现场运行调试。

6. 监视功能

编程软件能将正在运行的 PLC 数据通过与计算机相连的通信电缆送至计算机屏幕显示，以监视 PLC 的运行状态。

7. 打印功能

在主菜单中单击"工程"，在下拉菜单中可选择页面设计、打印预览和打印等操作项。

五、项目实施及指导

1. GX Developer 编程软件（离线）操作

（1）准备工作

1）在 PLC 与计算机电源断开的情况下，将 SC－09 通信电缆连接到计算机的 RS232C 串行接口（COM1）和 PLC 的 RS－422 编程接口。

2）接通 PLC 与计算机电源，并将 PLC 的运行开关置于 STOP 一侧。

3）所使用的微机应预先装好 GX　Developer 软件。微机操作系统为 Windows 操作系统。

（2）设置工作目录、选择 PC 机型、建立新文件　把当前工作设置到需要的目录中。在选择 PC 机型时，可在显示的 GX　Developer 支持机型表中选取。FX0、FX0S 等机型选择 FX0，FX0N、FX1N、FX2N 单独有选项。选取后需要输入一个新建文件的文件名。

（3）使用语句表编辑功能编辑程序

1）单击工具栏中的 ![按钮] 按钮，进入语句表编辑功能。

2）进入编程功能后即可开始写入指令或地址。每写完一个指令或地址后按回车键，写入区自动移动，程序的步序号也自动出现。

输入下列指令：

0	LD	X0	10	LD		X4
1	AND	Y1	11	OUT		T1
2	ANI	T0				K5
3	OUT	Y2	12	LD		X7
4	LDI	X2	13	PLS		M0
5	OR	Y1	14	LD		M0
6	AND	X3	15	OUT		C15
7	OUT	Y1	16			K5
8	LD	X4	17	END		
9	OUT	T0				
		K50				

3）输入操作可采用两种方法：一是直接选数字键；二是将助记符字母逐个键入。输入完上述语句后退出编辑区，进行测试，测试完成后存盘。

4）再进入语句表编辑功能，完成程序的插入、删除、改变指令、地址号等操作。编辑修改后一是要校对，第二是要及时测试。要注意的是，软件仅对语法错误产生反应，而对非语法错误则不会报警。

删除　　AND　　Y1
　　　　LD　　　X7
　　　　PLS　　　M0
在 AND　X3 前插入
删除　　OR　　　T1
　　　　LD　　　M11
　　　　AND　　S0
　　　　ORB

5）通过练习加强熟练程度。

用下列程序段进行输入练习。

0	LD	X0	10	OUT		Y2
1	AND	X1	11	MRD		
2	MPS		12	AND		X5
3	AND	X2	13	OUT		T3
4	OUT	Y0				D0
5	MPP		14	MPP		
6	OUT	Y1	15	AND		X7
7	LD	X3	16	OUT		Y4
8	MPS		17	END		
9	AND	X4				

（4）使用梯形图编辑功能编辑程序 回到主菜单，建立一个新文件。单击工具栏中的 按钮，即进入梯形图编辑功能，完成后即可写入梯形图。

1）写入梯形图。输入第（3）步2）中的程序，要求每写入一段完整的梯形图需进行转换，再写入下一段梯形图。这样做的目的是使一段完整的梯形图由编程软件自行转换为语句表。在输入完成后，退出编辑，完成测试及存盘。

2）再进入梯形图编辑功能，练习编辑、修改。

对以上输入的梯形图完成如下操作：

① 删除第1段梯形图。

② 把第11段梯形图插入至原3与4段之间。

③ 把 X4 改为 X15。

④ 修改 T0 的设定值为10s。

3）综合练习。

① 输入图3-107所示的梯形图。

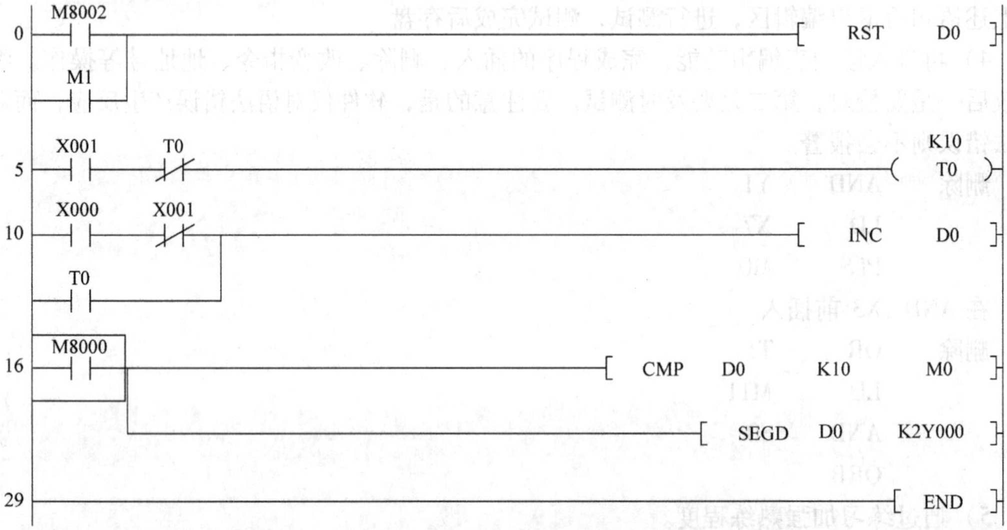

```
0    M8002                                                      ─[ RST    D0 ]─
     ├─┤ ├─┬──────────────────────────────────────────────────
     │ M1 │
     ├─┤ ├─┘

                                                                      K10
5    X001    T0                                                    ─(  T0  )─
     ├─┤ ├──┤/├────────────────────────────────────────────────

10   X000   X001                                                ─[ INC    D0 ]─
     ├─┤ ├──┤/├──┬─────────────────────────────────────────────
     │  T0       │
     ├──┤ ├──────┘

16   M8000                                              ─[ CMP  D0   K10   M0 ]─
     ├─┤ ├──┬────────────────────────────────────────────
     │      └──────────────────────────────[ SEGD  D0   K2Y000 ]─

29                                                                      ─[ END ]─
```

图3-107 示例梯形图

② 退出梯形图编辑。

打开由语句表输入的图3-107程序文档，进入梯形图编辑功能，把用输入语句表方法形成的程序转换成梯形图，并与图3-107进行比较检查，看是否完全相同。

2. GX Developer 编程软件（在线）监控操作

（1）准备工作

1）在微机与PLC均断电的情况下，用 SC-09 电缆或 FX 专用通信接口连接好 PLC 与微机。

2）PLC运行开关置于"STOP"。

3）开启 PLC 与微机的电源。

（2）联机参数设置

1）在主菜单下选择"PLC/传送"。

2）在子菜单中选择"串行口设置"。

3）在参数栏中用光标键选择；用回车键修改参数。

说明：在打开一个工作文件后，GX Developer 软件已针对该文件所使用的 PLC 类型对参数做了默认预置，所以除串行口 COM1、COM2 的选择外，建议使用默认参数。

（3）程序传送

1）打开 GX Developer 编程软件（离线）操作练习文件。

2）检查该文件在"INSTR"项下是否为"OK"，如是"TEST"则应退回主编辑功能，进行测试存盘。

3）按"PLC"→"传送"→"写入"顺序进入程序发送功能。选择是否校验后，即开始传送。传送完成后要按回车键加以确认，否则传送无效。

4）退回主菜单，重新建立一个新文件并打开该文件。

从 PLC 向 GX Developer 传送程序，按"PLC"→"传送"→"读入"顺序进入程序接收功能，接收并保存该文件。

5）在编辑功能下比较该程序与原发送程序。

（4）监控功能操作 建立一个新文件，按图 3-108 所示的梯形图，用梯形图编辑功能写入程序文件，并传送至 PLC。

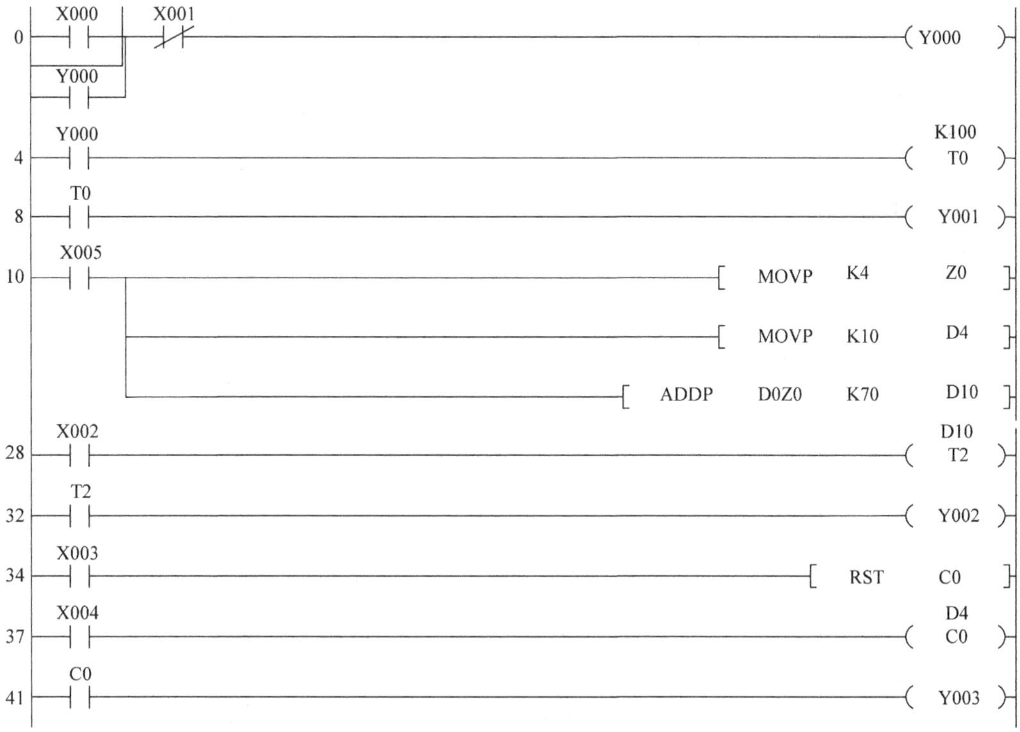

图 3-108 示例梯形图

实训项目二　三相异步电动机正反转控制电路的改造

一、实训目的和要求

1）能够实现电动机主电路和 PLC 控制电路的安装、接线。

2）能够根据三相异步电动机正反转工作原理实现 PLC 软件的编程。

3）能够实现电动机 PLC 控制系统的在线调试。

二、实训设备

计算机、FX2N – 64MR PLC 主机、按钮、接触器、电动机、热继电器、连接导线等。

三、基础知识准备

PLC 起—保—停电路的典型应用是三相异步电动机正反转控制电路，其中 KM1 和 KM2 分别是控制正转运行和反转运行的交流接触器。这两只接触器是不能同时闭合的，否则会发生电源短路，因此在进行 PLC 控制的设计时为安全起见，需要在程序中将这两个输出实现互锁，称为软件互锁。另外，在外部接线时两只接触器线圈回路也要实现互锁，称为硬件互锁。这是因为 PLC 内部软继电器互锁只相差一个扫描周期的响应时间，而外部硬件接触器触点的动作时间往往大于一个扫描周期，响应时间较长。在只设软件互锁而没有外部硬件互锁的情况下，有可能导致两只接触器都接通，引起电源短路，因此必须采用软件互锁和硬件互锁相结合的方式。

四、项目实施及指导

1. 硬件设计

（1）I/O 点的分配　根据被控对象对 PLC 系统的功能要求和需要进行 I/O 点的分配，见表 3-24。

表 3-24　I/O 点的分配

输入（I）			输出（O）		
元件	功能	信号地址	元件	功能	信号地址
按钮 SB1	电动机正转	X000	接触器 KM1	电动机正转	Y000
按钮 SB2	电动机反转	X001	接触器 KM2	电动机反转	Y001
按钮 SB3	电动机停止	X003			
FR1	过载保护	X002			

（2）I/O 接线图　本项目的电动机控制主电路和 PLC 控制 I/O 接线图如图 3-109 所示。

2. 程序设计

1）根据被控对象的工艺条件和控制要求，设计程序如图 3-110 所示。

2）编写梯形图程序，参考程序如图 3-110 所示，进行程序的检查和调试及仿真，确认无误，写入 PLC。

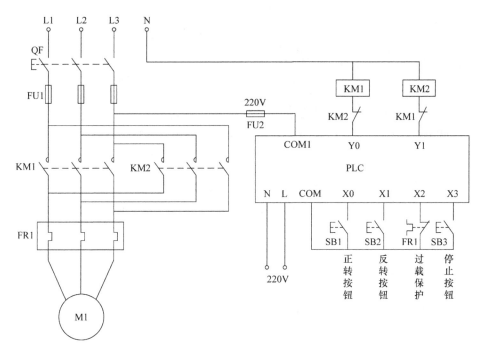

图 3-109 I/O 接线图

图 3-110 PLC 控制的电动机正反转梯形图及指令表

3. 运行与调试程序

调试系统：首先按系统接线图连接好系统，然后根据控制要求对系统进行在线调试，直到符合要求。

1）PLC 通电，将 PLC 置于运行（RUN）状态以外的其他状态，观察 PLC 面板上的 LED 指示灯和计算机显示程序中各触点和线圈的状态。

2）将 PLC 置于运行（RUN）状态，按下起动按钮，观察接触器 KM 及指示灯状态和计算机显示程序中各触点和线圈的状态。

3）断开 PLC 的电源 5s 后，再通电，此时 PLC 在运行状态，观察接触器 KM 及指示灯状态以及计算机显示程序中各触点和线圈的状态。

五、评分标准

评分标准见表 3-25。

表 3-25 评分标准

序号	项目	配分	评分标准	得分
1	I/O 分配与接线	20 分	1）I/O 地址分配错误或遗漏，每处扣 2 分 2）I/O 接线不正确，每处扣 2 分	
2	程序设计、输入及模拟调试	60 分	1）梯形图表达不正确或画法不规范，每处扣 4 分 2）指令错误，每条扣 4 分 3）编程软件或编程器使用不熟练，扣 5 分 4）不会使用按钮进行模拟调试，扣 5 分 5）调试时没有严格按照被控设备动作过程进行或达不到设计要求，扣 10 分	
3	时间	10 分	未按规定时间完成，扣 2 ~ 10 分	
4	安全文明操作	10 分	每违规操作一次扣 2 分；发生严重安全事故扣 10 分	
5	实训记录		调试是否成功	接线工艺情况记录	
6	安全情况				
7	合计	100 分	总评得分	实习时间	工位号
8	教师签名				

实训项目三 三相异步电动机丫－△减压起动控制电路的改造

一、实训目的

1）能够实现电动机主电路和 PLC 控制电路的接线。

2）能够根据三相异步电动机丫－△减压起动工作原理实现对 PLC 软件的编程。

3）能够实现电动机 PLC 控制系统的在线调试。

三相异步电动机丫－△减压起动 PLC 控制线路的设计和安装

二、实训设备

计算机、FX2N－64MR PLC 主机、按钮、接触器、电动机、热继电器、连接导线等。

三、基础知识准备

三相异步电动机丫－△减压起动原理图如图 1-36 所示。

四、项目实施及指导

1. 硬件设计

（1）I/O 点的分配　根据被控对象对 PLC 系统的功能要求和需要进行 I/O 点的分配，见表 3-26。

表 3-26　I/O 点的分配

输入量（IN）			输出量（OUT）		
元件代号	功能	输入点	元件代号	功能	输出点
SB2	起动按钮	X000	KM	接触器线圈	Y000
SB1	停止按钮	X001	KM丫	接触器线圈	Y001
FR	热继电器常闭触点	X002	KM△	接触器线圈	Y002

（2）I/O 接线图　本项目的电动机控制主电路和 PLC 控制 I/O 接线图如图 3-111 所示。

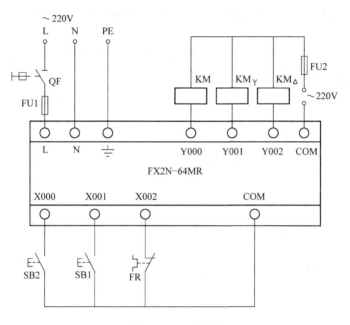

图 3-111　接线图

2. 程序设计

1）根据被控对象的工艺条件和控制要求，设计梯形图及指令表，如图 3-112 所示。

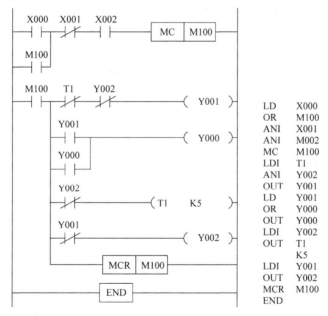

LD	X000
OR	M100
ANI	X001
ANI	M002
MC	M100
LDI	T1
ANI	Y002
OUT	Y001
LD	Y001
OR	Y000
OUT	Y000
LDI	Y002
OUT	T1
	K5
LDI	Y001
OUT	Y002
MCR	M100
END	

图 3-112　PLC 控制的电动机丫 - △减压起动梯形图及指令表

2）编写梯形图程序，参考程序如图 3-76 所示，进行程序的检查和调试及仿真，确认无误后写入 PLC。

3. 运行与调试程序

调试系统：首先按系统接线图连接好系统，然后根据控制要求对系统进行在线调试，直到符合要求。

1）PLC通电，但置于非运行（RUN）状态，观察PLC面板上的LED指示灯和计算机显示程序中各触点和线圈的状态。

2）将PLC置于运行（RUN）状态，按下起动按钮，观察接触器KM及指示灯状态和计算机显示程序中各触点和线圈的状态。

3）断开PLC的电源5s后，再通电（PLC在运行状态），观察接触器KM及指示灯状态以及计算机显示程序中各触点和线圈的状态。

五、评分标准

评分标准见表3-7。

实训项目四　双速电动机控制电路的改造

一、实训目的和要求

1）能够实现电动机主电路和PLC控制电路的接线。
2）能够根据双速电动机控制电路工作原理实现对PLC软件的编程。
3）能够实现电动机PLC控制系统的在线调试。

二、实训设备

计算机、FX2N-64MR PLC主机、按钮、接触器、电动机、热继电器、连接导线等。

三、基础知识准备

双速电动机控制电路原理图如图1-42所示。

四、项目实施及指导

1. 硬件设计

（1）I/O点的分配　根据被控对象对PLC系统的功能要求和需要进行I/O点的分配，见表3-27。

表3-27　I/O点的分配

输入量（IN）			输出量（OUT）		
元件代号	功能	输入点	元件代号	功能	输入点
SB1	低速按钮	X000	KM1	接触器线圈	Y000
SB2	高速按钮	X001	KM2	接触器线圈	Y001
SB3	停止按钮	X002	KM3	接触器线圈	Y002
FR1	热继电器触点	X003			
FR2	热继电器触点	X004			

（2）I/O接线图 本项目的电动机控制主电路和PLC控制I/O接线图如图3-113所示。

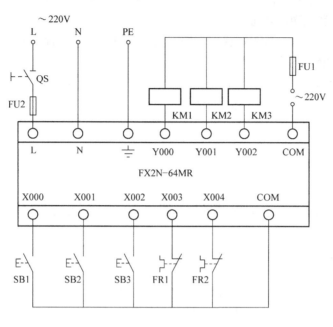

图3-113 接线图

2. 程序设计

1）根据被控对象的工艺条件和控制要求，设计梯形图及指令表，如图3-114所示。

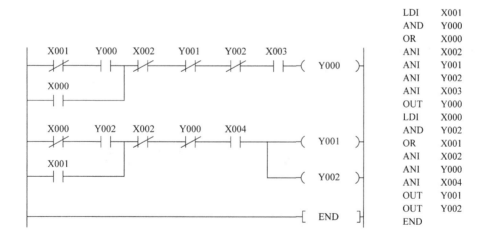

LDI	X001
AND	Y000
OR	X000
ANI	X002
ANI	Y001
ANI	Y002
ANI	X003
OUT	Y000
LDI	X000
AND	Y002
OR	X001
ANI	X002
ANI	Y000
ANI	X004
OUT	Y001
OUT	Y002
END	

图3-114 PLC控制的双速电动机梯形图及指令表

2）编写梯形图程序，参考程序如图3-114所示，进行程序的检查和调试及仿真，确认无误后写入PLC。

3. 运行与调试程序

调试系统：首先按系统接线图连接好系统，然后根据控制要求对系统进行在线调试，直到符合要求。

1）PLC 通电，但置于非运行（RUN）状态，观察 PLC 面板上的 LED 指示灯和计算机显示程序中各触点和线圈的状态。

2）将 PLC 置于运行（RUN）状态，按下起动按钮，观察接触器 KM 及指示灯状态和计算机显示程序中各触点和线圈的状态。

3）断开 PLC 的电源 5s 后，再通电（PLC 在运行状态），观察接触器 KM 及指示灯状态以及计算机显示程序中各触点和线圈的状态。

五、评分标准

评分标准见表 3-25。

实训项目五　气压式冲孔加工机的电气控制系统设计

一、实训目的和要求

1）能够实现气压式冲孔加工机 PLC 控制电路的接线。

2）能够根据气压式冲孔加工机的控制要求实现 PLC 软件的编程。

3）能够实现气压式冲孔加工机 PLC 控制系统的在线调试。

二、实训设备

计算机、FX2N-64MR PLC 主机、按钮、接触器、电动机、热继电器、连接导线等。

三、控制任务及要求

气压式控制系统示意图如图 3-115 所示，控制说明如下：

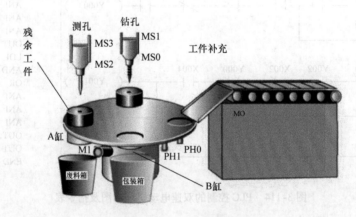

图 3-115　气压式控制系统示意图

1）工件的补充、冲孔、测试及搬运可同时进行。

2）工件的补充由传送带（电动机 M0 驱动）送入。

3）工件的搬运分合格品和不合格品两种，由测孔部分判断。若测孔机在设定时间内能测孔到底（MS2 ON），则为合格品，否则为不合格品。

4）在测孔完毕后，不合格品由 A 缸抽离隔离板，让不合格品自动掉入废料箱；若为合格品，则在工件到达搬运点后，由 B 缸抽离隔离板，让合格品自动掉入包装箱。

四、项目实施及指导

1. 元件分配及接线图

元件分配及端子接线如图 3-116 所示。

2. 程序设计

1）绘制状态转移图。系统由 5 个流程组成：复位流程，清除残余工件；工件补充流程，根据有无工件控制传送带的起停；冲孔流程，根据冲孔位置有无工件控制冲孔机是否实施冲孔加工；测孔流程，检测孔加工是否合格，由此判断工件的处理方式；搬运流程，将合格工件送入包装箱。

因为只有一个放在工件补充位置的 PH0 来侦测工件的有无，而另外的钻孔、测孔及搬运位置并没有其他传感装置，那么如何得知相应位置有无工件

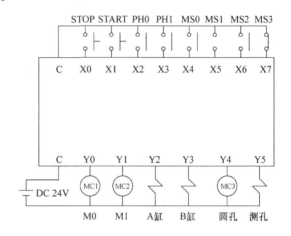

图 3-116　元件分配及端子接线

呢？本项目所使用的方式是为工件补充、钻孔、测孔及搬运设置 4 个标志，即 M10～M13。当 PH0 侦测到传送带送来的工件时，则设定 M10 为 1，当转盘转动后，用左移指令将 M10～M13 左移一个位元，即 M11 为 1，钻孔机因此标志为 1 而动作。其他依此类推，测孔机依标志 M12 动作、包装搬运依 M13 动作。其状态流程图如图 3-117a 所示。

2）将状态流程图转换为梯形图。图 3-117b 所示仅为初始复位流程，同学可在课下把后续 4 个流程补齐，然后进行程序的检查和调试及仿真，确认无误后写入 PLC。

3. 运行与调试程序

调试系统：首先按系统接线图连接好系统，然后根据控制要求对系统进行在线调试，直到符合要求。

1）PLC 通电，但置于非运行（RUN）状态，观察 PLC 面板上的 LED 指示灯和计算机显示程序中各触点和线圈的状态。

2）将 PLC 置于运行（RUN）状态，按下起动按钮，观察接触器 KM 及指示灯状态和计算机显示程序中各触点和线圈的状态。

3）断开 PLC 的电源 5s 后，再通电（PLC 在运行状态），观察接触器 KM 及指示灯状态以及计算机显示程序中各触点和线圈的状态。

五、评分标准

评分标准见表 3-25。

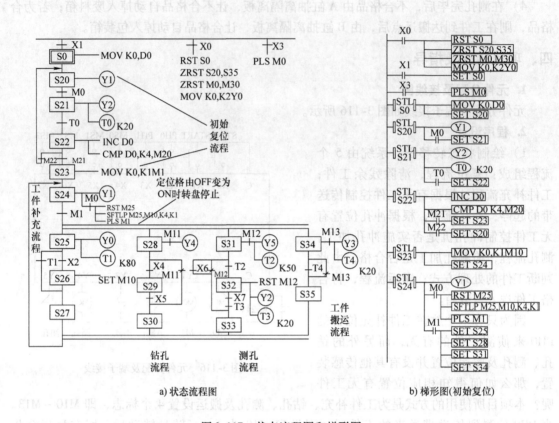

a) 状态流程图

b) 梯形图(初始复位)

图 3-117　状态流程图和梯形图

实训项目六　CA6140 型卧式车床电气控制电路的改造

一、实训目标

1）了解 PLC 在机床控制中的应用。

2）学习复杂电气控制电路图并设计梯形图。

3）了解用 PLC 改造机床的方法。

CA6140 型卧式车床电
气控制线路的改造

二、实训设备

计算机、FX2N-64MR PLC 主机、CA6140 型卧式车床模拟配电
盘一块。

三、基础知识准备

1. 改造步骤

1）反复熟悉 CA6140 型卧式车床的运动形式特点、电拖形式和控制要求以及 CA6140 型

卧式车床继电器–接触器控制电气电路原理图。

2）完成 I/O 端口分配及 I/O 电路设计；绘制 PLC 控制该车床的电气原理图。

3）根据电气原理图，完成 PLC 与车床模板的连接配线。

4）设计梯形图，编写控制程序。

5）在个人计算机上编程、调试、修改、脱机运行、存储并传送程序。

6）带负载调试和演示运行。

2. PLC 用于继电器–接触器控制系统改造中对若干技术问题的处理

1）输入回路处理。

①停车按钮用常闭输入，PLC 内部用常开输入，以缩短响应时间。

②将热继电器的触点与相应的停车按钮串联后一同作为停车信号，以减少输入点。系统中的电动机负载较多时，输入点节约潜力很大。

2）输出回路处理。

①负载容量不能超过允许承受能力，否则一会损坏输出器件，二会缩短寿命。

②输出回路加装熔断器。

③输出回路中的重要互锁关系，除软件互锁外，硬件必须同时互锁。

3）在程序设计中要充分考虑 PLC 与继电器–接触器运行方式上的差异，要以满足原系统的控制功能和目标为原则，绝不可生搬硬套原继电控制电路。

4）要根据系统需要，充分发挥 PLC 的软件优势，赋予设备新的功能。

5）延时断开时间继电器的处理。在实际控制中，延时有通电延时也有断电延时，但 PLC 的定时器为通电延时，要实现断电延时，还必须对定时器进行必要的处理。

6）现场调试前模拟调试运行。用 PLC 改造继电器控制，并非两种控制装置的简单替换。由于其原理结构上的差异，仅仅根据对逻辑关系的理解而编制的程序不一定正确，更谈不上是完善的。能否完全取代原系统的功能，必须由实验验证。因此，现场调试前的模拟调试运行是不可缺少的环节。

7）改造后试运转期间的跟踪监测、程序优化和资料整理。仅仅通过调试、试车还不足以解决所有的问题，因此设备投入运行后，负责改造的技术人员应跟班作业，对设备运行跟踪监测，一方面可及时处理突发事件，另一方面可发现程序设计中的不足，对程序进行修改、完善和优化，提高系统的可靠性。

四、项目实施

1. 硬件设计

根据以上原理分析的动作关系，确定本系统需要输入设备 7 台，输出设备 5 台。

1）I/O 分配表。

PLC 的输入设备包括：按钮 SB1、SB2、SB3；旋钮开关 SB4；照明开关 SA；热继电器触点 FR1、FR2；位置开关 SQ1、SQ2；钥匙开关 SB。PLC 的输出设备包括：交流接触器线圈 KM；中间继电器线圈 KA1、KA2；电源指示灯 HL 和照明灯 EL；断路器线圈 QF。根据电气控制电路确定 I/O 分配，见表 3-28。

表 3-28 I/O 分配

输入元件	输入点	输出元件	输出点
SB1	X0	EL	Y3
SB2	X1	HL	Y7
SB3	X2	KM	Y10
SA	X3	KA1	Y11
SB4	X4	KA2	Y12
FR1/FR2	X5	QF	Y13
SQ1	X6		
SB/SQ2	X7		

2）分析 CA6140 型卧式车床电气控制电路的工作原理，确定 PLC 的输入设备和输出设备，画出 PLC 的输入、输出接线图，如图 3-118 所示。

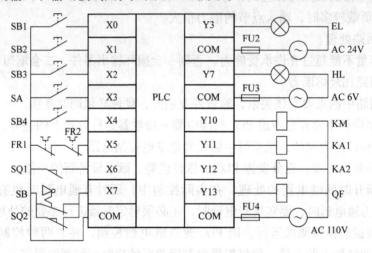

图 3-118 PLC 输入、输出接线图

2. 程序设计

根据 CA6140 型卧式车床电气控制电路的工作原理，画出梯形图。PLC 的梯形图如图 3-119 所示。

3. 输入程序，调试运行

PLC 调试和运行的步骤如下：

（1）程序输入 检查程序是否有重复输出，各参数值是否超出范围及有无基本语法错误，若无错误，将程序存入 PLC 的存储器中。

（2）模拟运行 模拟系统的实际输入信号，并在程序运行中的适当时刻通过扳动开关、接通或断开输入信号，来模拟各种机械动作，使检测元件状态发生变化，同时通过 PLC 输出端状态指示灯的变化观察程序执行情况，并与执行元件应完成的动作相对照，判断程序的正确性。

（3）实物调试 采用现场的主令元件、检测元件及执行元件组成模拟控制系统，检验检测元件的可靠

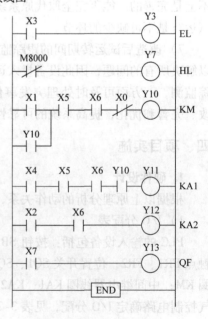

图 3-119 PLC 的梯形图

性及 PLC 的实际负载能力。

（4）现场调试 在现场安装 PLC 控制装置后，对一些参数（检测元件的位置、定时器的设定值等）进行现场整定和调试。

（5）投入运行 对系统的所有安全措施（接地、保护和互锁等）进行检查后，即可投入系统试运行。试运行一切正常后，再把程序固化到 EEPROM 中。

五、实训考核

考核项目、内容、要求及评分标准见表3-25。

本 章 小 结

拓展阅读

本章主要讲述了可编程序控制器的一般结构、工作原理；三菱 FX 系列 PLC 的系统配置和编程元件；基本指令及应用；步进指令及功能指令的应用。在技能训练方面，本章提供了6个实训项目，供初学者尽快掌握 PLC 的应用方法，提高 PLC 的初步设计能力。

本章是 PLC 学习的入门，学习本章一定要掌握 PLC 的软件和硬件及工作原理，熟练掌握常用指令，反复阅读基本电路的程序，掌握基本的编程步骤和方法。既要与前面学习过的继电器－接触器控制系统联系起来，又要同原先的控制方式相区别。通过大量实训练习，以培养学习的兴趣。

学习本章一定要结合实践，多阅读、多做练习，才可以为后续深入应用 PLC 打下坚实的基础。

思考与练习题

1. PLC 有哪些特点？

2. 为了提高 PLC 的抗干扰能力，在 PLC 的硬件上采取了哪些措施？

3. 说明 PLC 与继电器控制的差异。

4. 构成 PLC 的主要部件有哪些？各部分主要作用是什么？

5. PLC 有哪几种输出方式？各种输出方式有什么特点？

6. PLC 的一个工作扫描周期主要包括哪几个阶段？

7. 说明 PLC 输入输出的处理规则。

8. FX2 系列 PLC 的扩展单元与扩展模块有何异同？

9. FX2 系列 PLC 有哪些内部编程元件？

10. 非积算定时器与积算定时器有何异同？

11. 说出 PLC 的编程步骤。

12. 说出 PLC 的编程规则。

13. 画出下面指令语句表所对应的梯形图。

0	LD	X0
1	AND	X1
2	LD	X2
3	ANI	X3
4	ORB	
5	LD	X4

6	AND	X5
7	LD	X6
8	ANI	X7
9	ORB	
10	ANB	
11	LD	M0
12	AND	M1
13	ORB	
14	AND	M2
15	OUT	Y0
16	END	

14. 设计一个声光报警器，并上机调试、运行程序。控制要求为：当输入条件接通时，蜂鸣器鸣叫，报警灯连续闪烁20次（每次点亮1s，熄灭1s），此后，停止报警。

15. 编写用定时器和计数器配合完成365天计时任务的PLC控制程序，并上机调试、运行。

16. 某电动葫芦起升机构的动负荷实验的控制要求为：自动运行时，上升8s，停7s；再下降8s，停7s，反复运行1h，然后发出声光报警信号，并停止运行。试设计控制程序。

17. 某地下通风系统有3台通风机，要求在以下几种运行状态下应显示不同的信号：2台及2台以上通风机运转时，绿指示灯亮；只有1台通风机运转时，黄指示灯闪烁；3台通风机都停转时，红指示灯亮。

18. 某加工自动线有一个钻孔动力头拟用PLC控制，其工作过程如图3-120所示，控制要求如下：

1）动力头在原位，按起动按钮，这是接通电磁阀YV1，动力头快进。

2）动力头碰到行程开关SQ1，接通电磁阀YV1和YV2，动力头工进。

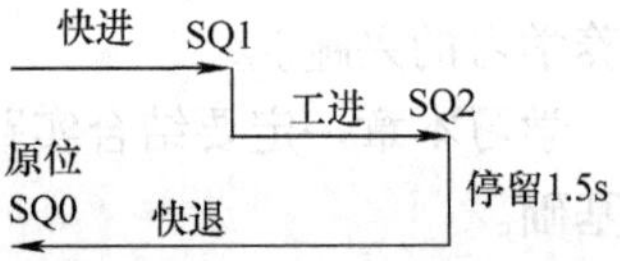

图 3-120　钻孔动力头工作循环图

3）动力头碰到行程开关SQ2，YV1和YV2断电，并开始延时。

4）停留1.5s后接通电磁阀YV3，动力头快退。

5）动力头回到原位，碰到行程开关SQ0时自动停止，且停止指示灯亮。

设计要求：

1）I/O分配。

2）画出输入输出设备与PLC的接线图。

3）设计出梯形图程序并加以调试。

19. 一个展厅中只能容纳10人，在展厅进口装设一传感器检测进入展厅的人数，在展厅的出口装设一传感器检测离开展厅的人数，用算术运算指令设计一段程序，当展厅中的总人数多于10人时就报警。

20. 利用算术运算指令完成下式的计算：

$$\frac{(1234 + 4321) \times 123 - 4565}{1234}$$

第四章

机床主轴的变频调速

【知识目标】

1. 变频器的额定参数。
2. 变频器的基本组成和结构。
3. 变频器变频调速的控制原理。

【能力目标】

1. 认识变频器。
2. 掌握变频器面板的拆装。
3. 掌握变频器的基本操作。

随着交流电动机调速控制理论、电力电子及数字化控制技术的发展，交流变频调速技术已经成熟。在各种异步电动机调速控制系统中，目前效率最高、性能最好的系统是变压变频调速控制系统。异步电动机的变压变频调速控制系统一般简称为变频器。由于通用变频器使用方便、可靠性高，所以它成为了现代自动控制系统的主要组成元件之一。

第一节　变频调速的基本工作原理

一、交流异步电动机变频调速原理

交流异步电动机转速公式如下

$$n = \frac{60f_1}{p}(1-s) \tag{4-1}$$

式中　f_1——定子频率，单位为 Hz；

　　　p——磁极对数；

　　　s——转差率；

　　　n——电动机转速，单位为 r/min。

由式（4-1）可知，当磁极对数 p 不变时，同步转速和电源频率 f_1 成正比。连续地改变供电电源的频率，就可以平滑地调节电动机的速度，这种调速方法称为变频调速。

二、异步电动机变频调速的控制方式

由《电机学》可知，定子绕组的反电动势是定子绕组切割旋转磁场磁力线的结果，本质上是定子绕组的自感电动势。其三相异步电动机定子每相电动势的有效值为

$$E_1 = 4.44 k_{r1} f_1 N_1 \Phi_M \qquad (4-2)$$

式中　E_1——气隙磁通在定子每相绕组中感应电动势的有效值，单位为 V；

　　　f_1——定子频率，单位为 Hz；

　　　N_1——定子每相绕组串联匝数；

　　　k_{r1}——与绕组结构有关的常数；

　　　Φ_M——每极气隙磁通量，单位为 Wb。

由式（4-2）可知，如果定子每相电动势的有效值 E_1 不变，当改变定子频率时就会出现下面两种情况：

如果 f_1 大于电动机的额定频率 f_{1N}，那么气隙磁通量 Φ_M 就小于额定气隙磁通量 Φ_{MN}。其结果是：尽管电动机的铁心没有得到充分利用，是一种浪费，但是在机械条件允许的情况下，长期使用也不会损坏电动机。

如果 f_1 小于电动机的额定频率 f_{1N}，那么气隙磁通量 Φ_M 就大于额定气隙磁通量 Φ_M。其结果是：电动机的铁心过饱和，从而导致励磁电流过大，严重时会因绕组过热而损坏电动机。

要实现变频调速，在不损坏电动机的条件下，充分利用电动机铁心，发挥电动机转矩的能力，最好在变频时保持每极磁通量 Φ_M 为额定值不变。

（1）基频以下调速　由式（4-2）可知，要保持 Φ_M 不变，当频率 f_1 从额定值 f_{1N} 向下调节时，必须同时降低 E_1，使 $E_1/f_1 =$ 常数，即采用电动势与频率之比恒定的控制方式。然而绕组中的感应电动势是难于直接控制的，当电动势的值较高时，可以忽略定子绕组的漏磁阻抗压降，而认为定子相电压 $U_1 \approx E_1$，则得 $U_1/f_1 =$ 常数，这就是恒压频比的控制方式。在恒压频比条件下改变频率时，机械特性基本上是平行下移的，如图 4-1 所示。由于基频以下调速时磁通恒定，所以转矩恒定。因此，在基频以下调速属于恒转矩调速，其机械特性如图 4-1 所示。

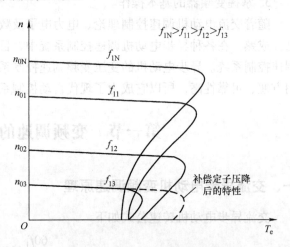

图 4-1　基频以下调速时的机械特性

（2）基频以上调速　在基频以上调速时，频率 f_1 可以从 f_{1N} 往上增高，但电压 U_1 却不能超过额定电压 U_{1N}，最多只能保持 $U_1 = U_{1N}$。由此可知，这将迫使磁通随频率升高而降低，相当于直流电动机弱磁升速的情况。

在基频 f_{1N} 以上变频调速时，由于电压 $U_1 = U_{1N}$，不难证明当频率提高时，同步转速随

之提高，最大转矩减小，机械特性上移，如图 4-2 所示。由于频率提高而电压不变，气隙磁动势必然减弱，导致转矩减小。由于转速升高，可以认为输出功率基本不变。所以，基频以上变频调速属于弱磁恒功率调速。

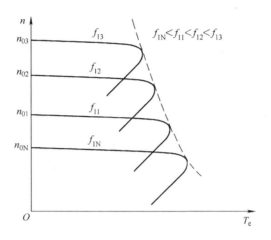

图 4-2 基频以上调速时的机械特性

把基频以上调速和基频以下调速两种情况结合起来，可得到图 4-3 所示的异步电动机变频调速控制特性。

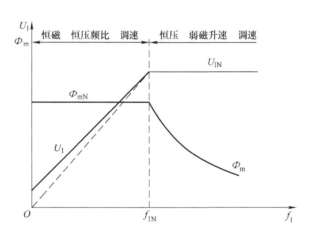

图 4-3 异步电动机变频调速控制特性

第二节 通用变频器的基本组成

一、变频器的分类

变频器从结构上可分为直接变频器和间接变频器。直接变频器将工频交流电一次变换为电压、频率可控的交流电，没有中间直流环节，也称为交－交变频器。交－交变频器连续可调的频率范围较窄，主要用于大容量、低速场合。

间接变频器也称为交－直－交变频器，交－直－交变频器又分为电流源型和电压源型。电流源型变频器的中间直流环节采用大电感滤波，输出交流电流是矩形，如图 4-4a 所示；电压源型变频器的中间直流环节采用大电容滤波，直流电压波形比较平直，输出交流电压是矩形波，如图 4-4b 所示。

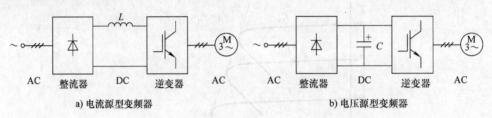

图 4-4　电流源型变频器和电压源型变频器

二、变频器基本结构

目前通用变频器的变化环节大多采用交－直－交变频变压方式。交－直－交变频器先把工频交流电通过整流器变成直流电，然后再把直流电逆变成频率和电压连续可调的交流电。通用变频器的基本结构如图 4-5 所示，由主电路、控制电路、输入输出接线端子和操作面板组成。

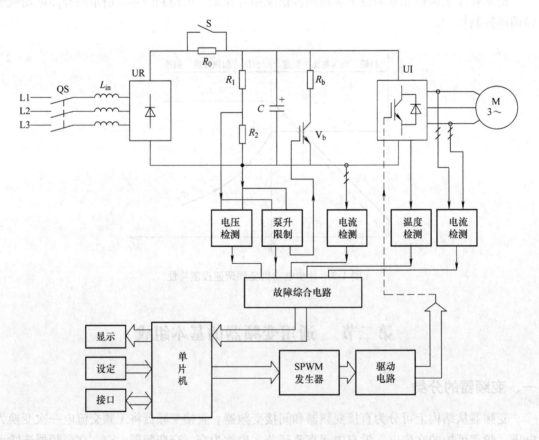

图 4-5　通用变频器的基本结构

1. 变频器的主电路

通用变频器的主电路由整流电路、直流中间电路和逆变电路等构成，如图4-6所示。

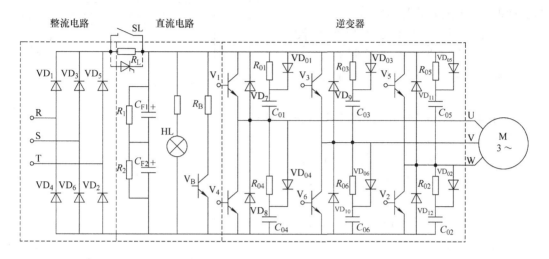

图4-6　变频器的主电路

（1）整流电路　整流电路由 $VD_1 \sim VD_6$ 组成三相不可控整流桥，它们将电源的三相交流全波整流成直流。整流电路因变频器输出功率大小不同而异，小功率的输出，输入电源多用单相220V，整流电路为单相全波整流桥；功率较大的输出，一般用三相380V电源，整流电路为三相桥式全波整流电路。

（2）滤波储能电容器 C_F　整流电路输出的整流电压是脉动的直流电压，必须加以滤波。电容器 C_F 除了滤除整流后的电压纹波外，还在整流电路与逆变器之间起去耦作用，以消除相互干扰，这就给作为感性负载的电动机提供了必要的无功功率。因而，中间直流电路电容器的电容量必须较大，以起到储能作用，所以中间直流电路的电容器又称为储能电容器。

（3）制动电阻和制动单元

1）制动电阻 R_B：在工作频率下降的过程中，异步电动机的转子转速将超过此时的同步转速，处于再生制动状态，拖动系统的动能要反馈到直流电路中，使电容器上的直流电压不断上升，甚至可能达到危险的状态。因此，必须将再生到直流电路中的能量消耗掉，使电容器上的直流电压保持在允许范围内，制动电阻 R_B 就是用来消耗这部分能量的。

2）制动单元 V_B：制动单元 V_B 由大功率晶体管GTR及其驱动电路构成，其功能是控制流经 R_B 的放电电流 I_B。

（4）逆变器　逆变管 $V_1 \sim V_6$ 组成逆变器，把 $VD_1 \sim VD_6$ 整流后的直流电再逆变成频率、幅值都可调的交流电。这是变频器实现变频的执行环节，是变频器的核心部分。当前常用的逆变管有绝缘栅双极晶体管（IGBT）、大功率晶体管（GTR）、门极关断晶闸管（GTO）以及功率场效应晶体管（MOSFET）等。

2. 变频器的控制电路

变频器的控制电路为主电路提供控制信号，主要任务是完成对逆变器开关器件的开关控制和提供多种保护功能。其控制方式有模拟控制和数字控制两种。

通用变频器的控制电路框图如图4-7所示，主要由主控板、键盘与显示板、电源板与驱动板、外接控制电路等构成。

（1）主控板 主控板是变频器运行的控制中心，其核心器件是微控制器（单片机）或数字信号处理器（DSP），其主要功能如下：

1）接收从键盘与外部控制电路输入的各种信号。

2）对接收的各种信号进行判断和综合运算，产生相应的调制指令，并分配给各逆变管的驱动电路。

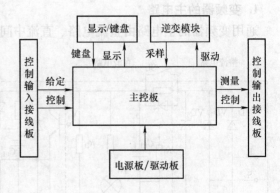

图4-7 通用变频器的控制电路框图

3）接收内部的采样信号，如电压与电流的采样信号、各部分温度的采样信号及各逆变管工作状态的采样信号等。

4）发出保护指令。变频器必须根据各种采样信号随时判断其工作是否正常，一旦发现异常工况，必须发出保护指令进行保护。

5）向外电路发出控制信号及显示信号，如正常运行信号、频率到达信号和故障信号等。

（2）键盘与显示板 键盘与显示板总是组合在一起。键盘向主控板发出各种信号或指令，主要向变频器发出运行控制指令或修改运行数据等。显示板对主控板提供的各种数据进行显示，大部分变频器配置了液晶或数码管显示屏，还有 RUN（运行）、STOP（停止）、FWD（正转）、REV（反转）、FLT（故障）等状态指示灯和单位指示灯，如 Hz、A、V 等，可以完成以下指示功能。

1）在运行监视模式下，显示各种运行数据，如频率、电压、电流等。

2）在参数模式下，显示功能码和数据码。

3）在故障状态下，显示故障原因代码。

（3）电源板与驱动板 变频器的内部电源普遍采用开关稳压电源，电源板主要提供以下直流电源。

1）主控板电源：具有极好的稳定性和抗干扰能力的一组直流电源。

2）驱动电源：逆变电路中上桥臂的三只逆变管驱动电路的电源是相互隔离的三组独立电源，下桥臂的三只逆变管驱动电路的电源则可共"地"，但驱动电源与主控板电源必须可靠绝缘。

3）外控电源：为变频器外电路提供稳恒直流电源。

中小功率变频器的驱动电路往往与电源电路在同一块电路板上，驱动电路接收主控板发来的 SPWM 调制信号，在进行光电隔离、放大后驱动逆变管的开关工作。

（4）外接控制电路 可实现由电位器、主令电器、继电器及其他自控设备对变频器的运行控制，并输出其运行状态、故障报警、运行数据信号等，一般包括外部给定电路、外接输入控制电路、外接输出电路、报警输出电路等。

大多数中小容量通用变频器外接控制电路往往与主控电路设计在同一电路板上，以减小体积，降低成本，提高电路可靠性。

第三节　变频器的脉宽调制原理

变频器将恒压频（constant voltage constant frequency，CVCF）的交流电转换为变压变频（variable voltage variable frequency，VVVF）的交流电，以满足交流电动机变频调速的需要。脉宽调制（PWM）变频的设计思想源于通信系统中的载波调制技术，目前PWM已成为现代变频器的主导设计思想。

一、变频器输出的正弦等效脉宽波

通用变频器输出的波形并非是标准正弦波，而是一系列幅值相等而宽度不等的矩形波脉冲，变频器输出的三相电压波形如图4-8所示。逆变器输出的三相波形完全一样，不同的是它们在相位上互差120°。

变频器正是用这些等幅等距不等宽的脉冲序列来等效正弦波，这种等效的原则是每一区间的面积相等。如果把一个正弦半波分作 n 等份，然后把每一等份的正弦曲线与横轴所包围的面积都用一个与此面积相等的矩形脉冲来代替，矩形脉冲的幅值不变，各脉冲的中点与正弦波每一等份的中点相重合，这样，由 n 个等幅不等宽的矩形脉冲所组成的波形就与正弦波的半周等效。

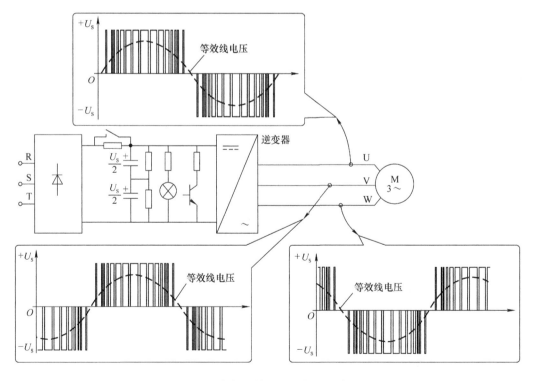

图4-8　变频器输出的三相电压波形

二、脉宽调制过程

将输出波形做调制信号，采用等腰三角波或锯齿波作为载波信号，进行调制得到期望脉宽波的过程称为 PWM 调制。用幅值、频率均可调的正弦波做调制信号，用等腰三角波或锯齿波作为载波信号，利用载波和正弦调制波相互比较的方式来确定脉宽和间隔，就可以产生与正弦波等效的脉宽调制波。一般将调制信号为正弦波的脉宽调制称为正弦波脉宽调制，简称 SPWM。

为使分析简单，我们将以单相逆变器为例来分析电路的工作原理。

图 4-9 所示为一单相 IGBT-PWM（电压型）交流变压变频电路的原理图（图中二极管整流器部分未画出），主电路 $V_1 \sim V_4$ 为 IGBT 开关管，$VD_1 \sim VD_4$ 为续流二极管，ZL 为负载，$R_{G1} \sim R_{G4}$ 为 IGBT 栅极限流电阻，C 为大容量电容器。图 4-9 中 4 个 IGBT 开关管以 V_1 与 V_4 为一组、V_2 与 V_3 为另一组，进行调制工作时，正弦调制波电压 u_R 与载波三角波电压 u_C 相比较，控制 $V_1 \sim V_4$ 通断，从而控制感性负载两端电压 u_o 的变化，实现了 PWM 调制。若使两组开关管依次轮流通断，则在负载上通过的是正反向交替的交流电流，从而实现将直流电变换成交流电的要求。

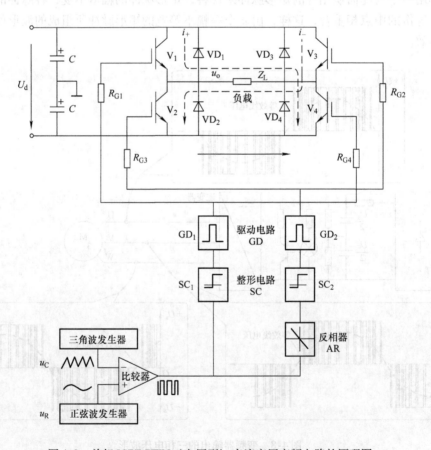

图 4-9 单相 IGBT-PWM（电压型）交流变压变频电路的原理图

1. 采用单极性脉宽调制

单极性脉宽调制的特征：参考信号和载波信号都是单极性的信号，逆变器输出的基波电压大小和频率均由参考电压来控制。当改变参考电压幅值时脉宽随之改变，从而改变输出电压的大小；当改变参考电压频率时，输出电压频率随之改变。如图 4-10 所示，任一时刻载波与调制波的极性相同，在任意半个周期内 PWM 波单方向变化。

在 u_R 的正半周，V_1 保持通，V_2 保持断：

当 $u_R > u_C$ 时，V_4 通，V_3 断，$u_o = U_d$；

当 $u_R < u_C$ 时，V_3 通，V_4 断，$u_o = 0$。

在 u_R 的负半周，V_1 保持断，V_2 保持通：

当 $u_R < u_C$ 时，V_3 通，V_4 断，$u_o = -U_d$；

当 $u_R > u_C$ 时，V_3 断，V_4 通，$u_o = 0$。

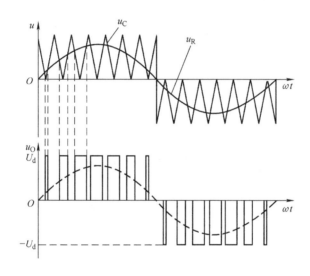

图 4-10　单极性正弦波 PWM

每半个周期内，逆变桥同一桥臂的两个逆变器中，只有一个器件按脉冲系列的规律时通时断地工作，另一个完全截止；而在另半个周期内，两个器件的工作情况正好相反。流经负载 Z_L 的便是正负交替的交变电流。

2. 采用双极性 PWM 控制方式

双极性调制和单极性调制原理相同，输出基波大小和频率也是通过改变正弦参考信号幅值和频率而改变的，如图 4-11 所示。

当 $u_R > u_C$ 时，V_1、V_4 通，V_2、V_3 断，$u_o = U_d$；

当 $u_R < u_C$ 时，V_2、V_3 通，V_1、V_4 断，$u_o = -U_d$。

在双极性 PWM 调制过程中，载频信号和调制信号的极性交替地不断改变，让同一桥臂上、下两个开关交替导通。由于是双极性调制，所以不像单极性调制那样，不必加倒向控制信号。

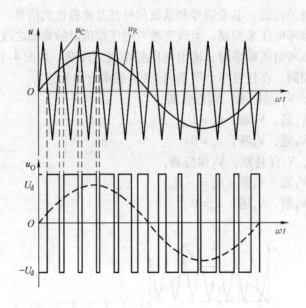

图 4-11 双极性正弦波 PWM

第四节 变频器的基本参数

了解变频器的基本参数对于参数的设定是非常重要的，可将变频器的参数设置看成是一种特殊方式的编程。

本节选取三菱 FR-A500 变频器的参数进行讲解。

一、变频器的操作方式

变频器初始上电时处于待机状态，此时其输出端子 U、V、W 没有电源输出，电动机处于停机状态，必须起动变频器才能使其输出预期频率的交流电源。变频器的起动方式和频率给定方式有以下几种，选择哪种方式应根据生产过程的控制要求和生产作业的现场条件等因素来确定。

变频器面板端子介绍

（1）操作面板控制方式 各种通用变频器一般都配有操作面板，上面有按键和显示器，可以设定变频器的运行频率、监视操作命令、设定各种符合运行要求的参数和显示故障报警信息等，同时也可以利用其按键进行变频器的起停控制。

（2）外接端子控制方式 通用型变频器均具有专门用于起停控制的外部端子，一般由外部的命令按钮或 PLC 的输出端子控制，适于构成自动控制系统，使用得较多。

（3）通信控制方式 目前的变频器一般具有通信功能，通过 RS-485 等通信电路实现 PC 机与变频器之间、变频器之间、以及变频器与 PLC 之间的数据交换，可以实现变频器的起停控制及参数设定等，具有传输数据量大、节省导线等优点，在大型自动控制系统中应用较多。

二、变频器的基本参数

1. 基本功能参数

基本功能参数见表4-1。

表4-1 基本功能参数

参数	显示	名 称	设定范围	最小设定单位	出厂时设定
0	P0	转矩提升	0~15%	0.1%	6%/5%/4%
1	P1	上限频率	0~120Hz	0.1Hz	50Hz
2	P2	下限频率	0~120Hz	0.1Hz	0Hz
3	P3	基波频率	0~120Hz	0.1Hz	50Hz
4*	P4	3速设定（高速）	0~120Hz	0.1Hz	50Hz
5*	P5	3速设定（中速）	0~120Hz	0.1Hz	30Hz
6*	P6	3速设定（低速）	0~120Hz	0.1Hz	10Hz
7	P7	加速时间	0~999s	0.1s	5s
8	P8	减速时间	0~999s	0.1s	5s
9	P9	电子过电流保护	0~50A	0.1A	额定输出电流
10	P10	直流制动动作频率	0~120Hz	0.1Hz	3Hz
11	P11	直流制动动作时间	0~10s	0.1s	0.5s
12	P12	直流制动电压	0~15%	0.1%	6%
13	P13	起动频率	0~60Hz	0.1Hz	0.5Hz
14	P14	适用负载选择	0：恒转矩负载用 1：低减转矩负载用 2：升降负载用 3：升降负载用	1	0
15	P15	点动运行频率	0~120Hz	0.1Hz	5Hz
16	P16	点动加、减速时间	0~999s	0.1s	0.5s
17	P17	RUN键旋转方向选择	0：正转，1：反转	1	0
19	P19	基波频率电压	0~500V，888，— （400V级为0~800V，888，—）	1V	—
20	P20	加、减速基准频率	1~120Hz	0.1Hz	50Hz
30	P30	扩张功能显示选择	0，1	1	0
79	P79	运行模式选择	0~4，7，8	1	0

2. 基本功能参数的意义

（1）转矩提升（Pr.0）　此参数主要用于设定电动机起动时的转矩大小，通过设定此参数，补偿电动机绕组上的电压降，改善电动机低速时的转矩性能。假定基波频率电压为100%，用百分数设定0时的电压值，如图4-12所示。

（2）上限频率（Pr.1）和下限频率（Pr.2）　这是设定电动机运转上限频率和下限频率的两个参数，如图4-13所示。

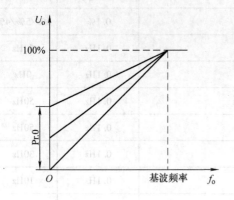

图4-12　Pr.0参数的意义

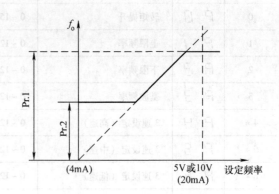

图4-13　Pr.1、Pr.2参数的意义

（3）基波频率（Pr.3）　此参数主要用于调整变频器输出到电动机的额定值，当用标准电动机时，通常设定为电动机的额定频率；当需要电动机运行在工频电源与变频器切换时，设定为与电源频率相同。

（4）多段速度（Pr.4、Pr.5、Pr.6）　用此参数预先设定多段运行速度，经过输入端子进行切换。

（5）加、减速时间（Pr.7、Pr.8）及加、减速基准频率（Pr.20）　Pr.7、Pr.8用于设定电动机加、减速时间，Pr.7的值设得越大，加速越快；Pr.8的值设得越大，减速越慢，如图4-14所示。

（6）电子过电流保护（Pr.9）　通过设定电子过电流保护的电流值，可防止电动机过热，以得到最优的保护性能。

1）当变频器带动两台或三台电动机时，此参数的值应设为"0"，即不起保护作用，每台电动机外接热继电器来进行保护。

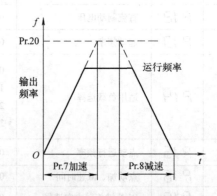

图4-14　Pr.7、Pr.8参数的意义

2）特殊电动机不能用过电流保护和外接热继电器保护。

3）当控制一台电动机运行时，此参数的值应设为 $1\sim1.2$ 倍的电动机额定电流。

（7）点动运行频率（Pr.15）和点动加、减速时间（Pr.16）　Pr.15参数设定点动状态下的运行频率。

（8）运行模式选择（Pr.79）　这是一个重要的参数，用于确定变频器在什么模式下运行，具体工作模式见表4-2。

表 4-2　Pr. 79 设定值及其相对应的工作模式

Pr. 79 设定值	功　　能			LED 显示 *		
					RUN	PU	EXT
				RUN	PU	EXT
0	电源投入时为外部运行模式。可用操作面板（PU/EXT键）、参数单元（PU/EXT键），切换 PU 运行模式和外部运行模式。各模式的内容请参照设定值 1、2 栏			熄灭：无起动指令的停止　正转：点亮　反转：缓慢闪烁　有起动指令无频率设定 快速闪烁		参照设定值 "1" "2"	
1	运行模式	运行频率	起动信号		点亮（熄灭）	熄灭
	PU 运行模式	用操作面板进行设定或用 FR-PU04	RUN键			
2	外部运行模式	外部信号输入（端子 2（4）~5 之间，多段速选择）点动	外部信号输入（端子 STF, STR）		熄灭	点亮
3	外部/PU 组合运行模式 1	用操作面板的设定用旋钮，参数单元的键进行数字设定或外部信号输入［多段速设定，端子 4~5 之间（AU 信号 ON 时有效）］	外部信号输入（端子 STF, STR）		点亮	点亮
4	外部/PU 组合运行模式 2	外部信号输入（端子 2（4）~5 之间，多段速选择，点动）	RUN键		点亮	点亮
5	外部运行模式（PU 运行互锁）MRS 信号 ON——可切换到 PU 运行模式　　　　　　　（正在外部运行时输出停止）MRS 信号 OFF——禁止切换到 PU 运行模式				参照设定值 "1" "2"	
6	用外部信号切换运行模式（运行时禁止）X16 信号 ON——切换到外部运行模式 X16 信号 OFF——切换到 PU 运行模式					

（9）直流制动相关参数（Pr. 10、Pr. 11、Pr. 12）　Pr. 10 是直流制动动作频率参数，Pr. 11 是直流制动动作时间（作用时间）参数，Pr. 12 是直流制动电压（转矩）参数，通过这 3 个参数的设定，提高停止的准确度，使之符合负载的运行要求，如图 4-15 所示。

（10）起动频率（Pr. 13）　Pr. 13 参数设定在电动机开始起动时的频率，如果频率（运行频率）设定值较此值小，电动机不运转；若 Pr. 13 的值低于 Pr. 2 的值，即使没有运行频率（即为 "0"），起动后电动机也将运行在 Pr. 2 的设定值，如图 4-16 所示。

（11）适用负载选择参数（Pr. 14）　用此参数可以选择与负载特性最适宜的输出特性（U/f 特性），如图 4-17 所示。

（12）参数写入禁止选择（Pr. 77）和逆转防止选择（Pr. 78）　Pr. 77 用于参数写入禁止或允许，主要用于参数被意外改写；Pr. 78 用于泵类设备，防止反转，具体设定值见表 4-3。

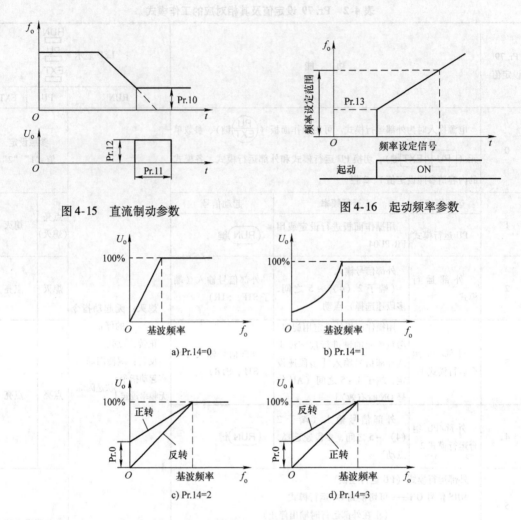

图 4-15　直流制动参数　　　　　　　　图 4-16　起动频率参数

a) Pr.14=0

b) Pr.14=1

c) Pr.14=2

d) Pr.14=3

图 4-17　Pr.14 参数的意义

表 4-3　参数 Pr.77、Pr.78 的设定值

参数	显示	名称	设定范围	最小设定单位	出厂时设定
77 *	P77	参数写入禁止选择	0：仅在停止中可以写入 1：不可写入（一部除外） 2：运行中可以写入	1	0
78	P78	反转防止选择	0：正转反转均可 1：反转不可 2：正转不可	1	0

第五节　通用变频器调速控制系统的选用、安装与调试

一、变频器的选用

变频器的选择包括类型的选择、容量的选择、外围设备的选择三方面。

（1）类型选择　根据控制功能可将变频器分为三类：普通功能型 U/f 控制变频器、具有转矩控制功能的高功能型 U/f 控制变频器和矢量控制高性能型变频器。变频器类型的选择要根据负载要求进行：风机、泵类负载，低速下负载转矩较小（为二次方转矩负载），通常选择普通功能型；恒转矩类负载，例如挤压机、搅拌机、传送带、起重机的平移机构和提升机等，有以下两种情况。

1）采用普通功能型变频器。为了保证低速时的恒转矩调速，常需要采用加大电动机和变频器容量的办法，以提高低速转矩。

2）采用比较理想的具有转矩控制功能的高功能型 U/f 控制变频器，实现恒转矩负载的恒速运行。这种变频器低速转矩大，静态机械特性硬度大，不怕冲击负载，具有挖土机特性，性价比高。

（2）变频器容量选择　变频器容量通常用额定输出电流（A）、输出容量（kV·A）、适用电动机功率（kW）表示。标准 4 极电动机拖动的连续恒定负载变频器容量，可根据适用电动机的功率选择；其他极数电动机拖动的负载、变动负载、短时负载和断续负载，因其额定电流比标准电动机大，不能根据适用电动机的功率选择变频器容量。变频器功率应按运行过程中可能出现的最大工作电流来选择，即

$$I_N \geqslant I_{Mmax} \tag{4-3}$$

式中　I_N——变频器额定电流，单位为 A；

　　　I_{Mmax}——电动机最大工作电流，单位为 A。

无论变频器做什么用途，都不允许其连续输出超过额定值的电流。

（3）变频器外围设备及其选择　在选择了变频器后，下一步的工作就是根据需要选择与变频器配合工作的外围设备。正确选择外围设备可以达到保证变频器驱动系统正常工作，提供对变频器和电动机的保护，减少对其他设备的影响等目的。

外围设备通常指配件，分为常规配件和专用配件，如图 4-18 所示。图中断路器和接触器是常规配件；交流电抗器、滤波器、制动电阻、直流电抗器和输出交流电抗器是专用配件。

1）常规配件的选择。由于变频调速系统中电动机的起动电流可控制在较小范围内，因此电源侧的断路器的额定电流可按变频器的额定电流来选用。接触器的选用方法与断路器相同，使用时应注意：不要用交流接触器进行频繁的起动或停止（变频器输入回路的开闭寿命大约为 10 万次）；不能用电源侧的交流接触器停止变频器。

变频器内部、电动机内部及输入输出引线均存在对地静电电容，且变频器所使用的载波频率较高，因此变频器对地漏电流较大，有时甚至会导致保护电路误动作。若需要使用漏电保护器时，应注意以下两点：一是漏电保护器应设于变频器的输入侧，置于断路器之后；二是漏电保护器的动作电流应大于该电路在工频下不使用变频器时漏电流的 10 倍。

2）专用配件的选择。专用配件的选择应以变频器厂家提供的变频器使用手册中的要求为依据，不可盲目选取。

二、变频器的安装

1. 安装说明（以三菱 FR-A500 系列变频器为例）

1）变频器使用了塑料零件，为了不造成破损，要小心使用，不要在前盖板上使用太大

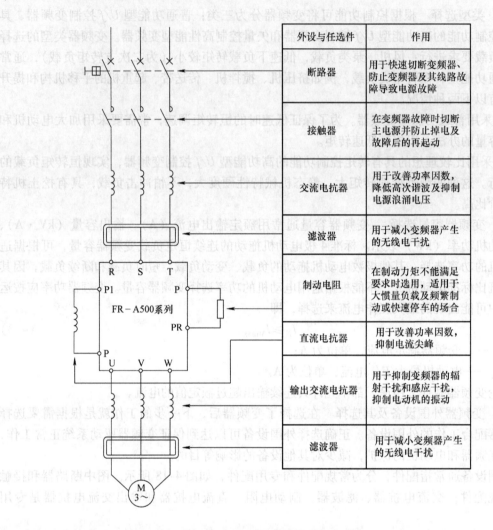

外设与任选件	作用
断路器	用于快速切断变频器、防止变频器及其线路故障导致电源故障
接触器	在变频器故障时切断主电源并防止掉电及故障后的再起动
交流电抗器	用于改善功率因数，降低高次谐波及抑制电源浪涌电压
滤波器	用于减小变频器产生的无线电干扰
制动电阻	在制动力矩不能满足要求时选用，适用于大惯量负载及频繁制动或快速停车的场合
直流电抗器	用于改善功率因数，抑制电流尖峰
输出交流电抗器	用于抑制变频器的辐射干扰和感应干扰，抑制电动机的振动
滤波器	用于减小变频器产生的无线电干扰

图 4-18 变频器的外围设备

的力。

2）变频器应安置在不易受振动的地方，注意台车、压力机等的振动。

3）变频器的安装要注意周围的温度。周围温度对变频器寿命的影响很大，因此其安装场所的周围温度不能超过允许温度（-10~50℃）。

4）变频器要安装在不可燃的表面上。变频器可能达到很高的温度（最高约150℃），为了使热量易于散发，变频器应安装在不可燃的表面上，并在其周围留有足够的空间，以利于散热，如图 4-19 所示。

5）变频器应避免安装在阳光直射、高温和潮湿的场所。

6）变频器应避免安装在油雾、易燃性气体、棉尘及尘埃等较多的场所。将变频器安装在清洁的场所，或安装在可阻挡任何悬浮物质的封闭型屏板内。

7）变频器安装在控制柜内的散热方法。在两台或两台以上变频器与通风扇安装在一个控制柜内时，正确的安装位置如图 4-20 所示，以确保变频器周围温度在允许值内。如安装位置不正确，会使变频器周围温度上升，降低通风效果。

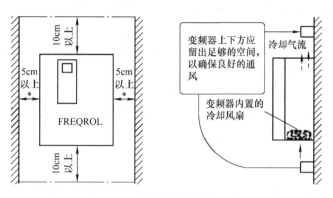

图 4-19　变频器周围留有空隙

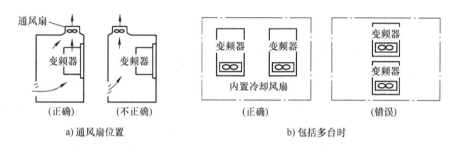

a) 通风扇位置　　　　　　　b) 包括多台时

图 4-20　变频器安装在控制柜内的方法

8）变频器要用螺钉垂直且牢固地安装在安装板上，方向如图 4-21 所示。

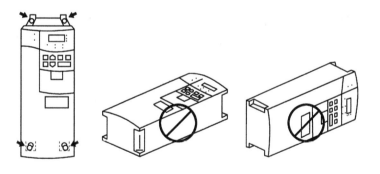

图 4-21　变频器的安装方向

2. 变频器接线

1）在电源和变频器之间，通常要接入低压断路器和接触器，以便在发生故障时能迅速切断电源。

2）变频器的输入端和输出端绝对不允许接错，在变频器和电动机之间一般不允许接入接触器。由于变频器具有电子热保护功能，一般情况下可以不接热继电器。变频器输出侧不允许接电容器，也不允许接电容式单相电动机。

3）输入侧的给定信号线和反馈信号线、输出侧频率信号线和电流信号线，传输的信号都是模拟量，模拟量信号抗干扰能力较低，因此必须使用屏蔽线。屏蔽层靠近变频器的一端应接控制电路的公共端（COM），屏蔽层的另一端应该悬空。

4）对于开关量控制线，如起动、点动、多档转速控制等控制线，不使用屏蔽线，但是同一信号的两根线必须绞在一起。

5）所有变频器都专门有一个接地端子"E"，用户应将此端子与大地相接。当变频器和其他设备，或有多台变频器一起接地时，每台设备都必须分别和地线相接，不允许将一台设备的接地端和另一台设备的接地端相接后再接地。

三、变频调速系统的调试

1. 变频器的通电和预置

一台新的变频器在通电时，输出端可先不接电动机，首先要熟悉它，在熟悉的基础上进行各种功能的预置。

1）熟悉键盘，了解键盘上各键的功能，进行试操作，并观察显示的变化情况等。

2）按说明书要求进行"起动"和"停止"等基本操作，观察变频器的工作情况是否正常，同时进一步熟悉键盘的操作。

3）进行功能预置。变频器在和具体的生产机械配用时，需根据该机械的特性与要求，预先进行一系列的功能设定，如设定基本频率、最高频率、升降速时间等，这称为预置设定，简称预置。功能预置的方法主要有手动设定和程序设定两种。手动设定也称为模拟设定，是通过电位器和多级开关完成的。程序设定也称为数字设定，是通过编辑的方式进行的。多数变频器的功能预置采用程序设定，通过变频器配置的键盘来实现。

4）将外接输入控制线接好，逐项检查各外接控制功能的执行情况。

5）检查三相输出电压是否平衡。

2. 电动机的空载试验

空载试验的内容是将变频器的输出端接上电动机，并将电动机与负载脱开，进行通电试验，以观察变频器配上电动机后的工作情况，并校准电动机的旋转方向。试验步骤如下：

1）先将频率设置于"0"位，合上电源后，稍微增大工作频率，观察电动机的起转情况以及旋转方向是否正确。如旋转方向相反，则断电并予以纠正（任意调换U、V、W三根导线中的两根）。

2）将频率上升至额定值，让电动机运行一段时间，观察变频器的运行情况。如一切正常，再选若干个常用的工作频率，使电动机运行一段时间，观察系统运行有无异常情况。

3）将给定频率信号突然降至0（或按停止按钮），观察电动机的制动情况。

3. 调速系统的负载试验

将电动机的输出轴通过机械传动装置与负载连接起来，进行试验。

（1）起转试验　使工作频率从0Hz开始缓慢增加，观察拖动系统能否起转及在多大频率下起转。如起转比较困难，应设法加大起动转矩，具体方法有加大起动频率，加大U/f比，以及采用矢量控制等。

（2）起动试验　将给定信号调至最大，按下起动键，注意观察起动电流的变化以及整个拖动系统在升速过程中运行是否平稳。如因起动电流过大而跳闸，则应适当延长升速时间。如在某一速度段起动电流偏大，则设法通过改变起动方式（S形、半S形）来解决。

（3）运行试验　主要内容如下：

1）进行最高频率下的带载能力试验，即检查电动机能否带动正常负载运行。

2）在负载的最低工作频率下，应观察电动机的发热情况；使拖动系统工作在负载所要求的最低转速下，施加该转速下的最大负载，按负载所要求的连续运行时间进行低速连续运行，观察电动机的发热情况。

3）过载试验。按负载可能出现的过载情况及持续时间进行试验，观察拖动系统能否继续工作。当电动机在工频以上运行时，不能超过电动机容许的最高频率范围。

（4）停机试验。将运行频率调至最高工作频率，按下停止键，注意观察拖动系统在停机过程中，是否出现因过电压或过电流而跳闸的情况，如有则应适当延长降速时间。当输出频率为 0Hz 时，观察拖动系统是否有爬行现象，如有则应适当加强直流制动。

四、通用变频器常见故障的检修

（1）过电流跳闸的原因分析

1）重新起动时，一旦升速就会跳闸，这是过电流十分严重的表现，主要原因有：负载侧短路；工作机械卡住；逆变管损坏；电动机的起动转矩过小，拖动系统转不起来。

2）重新起动时并不立即跳闸，而是在运行过程（包括升速和降速运行）中跳闸，可能的原因有：升速时间设定太短；降速时间设定太短；转矩补偿（V/F 比）设定较大，引起低频时空载电流过大；电子热继电器整定不当，动作电流设定得太小，引起误动作。

（2）过电压、欠电压跳闸的原因分析

1）过电压跳闸的主要原因有：电源电压过高；降速时间设定太短；降速过程中再生制动的放电单元工作不理想。如果原因为来不及放电，应增加外接制动电阻和制动单元；如果有制动电阻和制动单元，那么可能是放电支路实际不放电。

2）欠电压跳闸的原因有：电源电压过低；电源断相；整流桥故障。

（3）电动机不转的原因分析

1）功能预置不当。例如上限频率与最高频率或基本频率与最高频率设定矛盾，最高频率的预置值必须大于上限频率和基本频率的预置值；使用外接给定时，未对"键盘给定，外接给定"的选择进行预置；其他的不合理预置。

2）在使用外接给定方式时，无起动信号。使用外接给定信号，必须由起动按钮或其他触点来控制其起动。如不需要控制时，应将 RUN 端（或 FWD 端）与 COM 端短接。

3）其他可能的原因：机械有卡住现象；电动机的起动转矩不足；变频器发生电路故障。

实训项目一　变频器的认识、拆装与接线

一、项目任务

认识 FR-A500 变频器各部分，掌握各端子的功能，正确连接电源和电动机。

二、实训目的

1）了解变频器的安装对环境和温度的基本要求。
2）掌握变频器主回路的接线方法。
3）掌握变频器控制回路的接线方法。

三、项目设备

1）变频器综合实训台。
2）电动机及连接导线。

四、基础知识准备

1. 变频器的组成部件

1）变频器的外观如图4-22所示。
2）拆卸前盖板和操作面板后的结构如图4-23所示。

图4-22　变频器的外观　　　　　　　图4-23　拆卸前盖板和操作面板后的结构

2. 熟悉操作面板及各按键功能

1）三菱公司FR-A500系列变频器的操作面板（FR-DU04）的名称和功能如图4-24所示，各按键的功能见表4-4。

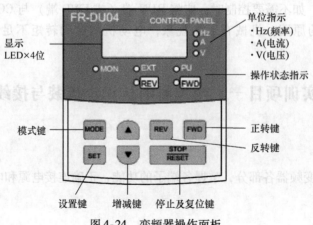

图4-24　变频器操作面板

表4-4　操作面板各按键功能

按键	功能
MODE 键	用于选择操作模式或设定模式
SET 键	用于确定频率和参数的设定
▲ / ▼ 键	1）用于连续增加或降低运行频率。按下这个键可改变频率 2）在设定模式中按下此键，则可连续设定参数
FWD 键	用于给出正转指令
REV 键	用于给出反转指令
STOP RESET 键	1）用于停止运行 2）用于保护功能动作输出停止时复位变频器（用于主要故障）

2）FR-PA02-02操作面板的单位及运行状态显示，见表4-5。

表4-5　操作面板单位及运行状态显示

显示	说明
Hz	显示频率时点亮
A	显示电流时点亮
V	显示电压时点亮
MON	监示显示模式时点亮
PU	PU操作模式时点亮
EXT	外部操作模式时点亮
FWD	正转时闪烁
REV	反转时闪烁

3. 通用变频器的铭牌

通用变频器的铭牌如图4-25所示。

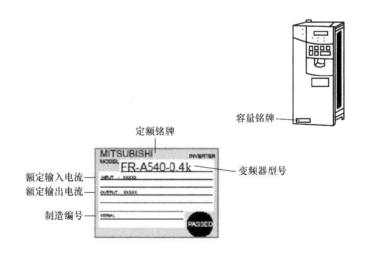

图4-25　通用变频器的铭牌

4. 变频器的接线

1）变频器端子接线图如图4-26所示。

2）变频器回路端子说明如下：

◎ 主电路端子
○ 控制电路输入端子
● 控制电路输出端子

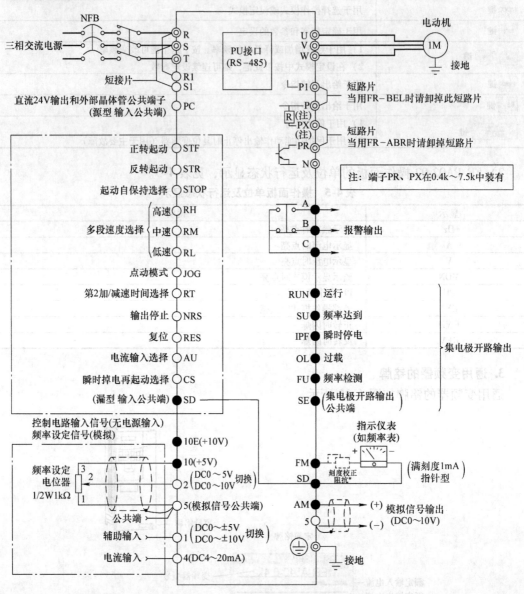

图 4-26 变频器端子接线图

① 主电路端子说明，见表 4-6。

表 4-6 主电路端子

端子记号	端子名称	说明
R，S，T	交流电源输入	连接工频电源，当使用高功率因数转换器时，确保这些端子不连接（FR-HC）
U，V，W	变频器输出	接三相笼型电动机

（续）

端子记号	端子名称	说明
R1，S1	控制电路电源	与交流电源端子 R，S 连接。在保持异常显示和异常输出时或当使用高功率因数转换器（FR-HC）时，请拆下 R-R1 和 S-S1 之间的短路片，并提供外部电源到此端子
P，PR	连接制动电阻器	拆开端子 PR-PX 之间的短路片，在 P-PR 之间连接选件制动电阻器（FR-ABR）
P，N	连接制动单元	连接选件 FR-BU 型制动单元或电源再生单元（FR-RC）或高功率因数转换器（FR-HC）
P，P1	连接改善功率因数 DC 电抗器	拆开端子 P-P1 间的短路片，连接选件改善功率因数用电抗器（FR-BEL）
PR，PX	连接内部制动回路	用短路片将 PX-PR 间短路时（出厂设定）内部制动回路便生效（7.5k 以下装有）
⏚	接地	变频器外壳接地用，必须接大地

② 控制电路端子说明，见表4-7。

表4-7　控制电路端子

类型	端子记号	端子名称	说	明
输入信号 起动接点·功能设定	STF	正转起动	STF 信号处于 ON 便正转，处于 OFF 便停止。程序运行模式时为程序运行开始信号（ON 开始，OFF 静止）	当 STF 和 STR 信号同时处于 ON 时。相当于给出停止指令
	STR	反转起动	STR 信号 ON 为逆转，OFF 为停止	
	STOP	起动自保持选择	使 STOP 信号处于 ON，可以选择起动信号自保持	
	RH，RM，RL	多段速度选择	用 RH，RM 和 RL 信号的组合可以选择多段速度	输入端子功能选择（Pr.180～Pr.186）用于改变端子功能
	JOG	点动模式选择	JOG 信号 ON 时选择点动运行（出厂设定）。用起动信号（STF 和 STR）可以点动运行	
	RT	第 2 加/减速时间选择	RT 信号处于 ON 时选择第 2 加减速时间。设定了［第 2 力矩提升］［第 2V/F（基波频率）］时，也可以用 RT 信号处于 ON 时选择这些功能	
	MRS	输出停止	MRS 信号为 ON（20ms 以上）时，变频器输出停止。用电磁制动停止电动机时，用于断开变频器的输出	
	RES	复位	用于解除保护回路动作的保持状态。使端子 RES 信号处于 ON 在 0.1s 以上，然后断开	
	AU	电流输入选择	只在端子 AU 信号处于 ON 时，变频器才可用直流 4～20mA 作为频率设定信号	输入端子功能选择（Pr.180～Pr.186）用于改变端子功能
	CS	瞬停电再起动选择	CS 信号预先处于 ON，瞬时停电再恢复时变频器便可自动起动。但用这种运行必须设定有关参数，因为出厂时设定为不能再起动	
	SD	公共输入端子（漏型）	接点输入端子和 FM 端子的公共端。直流 24V，0.1A（PC 端子）电源的输出公共端	
	PC	直流 24V 电源和外部晶体管公共端 接点输入公共端（源型）	当连接晶体管输出（集电极开路输出），例如可编程序控制器时，将晶体管输出用的外部电源公共端接到这个端子时，可以防止因漏电引起的误动作，该端子可用于直流 24V，0.1A 电源输出。当选择源型时，该端子作为接点输入的公共端	

（续）

类型		端子记号	端子名称	说　明	
模拟	频率设定	10E	频率设定用电源	DC 10V，容许负载电流 10mA	按出厂设定状态连接频率设定电位器时，与端子 10 连接
		10		DC 5V，容许负载电流 10mA	当连接到 10E 时，请改变端子 2 的输入规格
		2	频率设定（电压）	输入 DC 0～5V（或 DC 0～10V）时 5V（DC 10V）对应于为最大输出频率。输入输出成比例。用参数单元进行输入直流 0～5V（出厂设定）和 DC 0～10V 的切换。输入阻抗 10kΩ，容许最大电压为直流 20V	
		4	频率设定（电流）	DC 4～20mA，20mA 为最大输出频率，输入、输出成比例。只在端子 AU 信号处于 ON 时，该输入信号有效，输入阻抗 250Ω，容许最大电流为 30mA	
		1	辅助频率设定	输入 DC 0～±5V 或 DC 0～±10V 时，端子 2 和 4 的频率设定信号与这个信号相加。用参数单元进行输入 DC 0～±5V 或 DC 0～±10V（出厂设定）的切换。输入阻抗 10kΩ，容许电压为 DC ±20V	
		5	频率设定公共端	频率设定信号（端子 2，1 或 4）和模拟输出端子 AM 的公共端子。请不要接大地	
输出信号	接点	A，B，C	异常输出	指示变频器因保护功能动作而输出停止的转换接点，AC 200V、0.3A，DC 30V、0.3A。异常时：B-C 间不导通（A-C 间导通）；正常时：B-C 间导通（A-C 间不导通）	
	集电极开路	RUN	变频器正在运行	变频器输出频率为起动频率（出厂时为 0.5Hz，可变更）以上时为低电平，正在停止或正在直流制动时为高电平 *2. 容许负载为 DC 24V、0.1A	输出端子的功能选择，通过 Pr. 190～Pr. 195 载改变端子功能
		SU	频率到达	输出频率达到设定频率的 ±10%（出厂设定，可变更）时为低电平，正在加/减速或停止时为高电平 *2. 容许负荷为 DC 24V、0.1A	
		OL	过载报警	当失速保护功能动作时为低电平，失速保护解除时为高电平 *2，容许负载为 DC 24V、0.1A	
		IPF	瞬时停电	瞬时停电，电压不足保护动作时为低电平 *2，容许负载为 DC 24V、0.1A	
		FU	频率检测	输出频率为任意设定的检测频率以上时为低电平。以下时为高电平 *2，容许负载为 DC 24V、0.1A	
		SE	集电极电路输出公共端	端子 RUN，SU，OL，IPF，FU 的公共端子	
	脉冲	FM	指示仪表用	可以从 16 种监示项目中选一种作为输出 *3，例如输出频率，输出信号与监示项目的大小成比例	出厂设定的输出项目：频率容许负载电流 1mA、60Hz 时，1440 脉冲/s
	模拟	AM	模拟信号输出		出厂设定的输出项目：频率输出信号 0～DC 10V 容许负载电流 1mA

（续）

类型	端子记号	端子名称	说　　明
通信 RS-485	——	PU 接口	通过操作面板的接口，进行 RS-485 通信 ·遵守标准：EIA RS-485 标准 ·通信方式：多任务通信 ·通信速率：最大 19200bit/s ·最长距离：500m

注：＊1：端子 PR，PX 在 FR-A540-0.4k～7.5k 中装设。

＊2：低电平表示集电极开路，输出用的晶体管处于 ON（导通状态），高电平为 OFF（不导通状态）。

＊3：变频器复位中不被输出。

五、项目实施及指导

1. 前盖板的拆卸与安装

（1）拆卸

1）手握前盖板上部两侧向下用力推。

2）握着向下的前盖板向身前拉，就可将其拆下，即使带着 PU 单元（FR-DU04/FR-PU04）时也可以连参数单元一起拆下，如图 4-27 所示。

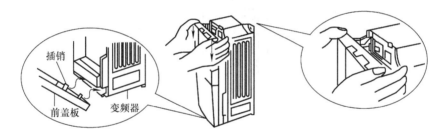

插销

前盖板　变频器

图 4-27　前盖板的拆卸与安装

（2）安装

1）将前盖板的插销插入变频器底部的插孔中。

2）以安装插销部分为支点将盖板完全推入机身。

注意：安装前盖板之前应拆去操作面板，安装好前盖板后再安装操作面板。

（3）注意事项

1）不要在带电的情况下拆卸操作面板。

2）不要在带电时进行拆装。

3）抬起时要缓慢、轻拿。

2. 操作面板的拆卸与安装

（1）拆卸　一边按着操作面板上部的按钮，一边拉向身前就可以拆下操作面板，如图 4-28 所示。

（2）安装　安装时，将操作面板垂直插入并牢固装上。

3. 连接电缆的安装

1）拆去操作面板。

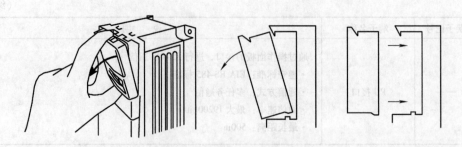

图 4-28　操作面板的拆卸与安装

2）拆下标准插座转换接口。将拆下的标准插座转换接口放置在专门放置转换接口的隔间处。

3）将电缆的一端牢固插入机身的插座，另一端插入 PU 单元，如图 4-29 所示。

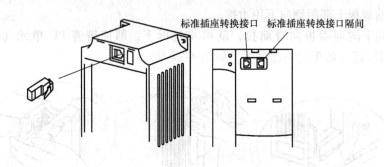

标准插座转换接口　　标准插座转换接口隔间

图 4-29　连接电缆的安装

实训项目二　变频器的基本功能操作

一、项目任务

变频器操作模式的切换及数据初始化操作。

二、实训目的

1）掌握变频器操作模式的转换方法。

2）熟悉变频器操作面板及各按键的操作方法。

3）熟悉全部清除操作的步骤。

三、项目设备

1）变频器综合实训台。

2）电动机及连接导线。

变频器参数设置方法

四、基础知识准备

1. 功能单元简介

通用变频器的功能单元根据变频器生产厂家的不同而千差万别,但它们的基本功能相同:能够显示频率、电流、电压等;设定操作模式、操作命令、功能码;读取变频器运行信息和故障报警信息;监视变频器运行;变频器运行参数的自整定;故障报警状态的复位。

2. 基本功能操作

1)按下参数单元的 键,可以改变 5 个监视显示画面,如图 4-30 所示。

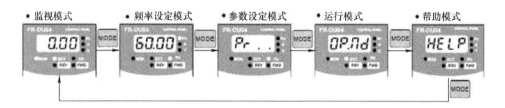

图 4-30　监视显示

2)显示功能操作。显示内容如图 4-31 所示。

① 监视器显示运转中的指令。

② EXT 指示灯亮表示外部操作。

③ PU 指示灯亮表示 PU 操作。

④ EXT 灯和 PU 灯同时亮表示 PU 操作和外部操作的组合方式。

⑤ 监视显示在运行中也能改变。

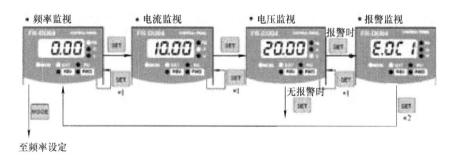

注:1.按下标有*1的键超过1.5s能把电流监视模式改为上电监视模式。
　　2.按下标有*2的键超过1.5s能显示包括最近4次的错误指示。

图 4-31　显示内容

3)频率设定。频率设定方法如图 4-32 所示。

4)操作模式。操作模式切换方法如图 4-33 所示。

5)帮助模式。帮助模式的操作如图 4-34 所示。

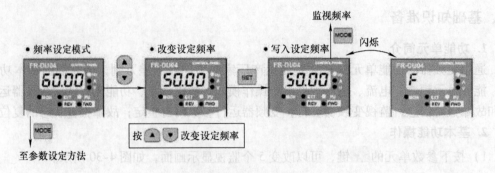

图 4-32　频率设定方法

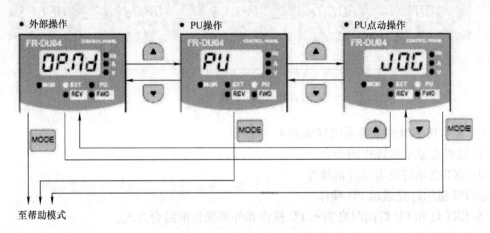

图 4-33　操作模式切换方法

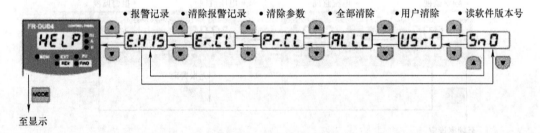

图 4-34　帮助模式的操作

① 显示报警记录。报警记录显示如图 4-35 所示，能显示最近的 4 次报警（带有"."的表示最近的报警）。当没有报警存在时，显示 E. 0. 。

② 清除报警记录。图 4-36 所示为清除所有报警记录。

6）全部清除操作。

为了能顺利进行实训，在实训开始前应进行一次"全部清除"操作，步骤如下：

① 确认变频器 PU 灯亮，使变频器工作在 PU 操作模式。

② 按下［MODE］键至"帮助模式"，显示［HELP］。

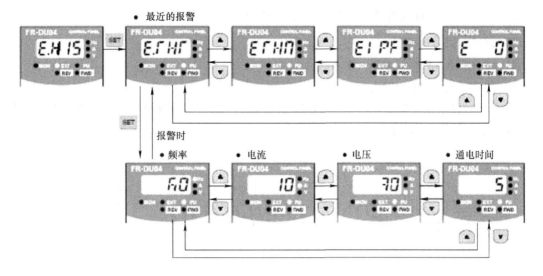

图 4-35　报警记录显示

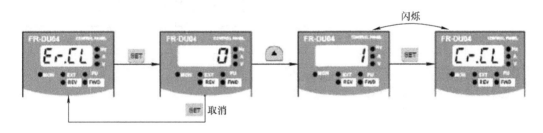

图 4-36　报警记录清除操作

③ 按 ▲/▼ 键至"全部清除",显示〔ALLC〕。

按照图 4-37 所示操作步骤,将参数值和校准值全部初始化为出厂设定值。

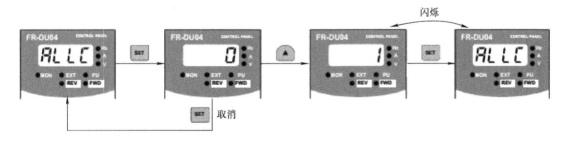

图 4-37　全部清除操作

3. 参数设定方法

在操作变频器时,通常要根据负载和用户的要求向变频器输入一些指令,如上限频率和下限频率、加速时间和减速时间等。另外,要完成某种功能,也要输入相应的指令。

例如将 Pr.79 "运行模式选择"设定值从"2"变到"1",可按以下步骤进行。

1)按 MODE 键改变监示显示,使显示器显示为"参数设定模式"。

2）按 ▲/▼ 键改变参数号，使参数号变为 79。

3）按 SET 键显示参数。

4）按 ▲/▼ 键更改参数，将参数改为 1。

5）按住［SET］键 1.5s，写入设定。

如果此时显示器交替显示参数号 Pr. 79 和参数 1，则表示参数设定成功。否则设定失败，须重新设定。设置步骤如图 4-38 所示。

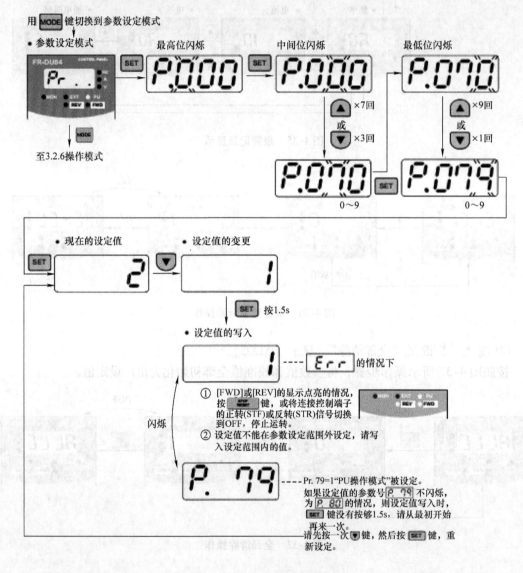

图 4-38　变频器参数设置步骤

参数设置的注意事项如下：

1）在运行中也可以进行运行频率的设定。

2）参数设定一定要在 PU 模式下进行，一些参数除外，使用时会特别说明。否则显示

"P.5"字样，这是操作错误报警显示，最简单的清除方法是重新开启变频器电源。

3）各种清除操作也要在 PU 模式下进行。

4）在 Pr.79 = 1 时，不能进行外部模式与 PU 模式间的转换。

五、项目实施及指导

1. 主电路接线

按如图 4-39a 所示，将变频器、电源及电动机连接起来。

2. 运行曲线

图 4-39b 所示为变频器运行曲线。

3. 参数设定及运行频率设定

先按照运行曲线和控制要求确定有关参数，然后进行设定。

（1）参数设定　按表 4-8 设定相关参数。

（2）运行频率　运行频率分别设定为：第一次 25Hz；第二次 35Hz；第三次 45Hz。

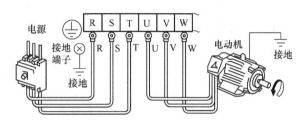

a) 电源、电动机、变频器接线

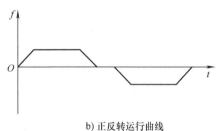

b) 正反转运行曲线

图 4-39　利用变频器控制三相笼型异步电动机

表 4-8　参数设定

参数名称	参数号	设置数据	参数名称	参数号	设置数据
上升时间	Pr.7	4s	上限频率	Pr.1	50Hz
下降时间	Pr.8	3s	下限频率	Pr.2	0Hz
加、减速基准频率	Pr.20	50Hz			
基波频率	Pr.3	50Hz	运行模式	Pr.79	1

4. 操作步骤

（1）连续运行

1）将电源、电动机和变频器连接好。

2）经指导老师检查同意，方可通电。

3）按下操作面板上的［MODE］键两次，显示［参数设定］画面，在此画面下设定参数 Pr.79 = 1，PU 灯亮。

4）进行全部清除操作。

5）依次按表 4-8 设定相关参数。

6）再按下操作面板上的［MODE］键，切换到［频率设定］画面，设定运行频率为 25Hz。

7）返回［监视模式］，观察 MON 和 Hz 灯亮。

8）按下［FWD］键，电动机正向运行在设定的运行频率（25Hz）上，同时，FWD 灯亮。

9）按下［REV］键，电动机反向运行在设定的运行频率（25Hz）上，同时，REV灯亮。

10）再分别在［频率设定］画面下改变运行频率为35Hz、45Hz，重复步骤7）~8），反复练习。

11）练习完毕后断电拆线，清理现场。

（2）点动运行操作

1）设定参数。

2）按［MODE］键两次，进入"操作模式"，此时显示"PU"字样，再按下［▲］键，即可显示"JOG"字样，进入点动状态。

当设定Pr. 79 = 0时，接通电源即为外部操作模式（EXT灯亮），这时通过操作［▲］键可切换到PU模式下，再按一下［▼］键进入点动状态。

3）返回监视模式，按下操作面板上的［STF］或［STR］键，即正向点动或反向点动，运行频率为35Hz上，加、减速时间由Pr. 16的值（4s）决定。

（3）注意事项

1）切不可将R、S、T与U、V、W端子接错，否则会烧坏变频器。

2）操作完成后注意断电，并且清理现场。

3）运行中若出现报警，要复位后重新运行。

实训项目三　变频器的外部运行操作

一、项目任务

变频器外部运行的实现：主电路接线如图4-39a所示；控制电路接线如图4-40a所示。图4-40b所示为变频器的外部运行曲线。

变频器的外部运行操作

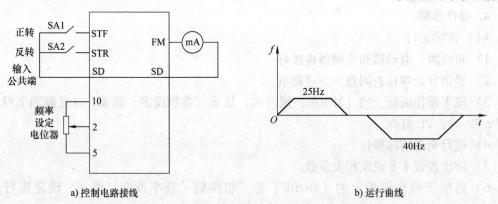

a) 控制电路接线　　　　　　　　　　b) 运行曲线

图4-40　变频器控制电路接线及升降运行曲线

二、实训目的

1）掌握变频器外部运行的起动和调速的接线方法。

2）掌握变频器外部运行的参数设定方法，掌握变频器组合操作的运行方法。

三、实训设备

实训设备见表4-9。

表4-9 实训设备

序号	名　　称	数量	备　　注
1	FR-A540-0.4~7kW 三菱变频器	24 台	每组一台
2	0.5~1kW 三相异步电动机	24 台	和变频器配套使用
3	连接导线	若干	电源连线和电动机连线及控制电路连线的用线
4	1kΩ、1W 的电位器	24 只	每台变频器配一只
5	开关	2 只	

四、实训操作步骤

（1）连续运行

1）主电路按图 4-39a 所示接线。

2）控制电路按图 4-40a 所示接线。

3）指导老师检查无误后通电。

4）在 PU 模式下进行全部清除操作。

5）在 PU 模式下设定表 4-10 中的参数。

表4-10 参数设定

参数名称	参数号	设置数据	参数名称	参数号	设置数据
上升时间	Pr. 7	4s	上限频率	Pr. 1	50Hz
下降时间	Pr. 8	3s	下限频率	Pr. 2	0Hz
加、减速基准频率	Pr. 20	50Hz			
基波频率	Pr. 3	50Hz	运行模式	Pr. 79	1

6）设定 Pr. 79 = 2，EXT 灯亮。

7）接通 SD 与 STF，转动电位器，电动机正向逐渐加速至 25Hz。

8）断开 SD 与 STF，电动机停。

9）接通 SD 与 STR，转动电位器，电动机反向逐渐加速至 40Hz。

10）断开 SD 与 STR，电动机停。

11）改变正向运行频率和反向运行频率，重复步骤 1）~8）进行练习。

12）练习完毕，断电后拆线，清理现场。

（2）Pr. 79 = 2 点动运行

1）接通 SD 与 JOG，变频器处于外部点动状态。

2）设定参数 Pr. 15 = 35Hz；Pr. 16 = 4s。

3）接通 SD 与 STF，正向点动运行在 25Hz 频率下，断开 SD 与 STF，电动机停止。

4）接通 SD 与 STR，反向点动运行在 25Hz 频率下，断开 SD 与 STF，电动机停止。

（3）注意事项

1）不能将 R、S、T 与 U、V、W 端子接错，否则会烧坏变频器。

2）当 STR 和 STF 同时与 SD 接通时，相当于发出停止信号，电动机停。

3）绝对不能用参数单元上的［STOP］键停止电动机，否则报警显示"P—5"。清除的方法是关掉电源，重新开启。

（4）评分标准　评分标准见表4-11。

表4-11　评分标准

序号	项目	配分	等级	评分检测	得分
1	根据考核图进行电路接线	30分	30	电路接线完全正确	
			20	电路接线错1处，能自行修改	
			10	电路接线错2处，能自行修改	
			0	电路接线错2处以上，或不能连接	
2	参数设定	30分	30	参数完全正确	
			20	参数错1处	
			10	参数错2处	
			0	参数多处出错	
3	通电测试并记录测量	30分	30	通电测试结果完全正确，测量完全正确	
			20	测试及测量错1次	
			10	测试及测量错2次	
			0	通电调试失败，无法实测	
4	安全生产	10分	10	安全文明生产，符合操作规程	
			8	操作基本规范	
			6	经提示后能规范操作	
			0	不能文明生产，不符合操作规程	
	合计				

实训项目四　变频器的组合运行操作

一、项目任务

实现变频器的两种组合运行。

二、实训目的

1）掌握变频器两种组合运行的外部接线方法。

2）掌握变频器两种组合运行的参数设定方法。

3）掌握变频器组合操作步骤。

三、实训设备

实训设备见表4-9。

四、基础知识准备

组合操作即 PU 操作模式和外部操作模式两种方式并用。当需用外部信号起动电动机，用 PU 调节频率时，将"操作模式选择"设定为 3（Pr. 79 = 3）；当需用 PU 起动电动机，用电位器或其他外部信号调节频率时，则将"操作模式选择"设定为 4（Pr. 79 = 4）。

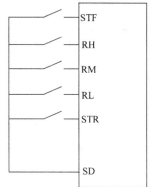

五、实训项目操作步骤

1. 用外部信号控制起停，并设定运行频率

1）主电路按图 4-39a 所示接线。

2）控制电路按图 4-41 所示接线。

3）指导老师检查无误后通电。

4）在 PU 模式下进行全部清除操作。

5）在 PU 模式下设定表 4-12 中的参数。

图 4-41　控制电路接线图

表 4-12　参数设定

参数号	设定值	功　能	参数号	设定值	功　能
Pr. 79	3	组合操作模式 1	Pr. 8	3s	减速时间
Pr. 1	50Hz	上限频率	Pr. 6	9A	电子过电流保护
Pr. 2	0Hz	下限频率	Pr. 4	50Hz	RH 端子对应的运行参数，高速频率
Pr. 3	50Hz	基波频率	Pr. 5	35Hz	RM 端子对应的运行参数，中速频率
Pr. 20	50Hz	加、减速基准频率	Pr. 6	25Hz	RL 端子对应的运行参数，低速频率
Pr. 7	4s	加速时间			

6）设定 Pr. 79 = 3，EXT 灯和 PU 灯同时亮。

7）在接通 RH 与 SD 的前提下：SD 与 STF 导通，电动机正转运行在 50Hz 频率下，断开即停。

8）在接通 RM 与 SD 前提下：SD 与 STF 导通，电动机正转运行在 35Hz 频率下，断开即停。

9）在接通 RL 与 SD 前提下：SD 与 STF 导通，电动机正转运行在 25Hz 频率下。

10）在频率设定画面下，设定频率 f = 40Hz，仅接通 SD 与 STF（或 STR），电动机运行在 40Hz 频率下。

11）改变 Pr. 4、Pr. 5、Pr. 6 参数的值，反复练习。

2. 用外接电位器设定运行频率，并控制电动机起停

1）外部控制频率的组合操作接线如图 4-42 所示。

2）按表 4-13 设置参数。

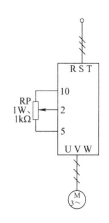

图 4-42　外部控制频率的组合操作接线

表4-13 参数设定

参数号	设定值	功能	参数号	设定值	功能
Pr. 79	4	组合操作模式2	Pr. 20	50Hz	加、减速基准频率
Pr. 1	50Hz	上限频率	Pr. 7	5s	加速时间
Pr. 2	2Hz	下限频率	Pr. 8	3s	减速时间
Pr. 3	50Hz	基波频率	Pr. 9	2A	电子过电流保护

3) 操作步骤。

① 主电路按图4-39a所示接线。

② 控制电路按图4-42所示接线。

③ 指导老师检查无误后通电。

④ 在PU模式下进行全部清除操作。

⑤ 在PU模式下设定表4-13中的参数。

⑥ 设定参数Pr. 79 = 4，EXT和PU灯同时亮。

⑦ 按下操作面板上的［FWD］键，转动电位器，电动机正向加速。

⑧ 按下操作面板上的［REV］键，转动电位器，电动机反向加速。

⑨ 按下［STOP］键，电动机停止转动。

3. 评分标准

评分标准见表4-11。

实训项目五 变频器的多段速度运行操作

变频器的多段速度运行

一、项目任务

（1）1～7段速度运行操作 1-7段速度运行曲线如图4-43a所示。

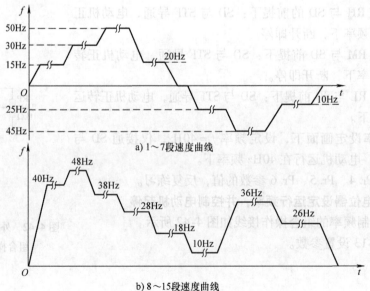

a) 1～7段速度曲线

b) 8～15段速度曲线

图4-43 15段速度运行曲线

（2）8～15 段速度运行操作　8－15 段速度运行曲线如图 4-43b 所示。

二、实训目的

1）掌握变频器多段速度运行的参数设定方法。
2）掌握变频器多段速度运行控制电路的连接方法。

三、实训设备

实训设备见表 4-9。

四、基础知识准备

多段速度运行可用 Pr. 4 ~ Pr. 6、Pr. 24 ~ Pr. 27、Pr. 232 ~ Pr. 239 参数设置多种运行速度，用输入端子进行转换。多段速度设定只在外部操作模式和 PU/外部并行模式（Pr. 79 = 3、4）中有效。可通过开启、关闭外部触点信号（RH、RM、RL 和 REX 信号）选择多种速度。借助于点动频率 Pr. 15、上限频率 Pr. 1 和下限频率 Pr. 2，最多可设定 18 种速度。各开关状态与各段速度关系如图 4-44 所示，其中用 Pr. 180 ~ Pr. 186 中的任意一个参数安排端子，用于 REX 信号的输入。

多段速度运行的注意事项如下：

1）多段速度比主速度优先。
2）多段速度设定在 PU 模式和外部运行模式中都可实现。
3）多个速度同时被选择时，低速信号的设定频率优先。
4）Pr. 24 ~ Pr. 27 和 Pr. 232 ~ Pr. 239 之间的设定没有优先级。
5）运行参数值可被改变。
6）当用 Pr. 180 ~ Pr. 186 改变端子分配时，其他功能可能受到影响，应在设定前检查相应端子的功能。

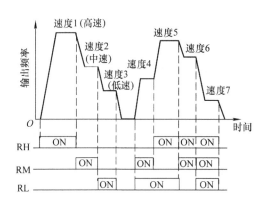
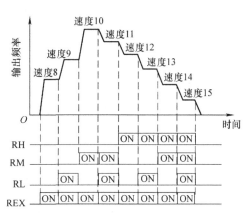

图 4-44　各开关状态与各段速度关系

五、项目实施及指导

1. 1～7段速度运行操作步骤

1）主电路按图4-39a所示接线。

2）控制电路按图4-45所示接线。

3）指导老师检查无误后通电。

4）在PU模式下进行全部清除操作。

5）在PU模式（Pr.79 = 1，PU灯亮）下，设定参数。

6）设定表4-14中的基本参数和表4-15中的参数，即Pr.4～Pr.6和Pr.24～Pr.27参数（在外部、组合、PU模式下均可设定）。

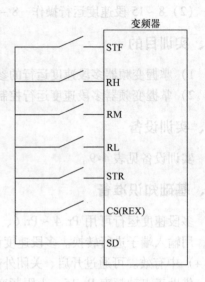

图4-45 多段速度运行接线图

表4-14 基本参数

参数号	设定值	功能	参数号	设定值	功能
Pr.0	5%	提升转矩	Pr.8	3s	减速时间
Pr.1	50Hz	上限频率	Pr.9	3A（由电动机功率定）	电子过电流保护
Pr.2	3Hz	下限频率	Pr.20	50Hz	加减速基准频率
Pr.3	50Hz	基波频率	Pr.79	3	操作模式
Pr.7	4s	加速时间			

表4-15 7段速度运行参数

控制端子	RH	RM	RL	RM RL	RH RL	RH RM	RH RM RL
参数号	Pr.4	Pr.5	Pr.6	Pr.24	Pr.25	Pr.26	Pr.27
设定值/Hz	15	30	50	20	25	45	10

7）在接通RH与SD的情况下，接通STF与SD，电动机正转在15Hz频率下。

8）在接通RM与SD的情况下，接通STF与SD，电动机正转在30Hz频率下。

9）在接通RL与SD的情况下，接通STF与SD，电动机正转在50Hz频率下。

10）在同时接通RM、RL与SD的情况下，接通STF与SD，电动机正转在20Hz频率下。

11）在同时接通RH、RL与SD的情况下，接通STR与SD，电动机反转在25Hz频率下。

12）在同时接通RH、RM与SD的情况下，接通STR与SD，电动机反转在45Hz频率下。

13）在同时接通RH、RM、RL与SD的情况下，接通STR与SD，电动机反转在10Hz频率下。

2. 8～15 段速度运行操作步骤

1）改变端子功能，设定 Pr. 186 = 8，使 CS 端子的功能变为 REX 功能。

2）按表 4-13 设定基本运行参数。

3）按表 4-16 设定运行参数。

表 4-16 8～15 段速度运行参数

参数号	Pr. 232	Pr. 233	Pr. 234	Pr. 235	Pr. 236	Pr. 237	Pr. 238	Pr. 239
设定值/Hz	40	48	38	28	18	10	36	26

4）按图 4-45 所示进行接线。

5）接通 REX 与 SD 端，运行频率为 40Hz。

6）同时接通 REX、RL 与 SD 端，运行频率为 48Hz。

7）同时接通 REX、RM 与 SD 端，运行频率为 38Hz。

8）同时接通 REX、RL、RM 与 SD 端，运行频率为 28Hz；同时接通 REX、RH 与 SD 端，运行频率为 18Hz。

9）同时接通 REX、RL、RH 与 SD 端，运行频率为 10Hz。

10）同时接通 REX、RH、RM 与 SD 端，运行频率为 36Hz。

11）同时接通 REX、RL、RM、RH 与 SD 端，运行频率为 26Hz。

3. 注意事项

1）运行中出现"E·LF"字样，表示变频器输出至电动机的连线有一相断线，即断相保护，这时返回 PU 模式进行清除操作，如图 4-36 所示，然后关掉电源重新开启，即可消除。

2）运行中出现"E·TMH"字样，表示电子过电流保护动作，同样在 PU 模式下进行清除操作即可，如图 4-36 所示。

3）Pr. 79 = 4 的运行方式，即外部接电位器控制运行频率，参数单元控制电动机起停，在实际中应用较少。

4. 评分标准

评分标准见表 4-11。

实训项目六　PLC 与变频器组成的调速系统

一、项目任务

能够利用 PLC 控制变频器拖动电动机，并进行正反转操作。

二、实训目的

1）掌握 PLC 与变频器之间的连接方法。

2）掌握 PLC 与变频器之间的控制方式。

PLC 与变频器组成的
调速系统设计

三、实训设备

实训设备见表 4-17。

表 4-17 实训设备

序号	名称	数量	备注
1	FX2N 64MR 可编程序控制器	24 台	每组一台
2	FR A540 0.4~7kW 三菱变频器	24 台	每组一台
3	FX2N 485 BD 适配器	24 台	每组一台
4	0.5~1kW 三相异步电动机	24 台	和变频器配套使用
5	SC09 电缆	24 条	每组一条
6	五芯通信电缆	24 条	每组一条
7	连接导线	若干	电源连线和电动机连线及控制电路连线的用线
8	1kΩ、1W 的电位器	24 套	每台变频器配一只
9	接触器、空气断路器、接线端子	24 套	每组一套

四、基础知识准备

PLC 与变频器的 3 种连接方法：

1. 利用 PLC 的模拟量输出模块控制变频器

PLC 的模拟量输出模块输出 0~5V 电压或 4~20mA 电流，将其送给变频器的模拟电压或电流输入端，控制变频器的输出频率。

2. PLC 通过 RS-485 通信接口控制变频器

这种控制方式的硬件接线简单，但是需要增加通信用的接口模块，这种模块的价格较高，熟悉通信模块的使用方法和设计通信程序可能要花费较多的时间。

3. 利用 PLC 的开关量输入、输出模块控制变频器

PLC 的开关量输出、输入端一般与变频器的开关量输入、输出端直接相连。

本项目只练习用 PLC 开关量输入、输出模块控制变频器。

五、项目实施及指导

（1）变频器参数的设定　在 PU 运行模式下，先进行全部清除操作，然后设定变频器参数，见表 4-18。

表 4-18 参数设定

参数名称	参数号	参考值
上升时间	Pr. 7	4s
下降时间	Pr. 8	3s
加减速基准频率	Pr. 20	50Hz
基波频率	Pr. 3	50Hz
上限频率	Pr. 1	50Hz
下限频率	Pr. 2	0Hz
运行模式	Pr. 79	1

（2）模式转换　将变频器运行模式改为外部操作模式（Pr. 79 = 2）。

（3）编制 PLC 程序，调试运行　参考程序梯形图如图 4-46 所示。

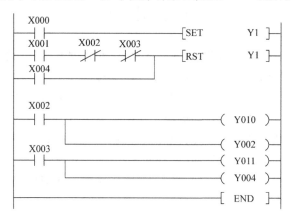

图 4-46　参考程序梯形图

（4）接线　将 PLC 和变频器之间的连接线按图 4-47 所示进行连接。

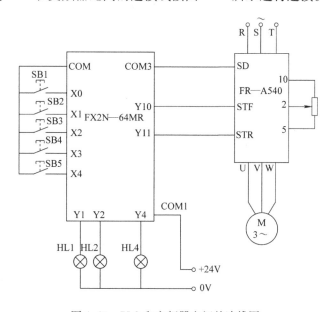

图 4-47　PLC 和变频器之间的连线图

（5）通电试验

1）通过改变可调电阻，观察电阻的变化与电动机转速的关系。

2）用秒表测量电动机的上升时间和下降时间。

（6）注意事项

1）切不可将 R、S、T 与 U、V、W 端子接错，否则会烧坏变频器。

2）PLC 的输出端子只相当于一个触点，不能接电源，否则会烧坏电源。

（7）评分标准　评分标准见表 4-11。

拓展阅读

本 章 小 结

本章主要讲述变频器的变频原理、变频器结构、变频器参数及功能预置方法。通用型变频器一般由主电路、操作面板、外接给定与输入控制端、外接输出控制端、控制电源、采样及驱动电路等部分组成。了解变频器的主要参数的含义对于参数的设定是非常重要的，可将变频器参数设置看成是一种特殊方式的编程。起停控制方式与频率设定相关的参数主要有：给定频率、输出频率、基本频率、最大频率、上限频率、下限频率、起动频率、跳跃频率及点动频率等。频率给定方式具体有外部模拟量给定方式、数字量给定方式、通信给定方式等几种。变频器在各个领域中有着广泛的应用，如应用在金属切削机床中。

学会使用变频器是本章的主要学习目的，本章还设置了 6 个实训项目，以帮助同学们从认识变频器到通过不同的参数设置，逐步加深对变频器的应用的理解，最终熟练掌握变频器的使用方法。

思考与练习题

1. 异步电动机变频调速时，常用的控制方式有哪几种？

2. 异步电动机变频调速时，如果从调速角度出发，仅改变 f_1 是否可行？为什么？在实际应用中还要调节 U_1，否则会出现什么问题？

3. 简述变频器主电路中 +、-、P1、PR 接线端子的功能。

4. 简述变频器控制端子中的两个公共端 SD 和 SE 的异同。

5. 变频器的操作模式有哪几种？它们的参数设置是什么？

6. 举例说明变频器参数是如何设定的。

第五章

数控机床的电气控制系统

数控机床加工过程与普通机床加工过程相比较，可实现全自动加工。它的加工过程包括：零件工艺分析、编写零件的加工程序、向 CNC 输入零件的加工程序、显示刀具路径、将程序传输到 CNC 机床、加工零件、换刀，如图 5-1 所示。数控机床的电气控制比普通机床要复杂得多，其电气控制系统如图 5-2 所示。

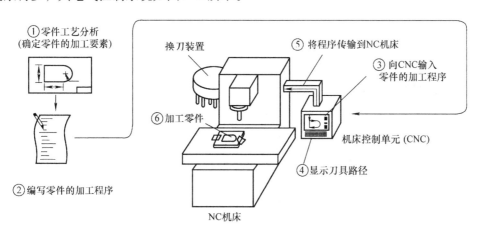

图 5-1　数控机床的加工过程

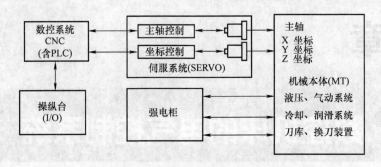

图 5-2　数控机床的电气控制系统

第一节　数控系统

计算机数控系统（CNC）是在传统的硬件数控（NC）的基础上发展起来的。它主要由硬件和软件两大部分组成，通过系统控制软件与硬件配合，完成对进给坐标控制、主轴控制、刀具控制、辅助功能控制等功能。CNC 系统还利用计算机来实现零件程序编辑、坐标系偏移、刀具补偿、插补运算、公英制转换、图形显示和固定循环等，使数控机床按照操作设计要求，加工出需要的零件。目前国内外的主要数控系统如图 5-3 所示。数控系统实物图如图 5-4 所示。

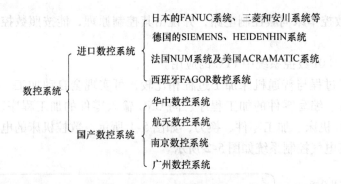

图 5-3　国内外主要的数控系统

一、CNC 系统的结构

随着电子技术不断发展，原有数控系统中的硬件逻辑系统被计算机的中大规模集成电路所代替，同时控制逻辑系统的功能主要由计算机控制软件来实现，从而大大简化了系统的结构，提高了控制系统的性能，这种控制方式称为计算机数字控制（CNC）。CNC 系统的硬件除了一般计算机具有的 CPU、EPROM、RAM 接口外，还具有数控位置控制器、手动数据输入（MDA）接口、视频显示（CRT 或 LCD）接口和 PLC 接口等。所以 CNC 装置是一种专用计算机。

1. CNC 系统硬件结构

CNC 系统分为单微处理器系统和多微处理器系统，CNC 单元实物图如图 5-5 所示。下

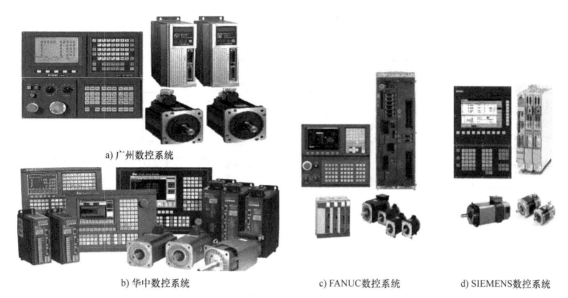

a) 广州数控系统

b) 华中数控系统

c) FANUC数控系统

d) SIEMENS数控系统

图5-4 数控系统实物

面仅介绍单微处理器系统，其结构如图5-6所示。

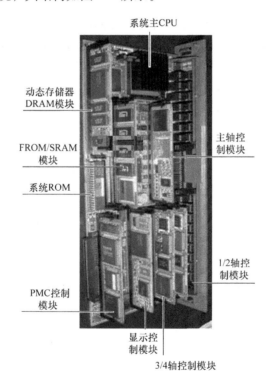

图5-5 CNC单元实物图

（1）微处理器 微处理器是CNC装置的核心，主要完成控制器和运算器两大部分的信息处理。常用的CNC装置微处理器数据线宽度为8位、16位、32位，称相应的计算机为8

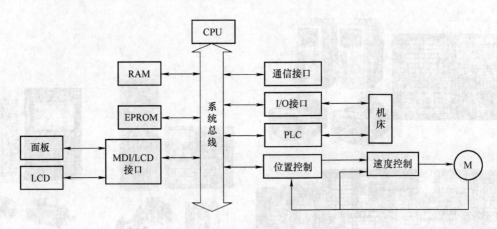

图 5-6　单微处理器系统的结构

位机、16 位机、32 位机。

（2）**存储器**　存储器是计算机系统的重要组成部件。其作用是存放系统程序、用户程序和运行过程中的临时数据。CNC 装置的存储器包括只读存储器（ROM）和随机存储器（RAM）两种。只读存储器（ROM）一般采用可以用紫外线擦除的 EPROM，它只能读出，不能写入新的内容，断电后，程序也不会丢失。

（3）**位置控制器**　位置控制器的主要作用是控制数控机床各进给坐标轴的位移量，随时接收经插补运算得到的每一个坐标轴在单位时间间隔内的位移量，根据接收到的实际位置反馈信号，修正位置指令，并向坐标伺服驱动控制单元发出位置进给指令，使伺服控制单元驱动伺服电动机运转，实现机床运动的准确控制。

（4）**I/O 接口电路**　数据 I/O 接口与外围设备是 CNC 装置与操作者之间交换信息的桥梁。

2. 数控装置软件的结构

数控装置软件是为实现数控装置各项功能而编制的系统软件（或专用软件），又分为管理软件和控制软件两部分，管理软件包括信息输入、I/O 处理、显示、诊断等；控制软件包括译码、刀具补偿、速度控制、插补运算、位置控制等，如图 5-7 所示。

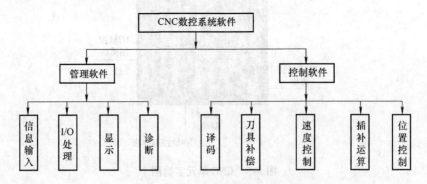

图 5-7　CNC 装置软件的组成

二、数控装置的信息处理

CNC 系统实际上就是一台工业控制计算机（数控装置）执行数控软件的全过程。CNC 的系统软件是为 CNC 系统完成各项功能而编制的专用软件。数控机床加工是由系统程序来完成的。不同的 CNC 系统，其软件结构与规模各有不同，但一个 CNC 系统的软件总是由信息输入、译码、刀具补偿、插补运算、速度控制、位置控制、I/O 处理、管理及诊断程序等部分组成。其核心任务是控制零件程序的执行，由伺服系统执行数控装置输出的指令，驱动机床完成加工。数控装置的信息处理过程如图 5-8 所示。

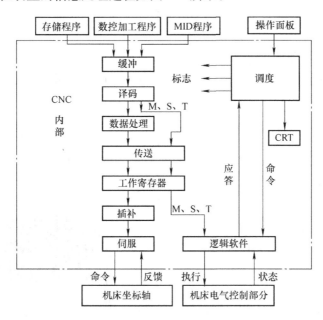

图 5-8　CNC 信息处理过程

1. 程序输入

输入 CNC 装置的零件加工程序，一般是通过 MDI（手动数据输入）键盘输入、纸带输入和计算机通信输入的。零件加工程序可以一次全部输入到数控装置的内部程序存储器中，加工时把一个个程序段分别调出执行，称为存储工作方式；还可以一边输入零件程序一边加工，称为 DNC 工作方式。

2. 数据处理

零件加工程序输入后，插补程序是不能直接应用的，必须对加工的零件程序进行预计算处理，得到插补程序所需要的数据信息和控制信息。数据处理通常包括译码、刀具长度补偿、刀具半径补偿、反向间隙补偿、丝杠螺距补偿、进给速度换算和机床辅助功能处理等。

3. 译码处理

译码处理是把各种零件轮廓信息（如起点、终点、直线或圆弧等）、加工速度信息（F 代码）和其他辅助信息（M、S、T 代码等）按照一定的语法规则，翻译成系统能识别的语言，并按照一定的数据格式存放在指定的内存专用区间。

4. 刀具补偿

刀具补偿主要是长度补偿和刀具半径补偿。CNC 装置的零件程序是以零件轮廓轨迹来编程的，刀具补偿的计算是将零件轮廓轨迹转换成刀具中心轨迹。刀具补偿还包括程序段之间的自动转接和过切削判别等。

5. 插补运算

CNC 系统中的重要任务是对机床运动轨迹的控制，通常情况是已知运动轨迹的起点坐标、终点坐标和轨迹的曲线方程，通过数控系统的计算——插入、补上运动轨迹各个中间点的坐标，这个过程称为插补。插补的结果是输出运动轨迹的中间坐标值，由伺服驱动系统根据这些坐标值控制各坐标轴运动，并加工出符合规定的零件形状。

6. 位置控制

位置控制的主要任务是在每个取样周期内，将插补计算的理论指令位置与实际反馈位置相比较，用其差值去控制伺服电动机。在位置控制中，还必须完成位置回路的增益调整、各螺距误差补偿及反向间隙补偿，才能确保数控机床的定位精度。

7. 输出控制

输出控制主要是控制 CNC 装置与机床之间的强电信号的输出，主要完成伺服控制、反向间隙、丝杠螺距补偿处理以及 M、S、T 辅助功能，CNC 与 PLC 之间的 I/O 信号处理。

8. 显示

CNC 装置的显示功能有零件程序显示、刀具位置显示、机床状态显示、参数显示和报警显示等，有的 CNC 装置中还有刀具加工轨迹的图形显示，如图 5-9 所示。

图 5-9　系统显示装置与 MDI 键盘

9. 诊断

在 CNC 装置中设计有自诊断程序，这种自诊断程序融合在各个部分，可以使系统在运行过程中随时进行故障检查与诊断，一旦出现不正常的事件立即报警。当故障出现后，诊断程序帮助用户迅速查明故障的类型与部位，也可以作为服务程序在系统运行前或发生故障停机后进行诊断。

三、数控装置的通信

随着 CAD、CAM、CIMS（计算机集成制造系统）等技术的发展，机床数控装置与计算机的通信显得越来越重要。现代数控装置一般具有与上级计算机或 DNC（分布式数控系统）计算机直接通信或联入工厂局域网进行网络通信的功能。数控装置常用的通信接口有异步串行通信接口 RS-232 和网络通信接口两种，RS-232 异步串行数据传输线如图 5-10 所示。

1. 异步串行通信接口

异步串行通信接口在数控装置中应用非常广泛，主要实现一台计算机与一台数控机床连接，进行信息

图 5-10　RS-232 异步串行数据传输线

的交换。

2. 网络通信接口

随着机械制造业的发展和激烈的竞争，对生产自动化提出了更高的要求，生产要有极高的灵活性并能充分利用制造设备资源。这类通信方式的优点是：管理计算机的数量少，通常使用一台管理计算机可以同时与上百台数控机床进行通信，通信内容便于管理，操作简便，在硬件方面可以实现热插拔而且通信距离较远。

第二节 伺服系统

伺服系统是数控机床的重要组成部分之一，它能够严格按照 CNC 装置的控制指令进行动作，并能获得精确的位置、速度或力矩输出的自动控制系统。它是一种执行机构，是 CNC 装置和机床本体的连接环节，它能及时准确地执行 CNC 装置发来的运动指令，准确地控制机床各运动部件的速度和位置，达到加工出所需工件的外形和尺寸的最终目的。伺服系统的性能在很大程度上决定了数控机床的性能。伺服系统由伺服电动机（含检测装置）和伺服装置（或称伺服放大器）组成。

一、数控机床伺服系统的组成

数控机床伺服系统一般由位置控制环和速度控制环组成，内环是速度控制环，外环是位置控制环。伺服系统的结构框图如图 5-11 所示。

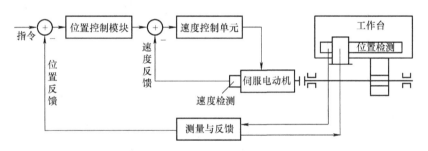

图 5-11 伺服系统的结构框图

二、数控机床伺服系统的分类

数控机床伺服系统通常是按控制方式、伺服电动机的类型、反馈比较控制方式、进给驱动和主轴驱动方式等进行分类的。

1. 按控制方式分类

按控制方式不同，数控机床伺服系统可分为开环伺服系统、闭环伺服系统和半闭环伺服系统，按开环控制方式可分为无位置检测和反馈装置，半闭环、闭环控制有位置检测和反馈装置。

（1）开环伺服系统 开环伺服系统就是不需要位置检测与反馈装置的伺服系统。其执行机构通常采用步进电动机，系统位移正比于指令脉冲的个数，位移速度取决于指令脉冲的频率。每一个进给脉冲驱动步进电动机旋转一个步距角，再经过传动系统转换成工作台的一个当量位移，如图 5-12 所示。

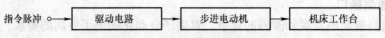

图 5-12 开环伺服系统结构示意图

（2）闭环伺服系统 闭环伺服系统有位置检测装置和反馈装置，是误差控制随动系统。CNC 输出的位置指令与位置检测装置反馈回来的机床坐标轴的实际位置相比较，形成位置误差，经变换得到速度给定电压。在速度控制环，伺服驱动装置根据速度给定电压和速度检测装置反馈的实际转速对伺服电动机进行控制，由此构成闭环位置控制，如图 5-13 所示。

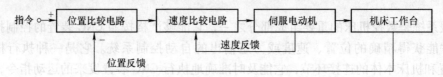

图 5-13 闭环伺服系统结构示意图

（3）半闭环伺服系统 半闭环和闭环系统的控制结构是一样的，如图 5-14 所示，区别是其位置检测反馈装置没有直接安装在进给坐标的最终运动部件上，而是将运动传动链的一部分置于位置环以外，在环外的传动误差没能得到系统的补偿，使半闭环伺服系统的控制精度低于闭环系统。其性能介于开环、闭环伺服系统之间。

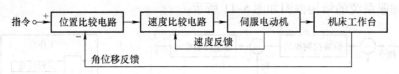

图 5-14 半闭环伺服系统结构示意图

2. 按伺服电动机的类型分类

数控机床伺服系统可分为步进伺服系统、直流伺服系统和交流伺服系统。

（1）步进伺服系统 步进伺服系统是典型的开环伺服系统，它由步进电动机及其驱动系统组成。步进伺服系统的优点是结构简单、使用维护方便、可靠性较高、制造成本低等，所以广泛应用于小型数控机床和速度、精度要求不太高的场合。

（2）直流伺服系统 通常直流伺服系统用的伺服电动机为小惯量直流伺服电动机和永磁直流伺服电动机。小惯量直流伺服电动机最大限度地减小了电枢的转动惯量，快速性较好，在早期的数控机床上应用最多。

（3）交流伺服系统 交流伺服电动机分为交流同步型伺服电动机和交流异步型伺服电动机两种。交流异步型电动机一般用于主轴交流伺服系统，交流同步型伺服电动机一般用于进给伺服电动机。

3. 按反馈比较控制方式分类

在伺服系统中，因采用的位置检测元件不同，位置指令信号与反馈信号的比较方式通常可分为脉冲比较、相位比较和幅值比较。

伺服系统按反馈比较控制方式可分为脉冲数字比较伺服系统、相位比较伺服系统、幅值比较伺服系统和全数字伺服系统。

4. 按进给驱动和主轴驱动方式分类

数控机床伺服系统可分为进给伺服系统和主轴伺服系统。

（1）进给伺服系统　进给伺服系统以机床移动部件的位置和速度为控制量，包括速度控制环和位置控制环。数控机床的进给伺服系统主要由伺服驱动控制系统与机床进给机械传动机构两大部分组成。

（2）主轴伺服系统　主轴伺服系统的控制只是一种速度控制，与进给伺服系统基本相同，它实现主轴的旋转运动，提供切削过程中的转矩和功率；也采用交流调速或直流调速，能在转速范围内实现无级变速。

三、对进给伺服系统的基本要求

数控机床对进给伺服系统的位置控制、速度控制、伺服电动机、机械传动等方面都要求较高，进给伺服电动机及其传动机构、进给伺服放大器如图 5-15 ~ 图 5-17 所示，对其基本要求可概括为以下几方面。

a) β/βi系列　　　　b) α/αi系列　　　　c) 直线电动机

图 5-15　进给伺服电动机

a) α系列伺服放大器　　　　b) αi系列伺服放大器

图 5-16　进给伺服放大器

进给伺服电动机　　　联轴器　　　滚珠丝杠

图 5-17　进给伺服电动机及其传动机构

1. 高精度

伺服系统的精度指标主要有位移精度、定位精度、重复定位精度、分辨率和脉冲当量。

2. 稳定性

进给系统的稳定性是指系统在给定新的输入指令信号或外界干扰作用下，能在短暂的调节过程后达到新的或者恢复到原来的稳定状态。

3. 快速响应

快速响应是伺服系统动态性能的一项重要指标，反映了系统的跟踪精度。为了确保轮廓切削加工的精确度和表面质量，除了要求进给伺服系统有较高的定位精度外，还要求伺服系统跟踪指令信号的响应要快。

4. 调速范围宽

进给驱动系统具有足够宽的调速范围和良好的无级调速特性。

1）进给速度在 1 ~ 24000mm/min 时，即 1：24000 调速范围内，要求运行均匀、平稳、无爬行，且速降小。

2）进给速度在 1mm/min 以下时，具有一定的瞬时速度，且瞬时速度要低。

3）进给速度为零，即工作台停止运动时，要求电动机有电磁转矩以维持定位精度，即电动机处于伺服锁定状态，以确保定位精度不变。

5. 低速大转矩

数控机床加工要求进给伺服系统在低速时输出的转矩要大，才能满足切削加工的要求，具体如下：

1）电动机从最低转速到最高转速范围内都能平滑地运转，转矩波动要小，尤其在低转速时，仍然保持平稳的速度而无爬行现象。

2）电动机应具备较长时间工作下有较大的过载能力，以满足低速大转矩的要求。

3）为了满足快速响应要求，电动机必须具备小的转动惯量和较大的制动转矩，尽可能小的机电时间常数和起动电压。

4）电动机应能承受频繁的正反转和制动。

四、对主轴伺服系统的基本要求

数控机床对主轴伺服系统的要求是，在很宽的范围内转速能连续可调，恒功率的范围要宽，并具有四象限的驱动能力。为满足自动换刀以及某些加工工艺的需要，要求主轴必须具有高精度的准停控制等。主轴电动机、主轴放大器及主轴传动机构如图 5-18 ~ 图 5-20 所示。

a) 普通型和变频专用电动机　　　　b) 串行数字主轴电动机

图 5-18　主轴电动机

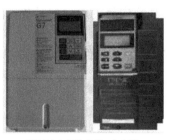

a) 模拟量主轴放大器 (变频器)　　　　　　b) 串行主轴放大器

图 5-19　主轴放大器

a) 带传动(经过一级降速)　　　　　b) 经过一级齿轮的带传动

图 5-20　主轴传动机构

1. 对主轴伺服系统拖动特性的要求

（1）调速范围足够大　要求主轴驱动调速范围足够大，要在较宽的转速范围内进行无级调速，一般要求在 1∶100～1∶1000 的恒转矩调速范围，1∶10 的恒功率调速范围，能实现四象限驱动功能。对中型以上的数控机床，要求调速范围超过 1∶100。

（2）主轴输出功率大　为了满足生产率的需要，主轴输出功率必须大，要求主轴在整个速度范围内均能提供切削所要求的功率，即恒功率范围要宽。由于主轴电动机及其驱动的限制，通常采用分段无级变速的方法，使主轴电动机在低速段采用机械减速装置，可提高输出转矩。

2. 对主轴驱动的控制要求

主轴变速分为有级变速、无级变速和分段无级变速三种形式，有级变速主要用于经济型数控机床，大多数数控机床都采用无级变速或分段无级变速。

（1）主轴定向准停控制　为满足数控机床的自动换刀以及某些加工工艺的需要，对主轴除调速要求外，还要求主轴具有高精度的准停控制。当 CNC 发出 M19 指令后，经 CPU 处理后作为主轴的定位信号，经过磁性传感器可检测主轴的准确位置，从而控制主轴准确地停在规定的位置上。

（2）主轴转速与坐标轴进给量的同步控制　主轴的转速与坐标轴的进给量要保持一定的关系，主轴每转一圈时，沿工件的轴坐标必须按节矩进给相应的脉冲量。当主轴旋转发出脉冲，经 CPU 对节矩进行计算后，去控制坐标轴位置伺服系统，从而使进给量与主轴转速保持同步。

（3）加减速功能　现代数控机床在主轴正、反向转动时，都具备了四象限驱动功能和自动加减速功能，并且加减速时间尽可能短。

（4）恒线速切削　车床和磨床进行端面切削时，为确保加工端面的表面粗糙度值 Ra 小于某值，要求被加工的零件与刀尖接触点的线速度为恒值。随着刀具的径向进给，切削直径逐渐减小，必须不断提高主轴转速才能维持线速度为常值。

$$v = 2\pi nd$$

五、数控机床位置检测

数控机床的位置检测装置是数控机床的重要组成部分。在闭环控制中，定位精度和加工精度在很大程度上取决于检测装置的精度。位置检测装置的主要作用是检测位移量，将系统发出的指令信号位置与实际反馈位置相比较，用其差值去控制进给电动机。主轴位置和速度检测装置如图5-21所示。

a) 电动机内装位置和速度传感器　　　　b) 主轴位置与速度编码器

图5-21　主轴位置和速度检测装置

在数控伺服系统中，通常有两种反馈系统：一种是速度反馈系统，用来测量和控制运动部件的进给速度；另一种是位置反馈系统，用来测量和控制运动部件的位移量。这些检测装置有脉冲编码器、光栅、感应同步器、旋转变压器等。

1. 检测装置的分类

伺服系统中采用的位置检测装置通常分为直线型和旋转型两大类。直线型位置检测装置用来检测运动部件的直线位移量；旋转型位置检测装置用来检测回转部件的转动位移量。常用的位置检测装置框图如图5-22所示。

2. 脉冲编码器

脉冲编码器是一种旋转式的脉冲发生器，能把机械转角变成电脉冲，是数控机床上使用最多的角位移检测传感器。编码器除了可以测量角位移外，还可以测量光电脉冲的频率，其

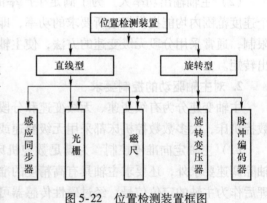

图5-22　位置检测装置框图

实物图如图5-23所示，经过变换电路也可用于速度检测，同时作为速度检测装置；如果经过机械装置，还可将直线位移转变成角位移，可用来测量直线位移。

脉冲编码器可分为光电式、接触式和电磁感应式三种。光电脉冲编码器又可分为增量式

脉冲编码器和绝对式脉冲编码器。

a) 伺服电动机内装编码器

b) 独立型旋转编码器

图 5-23　脉冲编码器实物图

（1）增量式脉冲编码器

1）结构。增量式脉冲编码器的结构原理图如图 5-24 所示。它由光源、透镜、窄缝圆盘、检测窄缝、光电变换器、A-D 转换电路及数字显示装置组成。其中，窄缝圆盘采用玻璃研磨抛光制成，玻璃表面在真空中镀一层不透光的金属薄膜铬，然后在圆周制成等距的透光与不透光相间的狭缝做透光用。狭缝的数量可为几百条或几千条。也可用精制的金属圆盘，在圆盘上开出一定数量的等分圆槽缝，或在半径的圆周上钻出一定数量的孔，使圆盘产生明暗相间变化的区域。

2）工作原理。窄缝圆盘装在回转轴上，由图 5-24 可知，当窄缝圆盘随工作轴一起转动时，每转过一个缝隙就发生一次光线的明暗变化。经光敏元件构成一次电信号的强弱变化，经过整形电路、放大电路和微分电路处理后，得到脉冲输出信号。脉冲个数等于转过的缝隙个数。如果将上述脉冲信号送入计数器中计数，则计数码将反映出圆盘转过的角度。

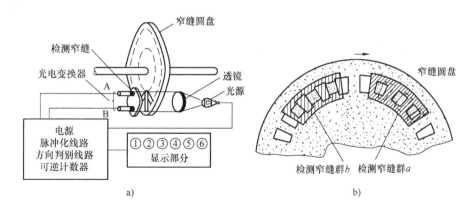

图 5-24　增量式脉冲编码器的结构原理图

（2）绝对式脉冲编码器　绝对式脉冲编码器按照角度直接进行编码，可直接把被测转角用数字代码表示出来。绝对式脉冲编码器根据内部结构和检测方式有接触式、光电式等形式。绝对式光电编码器由光源、光学系统、安装在旋转轴上的码盘、光电接收元件、处理电路等组成。码盘由光学玻璃制成，其上刻有许多同心码道，每位码道上都有按一定规律排列的透光和不透光部分，即亮区和暗区。绝对式编码器的原理如图5-25所示。

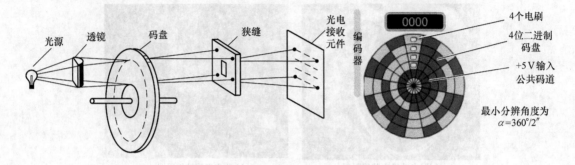

图5-25 绝对式编码器原理

（3）混合式绝对值编码器 混合式绝对值编码器是把增量制码与绝对制码同做在一个码盘上。圆盘的最外圈是高密度的增量制条纹（2000脉冲/转、2500脉冲/转、3000脉冲/转），其中间分布在4圈圆环上，有4个二进制位循环码，每1/4圆由4位二进制循环码分割成16个等分位置。在圆盘最里圈仍有发一转信号的窄缝条。由循环码读出的4×16个位置/转，代表了一圈的粗计角度检测，它和交流伺服电动机4对磁极的结构相对应，可对交流伺服电动机的磁场位置进行有效的控制。

（4）编码器在伺服电动机中的应用 利用编码器可测量伺服电动机的转速、转角，并通过伺服控制系统控制其各种运行参数，进行转速测量、转子磁极位置测量、角位移测量。编码器在伺服驱动中的应用如图5-26所示。

3. 其他位置检测器

位置传感器除了脉冲编码器外，常用的还有旋转变压器、感应同步器，及磁栅、接近开关、光栅传感器等多种检测器（即传感器），这里不再详细说明。

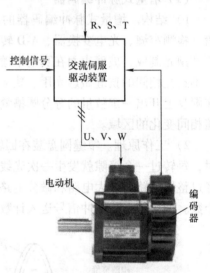

图5-26 编码器的在伺服驱动中的应用

第三节　数控机床中的PLC

PLC主要完成与逻辑运算有关的动作，并对其动作进行顺序控制，如主轴的正反转和停止、准停、主轴的起动和停止、刀架换刀、卡盘夹紧/松开、工作台交换、冷却和润滑控制、报警监测、排屑、机械手取送刀具等辅助动作，如图5-27所示。此外，PLC还对机床外部开关进行控制；对输出信号进行控制。它还接收机床操作面板的指令，一方面直接控制机床的动作，另一方面将一部分信息送往数控装置，用于加工过程的控制。

a) 自动换刀装置　　　　　　　b)自动排屑装置

c) 自动润滑装置　　　　d) 液压站　　　　e) 回转台和交换台

图 5-27　数控机床辅助装置

一、PLC 在数控机床中的应用形式

PLC 在数控机床中的应用分为两大类：一类是专为实现数控机床顺序控制而设计制造的，是由 CNC 生产厂家将数控装置（CNC）和 PLC 综合起来而设计的，称为内装型 PLC；另一类是专业的 PLC 生产厂家的产品，它的输入/输出接口技术、输入/输出点数、程序存储容量以及运算和控制功能等均满足数控机床控制要求，称为独立型 PLC。

1. 内装型 PLC

内装型 PLC 从属于 CNC 装置，是 CNC 装置的一个部件，PLC 与 CNC 之间的信号传送是通过 CNC 装置内部的总线实现的。PLC 与数控系统共用一个 CPU，PLC 中的信息可通过 CNC 的显示器显示，其软件存储在存储板上的 ROM 中。现代数控机床的 PLC 大都采用内装型，PLC 与数控机床之间是通过 CNC 的输入/输出接口电路实现信号传送的，如图 5-28 所示。

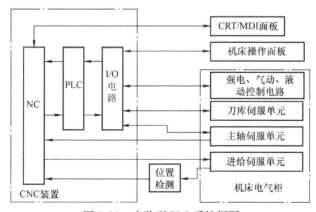

图 5-28　内装型 PLC 系统框图

内装型 PLC 的特点如下：

1）系统整体结构紧凑。

2）CNC 共用电源及 I/O 接口。

3）体积小，调试方便。

4）可靠性强。

目前市场上用得较多的数控系统是内装型 PLC 系统，如 FANUC 公司的 0 系统（PMC-L/M）、3 系统（PCD）、6 系统（PC-A、PC-B）、10/11 系统（PMC-I）、15 系统（PMC-N）；SIEMENS 公司的 SINUMERIK810/820；A-B 公司的 8200、8400、8500 等。

2. 独立型 PLC

独立型 PLC 是在 CNC 外部，自身具有完备的软硬件功能，能满足数控机床控制要求的 PLC 装置。独立型 PLC 系统框图如图 5-29 所示，其特点如下：

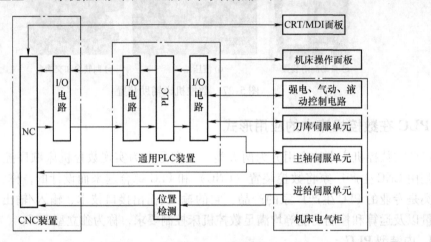

图 5-29　独立型 PLC 系统框图

1）基本功能及结构与通用型 PLC 完全相同。

2）数控机床应用的独立型 PLC 一般采用中型或大型 PLC，I/O 点数一般在 200 点以上，因此多采用积木式模块化结构，具有安装方便、功能易于扩展和变换等优点。

3）独立型 PLC 的 I/O 模块种类齐全，其 I/O 点数可通过增减 I/O 模块灵活配置。

4）与内装型 PLC 相比，独立型 PLC 功能更强，但一般要配置单独的编程设备。

5）实现独立型 PLC 与 CNC 之间的信息交换。

二、PLC 与 CNC 及机床之间的信息交换

PLC 处于 CNC（数控系统）和 MT（机床）之间，与 CNC 及 MT 的信息交换包括以下 4 个部分，如图 5-30 所示。

数控机床 PLC 和机床信息交换

图 5-30　PLC、CNC 及机床之间的信息交换图

1. CNC→PLC

CNC 装置→CNC 装置的 RAM→PLC 的 RAM。PLC 软件对 RAM 中的数据进行逻辑运算处理，处理后的数据还放在 PLC 的 RAM 中。

CNC 侧发送给 PLC 的信息主要功能代码是 M、S、T 的功能信息，手动/自动方式信息及其他的状态信息。这些信息均作为 PLC 的输入信号，其地址和含义由 CNC 厂家确定，设计人员不可更改和删除，只可使用。PLC 通过信息交换，接收 CNC 的命令信息，实现辅助

功能的控制。

2. MT →PLC

MT 侧的控制信号可通过 PLC 的输入接口送入 PLC 中，经过逻辑运算后，输出给控制对象。这些控制信号是由按钮、倍率开关、行程开关、接近开关、压力继电器等提供的。除 CNC 特定的信号外，如急停、进给保持、循环起动、回参考点减速、坐标轴的地址分配等，多数信号的含义及所占用 PLC 的地址都是由数控机床电气设计人员按要求自行定义的。

3. PLC →CNC

PLC 送至 CNC 的信息也由开关量信号或寄存器完成，PLC 发送给 CNC 的信息主要功能代码是 M、S、T 功能的应答信息和各坐标轴对应的机床参考点信息等，经 PLC 处理完成的信号送至 CNC 中。所有 PLC 送至 CNC 的信息地址与含义由 CNC 厂家确定，设计人员只可使用，不可改变和删添。

4. PLC →MT

PLC 输出的信号经继电器、接触器、电磁阀等对回转工作台、刀库、机械手以及油泵等装置进行控制，这些电气元件输出信号的含义及其所占用的地址均由设计人员自行定义。

三、FANUC 0i 系统可编程机床控制器（PMC）

数控机床用 FANUC PLC 有 PMC-A、PMC-B、PMC-C、PMC-D、PMC-GT 和 PMC-L、PMC-SA1、PMC-SA3 等很多种型号，它们分别适用于不同的 FANUC 系统组成内装型的 PLC。FANUC 数控系统中的 PMC 与 PLC 非常相似，因为是专门用于机床，所以称为可编程序机床控制器（PMC）。

1. FANUC 0i 系统 PMC 性能及规格

FANUC 0i 系统的输入/输出信号是来自机床侧的直流信号，直流输入信号接口如图 5-31 所示。漏极型（共 24V）和有源型（0V）是可以切换非绝缘型的接口，节点容量为 DC30V、16mA 以上。直流输出信号为有源型输出信号如图 5-32 所示。输出信号可驱动机床侧的继电器线圈或白炽指示灯负载。驱动器 ON 时最大负载电流 200mA，电源电压为 DC 24V。输出负载为感性负载时，应在继电器线圈反向并联续流二极管；输出负载为灯类负载时，应接入限流电阻。FANUC 0i 系统 PMC 的性能和规格见表 5-1。

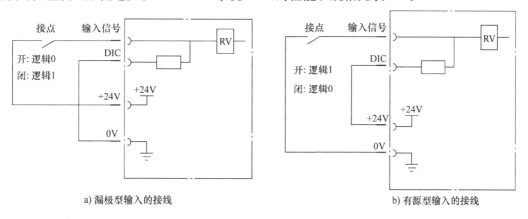

a) 漏极型输入的接线　　　　　　　b) 有源型输入的接线

图 5-31　FANUC 0i 系统的直流输入信号接口

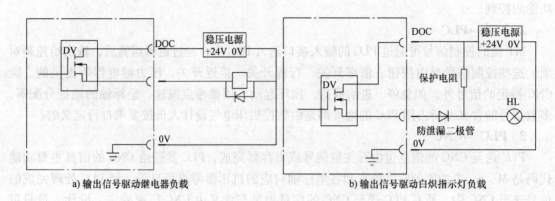

a) 输出信号驱动继电器负载   b) 输出信号驱动白炽指示灯负载

图 5-32   FANUC 0i 系统的直流输出信号接口

表 5-1   FANUC 0i 系统 PMC 的性能和规格

DC 类型	FANUC-0iA 系统	FANUC-0iB/0iC	
类型	SA3	SA1	SB7
编程方法	梯形图	梯形图	梯形图
程序线数	2	2	3
第一编程序扫描周期	8ms	8ms	8ms
基本指令执行时间	0.15μs/步	5.0μs/步	0.033μs/步
程序容量			
－梯形图	最大约12000 步	最大约12000 步	最大约64000 步
－符号和注释	1～128KB	1～128KB	1KB～不限制
－信息显示	8～64KB	8～64KB	1KB～不限制
基本指令数	14	12	14
功能指令数	66	48	69
内部蓄电器（R）	1000B	1000B	8500B
外部继电器（E）	无	无	8000B
信息显示请求位（A）	25B	25B	500B
非易失性存储区			
－数据表（D）	1860B	1860B	10000B
－可变定时器（T）	40 个（80B）	40 个（80B）	250 个（1000B）
固定定时器（T）	100 个	100 个	500 个
－计数器（C）	20 个（80B）	20 个（80B）	100 个（400B）
固定计数器（C）	无	无	100 个（200B）
－保持型继电器（K）	20B	20B	120B
子程序（P）	512	无	2000
标号（L）	999	无	9999
I/O Link 输入/输出	最大1024 点/最大1024 点	最大1024 点/最大1024 点	最大2048 点/最大2048 点
I/O 卡输入/输出	最大96 点/最大72 点	无	无
顺序程序存储	Flash ROM 128KB	Flash ROM 128KB	Flash ROM 128～768KB

2. FANUC 0i 系统 PMC 器件地址分配

FANUC 0i 系统的输入/输出信号控制有两种形式，一种来自系统内装 I/O 卡的输入、输出信号，其地址是固定的；另一种来自外装的 I/O 卡（I/O Link）的输入、输出信号，其地址是由数控机床厂家在编制顺序程序时设定的，连同顺序程序存储到系统的 FROM 中，写入 FROM 中的地址是不能更改的。若内装 I/O 卡和 I/O Link 控制信号同时作用，内装卡优先。其信号地址由地址号（字母和其后四位之内数）和位号（0~7）组成。

（1）机床到 PMC 的输入信号地址（MT→PMC）　如果采用 I/O Link 时，PMC 输入信号地址为 X0~X127。采用内装 I/O 卡时，FANUC 0iA 系统的输入信号地址为 X1000~X1011，FANUC 0iB 系统的输入信号地址为 X0~X11。有些信号的输入地址是固定的，CNC 运行时直接引用这些地址信号。FANUC 0i 系统的固定输入地址及信号功能见表 5-2。

表 5-2　FANUC 0i 系统的固定输入地址及信号功能

信　号		符号	地址	
			当使用 I/O Link 时	当使用内装 I/O 卡时
T 系列	X 轴测定位置到达信号	XAE	X4.0	X1004.0
	Z 轴测定位置到达信号	ZAE	X4.1	X1004.1
	刀具补偿测量直接输入功能 B：+X 方向信号	+MIT1	X4.2	X1004.2
	刀具补偿测量直接输入功能 B：−X 方向信号	−MIT1	X4.3	X1004.3
	刀具补偿测量直接输入功能 B：+Z 方向信号	+MIT2	X4.4	X1004.4
	刀具补偿测量直接输入功能 B：−Z 方向信号	−MIT2	X4.5	X1004.5
M 系列	X 轴测定位置到达信号	XAE	X4.0	X1004.0
	Y 轴测定位置到达信号	YAE	X4.1	X1004.1
	Z 轴测定位置到达信号	ZAE	X4.2	X1004.2
公共（T、M）系列	跳跃信号	SKIP	X4.7	X1004.7
	系统急停信号	*ESP	X8.4	X1008.4
	第 1 轴返回参考点减速信号	*DEC1	X9.0	X1009.0
	第 2 轴返回参考点减速信号	*DEC2	X9.1	X1009.1
	第 3 轴返回参考点减速信号	*DEC3	X9.2	X1009.2
	第 4 轴返回参考点减速信号	*DEC4	X9.3	X1009.3

（2）从 PMC 到机床侧的输出信号地址（PMC→MT）　如果采用 I/O Link 时，PMC 输入信号地址为 Y0~Y127。采用内装 I/O 卡时，FANUC 0iA 系统的输入信号地址为 Y1000~Y1008，FANUC 0iB 系统的输入信号地址为 Y0~Y8。

（3）从 PMC 到 CNC 的输出信号地址（PMC→CNC）　从 PMC 到 CNC 的输出信号地址号为 G0~G255，这些信号的功能是固定的，用户通过梯形图实现 CNC 的各种控制功能。

（4）从 CNC 到 PMC 的输入信号地址（CNC→PMC）　从 CNC 到 PNC 输入信号地址号为 F0~F255，这些信号的功能也是固定的，用户通过梯形图确定 CNC 系统的状态。

（5）定时器地址（T）定时器　分为可变定时器（用户可修改时间）和固定定时器（定时时间存储到 F-ROM 中）。可变定时器有 40 个（T01~T40），其中 T01~T08 时间最小设定单位 48ms，T09~T40 时间设定最小单位 8ms。固定定时器有 100 个（PMC 为 SB7 时，有 500 个），时间设定最小单位为 8ms。

（6）计数器地址（C） 系统共有 20 个计数器，其地址为 C1 ～ C20（PMC 为 SB7 时为 100 个）。

（7）保持型继电器地址（K） FANUC 0iA 系统的保持型继电器地址为 K0 ～ K19，其中 K16 ～ K19 为系统专用继电器，不做他用。FANUC 0iB/0iC（PMC 为 SB7）保持型继电器地址为 K0 ～ K99（用户使用）和 K900 ～ K919（系统专用）。

（8）内部继电器地址（R） FANUC 0iA 系统的内部继电器地址为 R0 ～ R999，PMC-SA1 的 R9000 ～ R9099 为系统专用，PMC-SA3 的 R9000 ～ R9117 为系统专用。FANUC 0iB/0iC 内部继电器有 8500 个。

（9）信息继电器地址（A） 信息继电器通常用于报警信息显示请求，FANUC 0iA 系统有 200 个信息继电器，其地址为 A0 ～ A24。FANUC 0iB/0iC 系统的信息继电器占用 500kB。

（10）数据表地址（D） FANUC 0iA 系统数据表共有 1860kB，其地址为 D0 ～ D1859。FANUC 0iB/0iC 系统数据表（PMC 为 SB7）共有 10000kB。

（11）子程序号地址（P） 子程序号用来指定 CALL（子程序有条件调用）或 CALLU（子程序无条件调用）功能指令中调用的目标子程序标号。在整个顺序程序中子程序号应当是唯一的。FANUC 0iA 系统（PMC 为 SA3）的子程序数为 512 个，其地址为 P1 ～ P512。FANUC 0iB/0iC 系统（PMC 为 SB7）的子程序数为 2000 个。

（12）标号地址（L） 标号地址用来指定标号跳转 JMPB 或 JMPC 功能指令中跳转目标标号（顺序程序中的位置）。FANUC 0iA 系统（PMC 为 SA3）的标号数为 999 个，其地址为 L1 ～ L999。FANUC 0iB/0iC 系统（PMC 为 SB7）的标号数为 9999 个。

在 PMC 顺序程序的编制过程中，应注意输入继电器 X 不能作为线圈输出，系统状态输出 F 也不能作为线圈输出。对于输出线圈，输出地址不能重复，否则该地址状态不能确定。

3. FANUC 系统 PMC 的指令系统

FANUC 系统 PMC 的指令系统中，有基本指令和功能指令两种，不同 PMC 型号，其功能指令的数量有所不同，除此之外，指令系统完全相同。

（1）基本指令 基本指令是对二进制位进行逻辑操作，其格式如图 5-33 所示，基本指令共 12 条，见表 5-3。

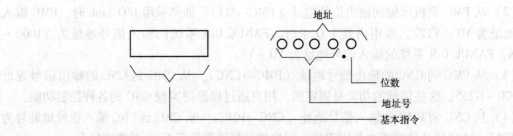

图 5-33 基本指令格式

表5-3　基本指令

No	指令	处 理 内 容
1	RD	读出指定信号状态，在一个梯级开始的触点是动合触点时使用
2	RD. NOT	读出指定信号的"非"状态，在一个梯级开始的触点是动断触点时使用
3	WRT	将运算结果写入到指定的地址
4	WRT. NOT	将运算结果的"非"状态写入到指定的地址
5	AND	执行触点逻辑"与"操作
6	AND. NOT	以指定信号的"非"状态进行逻辑"与"操作
7	OR	执行触点逻辑"或"操作
8	OR. NOT	以指定信号的"非"状态进行逻辑"或"操作
9	RD. STK	电路块的起始读信号，指定信号的触点是动合触点时使用
10	RD. NOT. STK	电路块的起始读信号，指定信号的触点是动断触点时使用
11	AND. STK	电路块的逻辑"与"操作
12	OR. STK	电路块的逻辑"或"操作

例1：电动机正反转控制。

梯形图如图5-34a所示，采用的是FANUC PMC可编程序机床控制器的指令绘制的梯形图和编制的程序，其中，X1.0为正转启动按钮；X1.1为反转启动按钮；X1.2为停止按钮地址；Y48.0为正转输出；Y48.1为反转输出。图5-34b所示的梯形图和程序语句，采用的是三菱FX指令。它们之间梯形图完全一样，操作码和操作数有区别。在实际应用中，要注意区分。

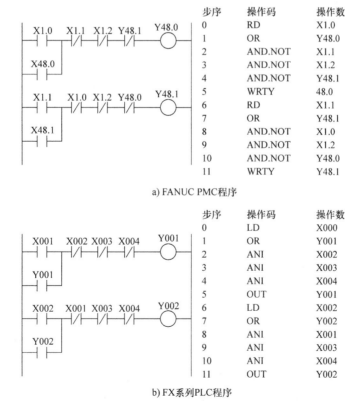

a) FANUC PMC程序

b) FX系列PLC程序

图5-34　采用FANUC PMC与三菱PLC程序对照

（2）功能指令 数控机床用PMC的指令满足数控机床信息处理和动作控制的特殊要求。数控机床使用的PLC指令必须满足数控机床信息处理和动作顺序控制的要求，如在CNC输出的M、S、T二进制代码信号的译码（DEC）；换刀时数据检索（DSCH）和数据变址传送（XMOV）；加工工件的计数（CTR）；机械运动状态或液压系统动作状态的延时的（TMR）确认；刀库、分度工作台沿最短路径旋转和现在位置至目标位置步数的计算（ROT）等。由上所述的译码、计数、定时、最短路径的选择，以及比较、检索、转移、代码转换、四则运算、信息显示等控制功能，仅用基本指令编程难以实现，因此要增加一些具有专门控制功能的指令，即功能指令。功能指令都是一些子程序，应用功能指令就是调用相应的子程序。功能指令都是对二进制字节或字进行特定功能的操作。PMC-SA1/SA3型部分功能指令见表5-4。

表5-4 PMC-SA1/SA3型部分功能指令

序号	指令助记符	SUB号	处理内容	序号	指令助记符	SUB号	处理内容
1	END1	1	第一级程序结束	21	COMP	15	比较
2	END2	2	第二级程序结束	22	COMPB	32	二进制数比较
3	TMR	3	定时器	23	COIN	16	一致性检测
4	TMRB	24	固定定时器	24	SFT	33	寄存器移位
5	DEC	4	译码	25	DSCH	17	数据检索
6	DECB	25	二进制译码	26	DSCHB	34	二进制数据检索
7	CTR	5	计数器	27	XMOV	18	变址数据传送
8	ROT	6	旋转控制	28	XMOVB	35	二进制变址数据传送
9	ROTB	26	二进制旋转控制	29	ADD	19	加法
10	COD	7	代码转换	30	ADDB	36	二进制加法
11	CODB	27	二进制代码转换	31	SUB	20	减法
12	MOVE	8	逻辑乘后的数据传送	32	SUBB	37	二进制减法
13	MOVOR	28	逻辑或后的数据传送	33	MUL	21	乘法
14	COM	9	公共线控制	34	MULB	38	二进制乘法
15	COME	29	公共线控制结束	35	DIV	22	除法
16	JMP	10	跳转	36	DIVB	39	二进制除法
17	JMPE	30	跳转结束	37	NUME	23	常数定义
18	PARI	11	奇偶检查	38	NUMEB	40	二进制常数定义
19	DCNV	14	数据转换	39	DISPB	41	扩展信息显示
20	DCNVB	31	扩展数据转换				

例2：某数控机床利用定时器实现机床报警灯闪烁控制。

图5-35所示梯形图为某数控机床利用定时器实现机床报警灯闪烁控制实例。图中X8.4为机床急停报警，R0.3为主轴报警，R0.2为自动开关保护报警，R0.1为自动换刀装置故障报警，R0.0为自动加工中机床防护门打开报警，当上面任何一个报警信号输入时，机床报警灯Y1.5都闪烁（间隔时间为5s）。通过PMC参数的定时器设定画面分别输入T01、T02的时间设定值（5000ms）。

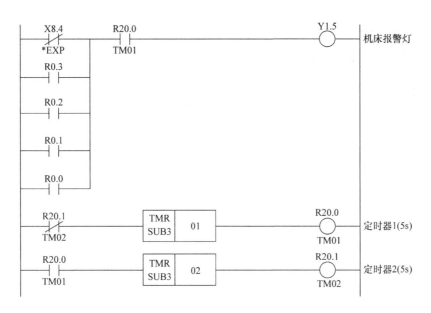

图 5-35　某数控机床利用定时器实现机床报警灯闪烁控制

实训项目一　CK160 型数控车床数控系统控制电路的分析与安装

一、项目任务

本项目的任务是完成数控车床数控系统控制电路的分析与安装。

二、实训目标

1）认知数控系统，了解其组成，掌握数控系统的安装方式。
2）能正确分析 FANUC 数控系统控制电路，并能说出其控制原理。
3）能熟练操作数控设备上电与断电。

三、实训设备

主要设备是数控车床或者数控实验台。

四、知识储备

日本 FANUC 系统可靠性高，FANUC 0i 系统采用模块化结构，体积小，最多可控制 4 轴，具有先进的 FANUC CNC 技术，包括增强的 PMC、色彩丰富的 LCD（液晶）显示等。图 5-36 所示为 FANUC 0i Mate TC 数控系统框图。FANUC 0i Mate TC 数控系统是日本 FANUC 公司推出的显示和控制一体化的紧凑型数控系统，可以选择串行伺服主轴，也可选择模拟主轴控制。数控系统伺服放大器采用 FSSB（FANUC 伺服串行总线）光纤连接控制，FANUC 0i Mate TC 数控系统采用模拟量输出控制。W1-A1 为 CNC 装置，COP10A 端口连接伺服放大器，JA40 端口为变频器主轴转速的设定，JA7A 端口连接主轴位置编码器，CA55

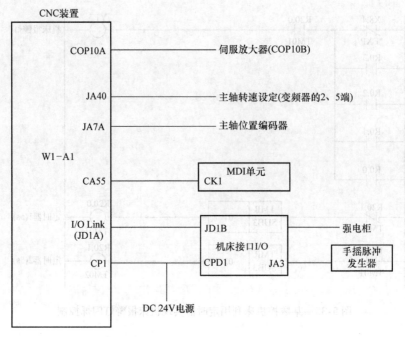

图 5-36　FANUC 0i Mate TC 数控系统框图

端口连接 MDI 单元，JD1A 为 I/O Link 端口，机床 I/O 接口连接手摇脉冲发生器及强电柜，CNC 与机床 I/O 接口需要 24V 电源。

五、数控系统的安装与上电/断电操作

1）认识数控系统，了解其组成，在数控实验台或数控车床上安装数控系统。安装时要注意安装环境、电源及接地等事项。

2）按照图 5-36 所示，在数控实验台或数控车床上进行系统侧与伺服单元、主轴单元、MDI 单元、机床 I/O 接口、手摇脉冲发生器等外围设备的接线。

3）根据数控实验台或数控车床通电、断电的顺序操作数控设备。

电源通电顺序如下：

① 机床的电源（220V）。

② 伺服放大器的控制电源（200V）。

③ I/O Link 连接的从属 I/O 设备，显示器电源（DC 24V）；CNC 控制单元的电源。

电源关断顺序如下：

① I/O Link 连接的从属 I/O 设备，显示器电源（DC 24V）；CNC 控制单元的电源。

② 伺服放大器的控制电源（200V）。

③ 机床的电源（220V）。

4）数控机床控制系统装配步骤和应注意的问题。

① 安装前应清点各零部件、电气元器件、电缆、资料等是否齐全。

② 根据电路图接线，要求布线整齐，导线入槽，线号齐全，导线的颜色符合国家标准。

③ 连接各电缆时要注意保证接触和密封可靠，并检查有无松动和损坏；插上电缆后要拧紧螺钉，保证接触可靠。

④ CNC 的连接和调整。检查包括 CNC 本体和与之配套的进给控制单元及伺服电动机、主轴控制单元及主轴电动机；检查电气柜内各接插件有无松动，接触是否良好。外部电缆的连接应符合图样要求，最后正确连接地线。元器件安装完毕后在通电前按图样逐一测试各部分接线是否正确，避免出现短路现象。若系统采用 DC24V 电源，要注意继电器触点、无触点开关等电气元器件是否有短路接地现象，以免烧坏系统电源熔断器的熔体。

六、考核与评价

考核评价表见表 5-5。

表 5-5　考核评价表

教学内容	评价要点	评价标准	评价方式	考核方式	分数权重
数控系统的安装与上电/断电	电路分析	正确分析电路原理	老师评价	答辩	0.2
	电路连接	按图接线，正确、规范、合理		操作	0.3
	通、断电操作	正确操作实训设备		操作	0.3
	工作态度	认真主动参与学习	小组成员互评	口试	0.1
	团队合作	具有团队合作的精神		口试	0.1

实训项目二　CK160 型数控车床主轴电路的分析、安装与调试

一、项目任务

本项目的任务是 CK160 型数控车床主轴控制电路的分析、安装与调试。

二、学习目标

1）认识主轴驱动系统，了解其组成与特性。

2）能正确分析数控车床主轴控制电路，并能说出其控制原理。

3）能按照数控车床主轴原理图进行接线与调试。

三、项目设备

主要设备是数控车床或者数控实验台。

四、知识储备

CK160 型数控车床主要用于加工轴类零件的内外圆柱面、圆锥面、圆弧面、螺纹面等，对于盘类零件可进行钻孔、扩孔、铰孔等加工，还可完成车端面、切槽、倒角等。CK160 型数控车床采用 FANUC 0i Mate TC 数控系统，主传动电动机由变频器控制，主电动机功率为 3kW，主轴转速范围为 35 ~ 3500r/min，适于多品种、中小批量高精度产品的加工。

1. 电源电路（D1）

电源电路如图 5-37 所示，其中 D1-QF1 为电源总断路器，电源 AC 380V 供给变频器、伺服变压器、刀盘电动机等，D1-TC1 为控制变压器，一次电压为 AC 380V，二次电压 220V

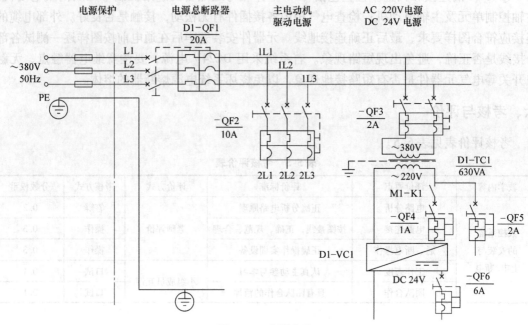

图 5-37　电源电路

为交流接触器提供电源，接触器 M1-K1 控制 220V 上电；D1-VC1 为开关电源，为伺服控制电源、CNC、机床 I/O 接口、中间继电器提供 DC24V 电源。断路器 D1-QF2、D1-QF3、D1-QF4、D1-QF5、D1-QF6 为电路的短路和过载保护。

2. 主轴电路（H1）

主轴电路如图 5-38 所示。此电路采用模拟主轴（变频器 H1-A1）控制配置 3kW、2880r/min 的交流异步电动机（H1-M1），是一个开环控制系统。CNC 输出的模拟信号（0 ～

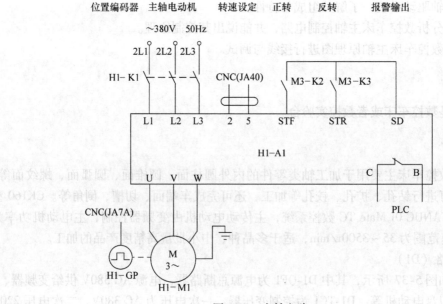

图 5-38　主轴电路

10V）至变频器 2、5 端子，从而控制电动机的转速，通过设置变频器参数实现从最低速到最高速的调速；H1-K1 为主轴交流接触器，用于接通/断开主轴动力电源；主轴上的位置编码器 H1-GP 使主轴能与进给驱动同步控制，以便加工螺纹；M3-K2、M3-K3 为主轴正反转继电器，通过 PLC 实现正反转。当变频器有异常时，通过 B、C 端子输出报警信号到 PLC。

3. 强电控制电路（M1）

强电控制电路如图 5-39 所示。打开电源钥匙开关 M1-SA1，接通中间继电器 M1-K1，AC220V 上电，M1－SB2、M1-SB3 为 CNC 接通/断开按钮，M1-K3 继电器控制 CNC 上电。M3-K1 通过 PLC 接通主电动机接触器，M1-Z1、M1-Z3 为灭弧器。

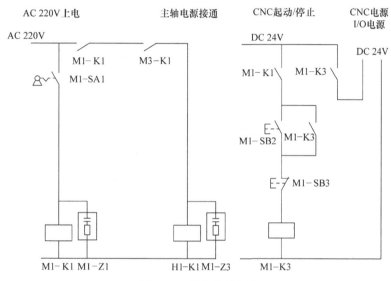

图 5-39　强电控制电路

4. PLC 的输入电路（M2）

PLC 的输入电路如图 5-40 所示，M2-SB1、M2-SB2 为主电动机动力电源接通/断开按钮；M2-SB3、M2-SB4 为自动运行的循环起动、循环暂停按钮，用 M03、M04、M05 指令控制主轴正反转与停止；变频器报警接入 PLC 进行控制。

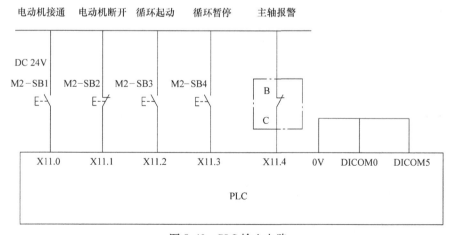

图 5-40　PLC 输入电路

5. PLC 的输出电路（M3）

PLC 的输出电路如图 5-41 所示，M3-K1 用于接通主轴电动机继电器，M3-K2、M3-K3 为主轴正反转继电器，M3-HL1 为机床故障报警灯。

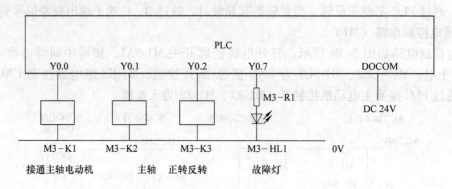

图 5-41　PLC 输出电路

五、CK160 型数控车床主轴电路的安装与调试

实际操作之前，指导老师可将伺服电路的主电源、控制电源、急停信号等接好（参见实训项目三），为本次项目顺利进行做好准备工作，否则系统会产生伺服报警。

1）认知主轴驱动系统，了解其组成与功能。

2）检查元器件的质量是否完好，按照图 5-36、图 5-38 ~ 图 5-41 进行接线。

3）对照电路图检查是否有掉线、错线，接线是否牢固。

4）设置变频器的参数，调试系统。

Pr. 79 = 2 执行外部操作；Pr. 30 = 1，扩大参数显示范围；由于数控系统输出电压一般为 0 ~ ±10V，必须使 Pr. 73 = 1。

5）依次合上断路器 M1-QF1 ~ M1-QF6，然后接通钥匙开关 M1-SA1，按下 NC 起动按钮。

6）在系统显示器上输入 M03 或 M04、M05 指令，使主轴电动机运行/停止。

进行断电操作，断电顺序与通电顺序相反。

六、考核与评价

考核评价表见表 5-6。

表 5-6　考核评价表

教学内容	评价要点	评价标准	评价方式	考核方式	分数权重
主轴电路的安装与调试	电路分析	正确分析电路原理	老师评价	答辩	0.2
	电路连接	按图接线，正确、规范、合理		操作	0.3
	通、断电操作	正确操作实训设备		操作	0.3
	工作态度	认真主动参与学习	小组成员互评	口试	0.1
	团队合作	具有团队合作的精神		口试	0.1

实训项目三 CK160 型数控车床伺服电路的分析、安装与调试

一、项目任务

本项目的任务是 CK160 型数控车床伺服电路的分析、安装与调试。

二、实训目标

1）认识伺服驱动系统，了解其组成与特性。
2）正确分析数控车床伺服控制电路，并能说出其控制原理。
3）按照数控车床伺服原理图进行接线、调试。

三、实训设备

主要设备是数控车床或者数控实验台。

四、知识储备

CK160 型数控车床结构为斜床身，两轴联动，X 轴、Z 轴采用直线滚动导轨。CK160 型数控车床采用 FANUC 0i Mate TC 数控系统，进给采用 FANUC 公司全数字交流伺服装置，伺服电动机为 $\beta_{IS2}/4000$。该伺服系统为半闭环系统，CNC 将位置、速度控制指令以数字量的形式输出至数字伺服系统，数字伺服驱动单元本身具有位置反馈和位置控制功能。CNC 和数字伺服驱动单元采用串行通信的方式，可极大地减少连接电缆，便于机床安装和维护，提高了系统的可靠性。

CNC 与伺服系统传递的信息有：位置指令和实际位置，速度指令和实际速度，伺服驱动和伺服电动机参数，伺服状态和报警，控制方式命令。

1. 伺服电路

伺服电路如图 5-42 所示。X 轴、Z 轴伺服单元 K1-A1、K1-A2 上的 L1、L2、L3 端子接三相交流电源 200V、50/60Hz，作为伺服单元主电路的输入电源，其中 K1-K1 为伺服交流接触器；K1-TC1 为伺服变压器，一次电压为三相 AC 380V，二次电压为 AC 200V；K1-QM1 为伺服动力电源保护开关，其辅助触点输入到 PLC，作为其状态信号；K1-K2 为伺服单元 MCC 接触器；K1-Z1 为伺服灭弧器，当相应电路断开后，吸收伺服单元中的能量，避免产生过电压而损坏器件。外部 24V 直流稳压电源连接到 X 轴伺服单元的 CX19B，X 轴伺服单元的 CX19B 连接到 Z 轴伺服单元的 CX19B，作为伺服单元控制电路的输入电源。CX29 为主电源 MCC 控制信号接口。CZ7-3 为伺服电动机动力线接口，JF1 连接到相应伺服电动机 K1-M1、K1-M2 内编码器的接口上，作为 X 轴、Z 轴的速度和位置反馈信号控制。X 轴伺服单元上的伺服高速串行接口 COP10A 与 Z 轴伺服单元上的伺服高速串行接口 COP10B 连接（光缆）。CX30 为急停信号（＊ESP），M1-K2 为急停继电器，当按下急停按钮或 X 轴、Z 轴超程时，断开伺服电路。

2. 强电控制电路（M1）

强电控制电路如图 5-43 所示。当未压下急停按钮 M1-SB1 或 X/Z 轴超程开关 M1-SQ1

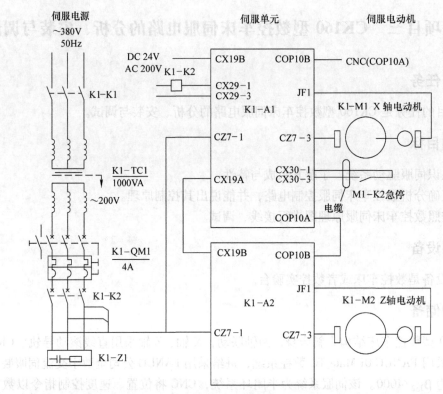

图 5-42 伺服电路

（M1-SQ2、M1-SQ3、M1-SQ4）时，M1-K2 接通。打开钥匙开关 M1-SA1，接通中间继电器 M1-K1，AC220V 上电，通电顺序为先通伺服单元、后通 CNC，断电顺序相反。M1-Z1、M1-Z2 为灭弧器。

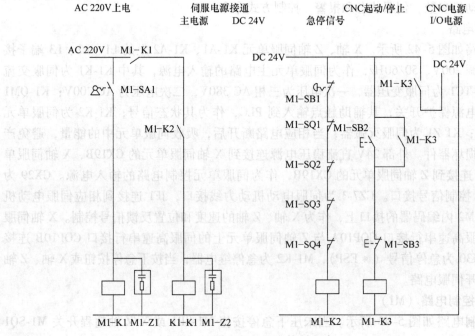

图 5-43 强电控制电路

3. PLC 的输入电路（M2）

PLC 的输入电路如图 5-44 所示。按下急停按钮时或超程时发出急停信号 M1-K2，机床立即停止工作；M2-SB5、M2-SB6、M2-SB7、M2-SB8、M2-SB9 为进给（+ X、− X、+ Z、− Z）点动和快移按钮，按下其中一个方向键时相应轴拖板移动，同时按下一个方向键和一个快移键时相应轴拖板快速移动；M2-SQ1、M2-SQ2 为基准点行程开关，拖板沿着 + X 轴、+ Z 轴方向返回基准点时压下 M2-SQ1、M2-SQ2，基准点灯亮；伺服断路器 K1-QM1 的辅助触点接入 PLC 进行控制。

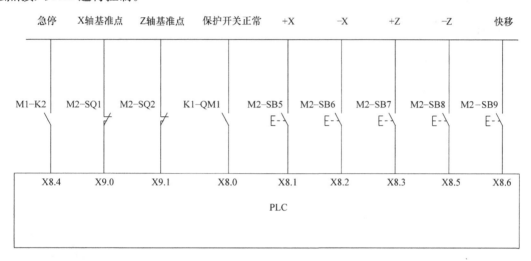

图 5-44 PLC 输入电路

4. PLC 的输出电路（M3）

PLC 的输出电路如图 5-45 所示，M3-HL1、M3-HL2 为 X 轴、Z 轴基准点灯。

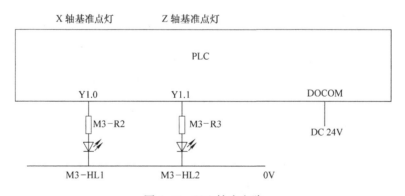

图 5-45 PLC 输出电路

五、CK160 型数控车床伺服电路的安装与调试

1）认识伺服驱动系统，了解其组成与功能。

2）检查元器件的质量是否完好，按照图 5-36、图 5-42 ~ 图 5-45 进行接线。

3）对照电路图检查是否有掉线、错线，接线是否牢固。

4）依次合上断路器 M1-QF1 ~ M1-QF6、K1-QM1，然后接通钥匙开关 M1-SA1，按下 NC

起动按钮。

5）手动操作方向按钮 M2-SB5（或 M2-SB6、M2-SB7、M2-SB8、M2-SB9），观察电动机或拖板移动的方向。

6）在返回参考点方式下按下按钮 M2-SB5 或 M2-SB7，观察电动机或拖板的运行情况，查看基准点灯是否亮。

7）按下急停按钮 M1-SB1，观察面板上的报警灯。

8）进行断电操作，断电顺序与通电顺序相反。

六、考核与评价

考核评价表见表5-7。

表 5-7　考核评价表

教学内容	评价要点	评价标准	评价方式	考核方式	分数权重
伺服电路的安装与调试	电路分析	正确分析电路原理	老师评价	答辩	0.2
	电路连接	按图接线，正确、规范、合理		操作	0.3
	通、断电操作	正确操作实训设备		操作	0.3
	工作态度	认真主动参与学习	小组成员互评	口试	0.1
	团队合作	具有团队合作的精神		口试	0.1

本 章 小 结

拓展阅读

本章主要讲授数控机床的数控系统、伺服系统以及数控机床中的PLC。计算机数字控制（CNC）系统是在传统的硬件数控（NC）的基础上发展起来的。它主要由硬件和软件两大部分组成。通过系统控制软件与硬件的配合，完成进给坐标控制、主轴控制、刀具控制、辅助功能控制等功能。伺服系统是数控机床的重要组成部分之一。它能够严格按照 CNC 装置的控制指令进行动作，并能获得精确的位置、速度或力矩输出的自动控制系统。它是一种执行机构，是 CNC 装置和机床本体的连接环节。数控机床中的 PLC 主要完成与逻辑运算有关的动作，并对其动作进行顺序控制，如主轴的正反转和停止、准停、主轴的起动和停止、刀架换刀、卡盘夹紧/松开、工作台交换、冷却和润滑控制、报警监测、排屑、机械手取送刀具等一些辅助动作；还对机床外部开关进行控制；对输出信号进行控制。

本章以 CK160 型数控车床为载体重点练习 FANUC 数控系统电路的分析与安装；主轴电路的分析、安装与调试，伺服电路的分析、安装与调试，通过理论与实践的相互对照，实现理论知识的具体化和对技术、技能的理论指导。

思考与练习题

1. CNC 装置的硬件主要由哪几部分组成？各部分的作用是什么？
2. 简述 CNC 系统的软件构成及其工作过程。
3. 数控机床对进给驱动和主轴驱动的控制要求是什么？
4. 简述伺服驱动系统的分类。
5. 简述 PLC 与 CNC 及机床之间的信号处理过程。

附　　录

附录 A　常用电气元件、电动机的图形与文字符号

（摘自 GB/T 4728—2005 ~ 2008 和 GB/T 20939—2007）

类别	名称	图形符号	文字符号	类别	名称	图形符号	文字符号
开关	单程控制开关		SA	位置开关	动合触点		SQ
	手动开关一般符号		SA		动断触点		SQ
	三极控制开关		QS		复合触点		SQ
	三极隔离开关		QS	按钮	常开按钮		SB
	三极负荷开关		QS		常闭按钮		SB
	组合旋钮开关		QS		复合按钮		SB
	低压断路器		QF		急停按钮		SB
	控制器或操作开关	后 前 21 0 12	SA		钥匙操作式按钮		SB

（续）

类别	名称	图形符号	文字符号	类别	名称	图形符号	文字符号
接触器	线圈操作器件		KM	中间继电器	线圈		KA
	动合主触点		KM		动合触点		KA
	动合辅助触点		KM		动断触点		KA
	动断辅助触点		KM	电流继电器	过电流线圈	$I>$	KA
热继电器	热元件		FR		欠电流线圈	$I<$	KA
	动断触点		FR		动合触点		KA
时间继电器	通电延时（缓吸）线圈		KT		动断触点		KA
	断电延时（缓放）线圈		KT	电压继电器	过电压线圈	$U>$	KV
	瞬时闭合的动合触点		KT		欠电压线圈	$U<$	KV
	瞬时断开的动断触点		KT		动合触点		KV
	延时闭合的动合触点		KT		动断触点		KV
	延时断开的动断触点		KT	非电量控制的继电器	速度继电器动合触点	n	KS
	延时闭合的动合触点		KT		压力继电器动合触点	P	KP
	延时断开的动合触点		KT	熔断器	熔断器		FU

（续）

类别	名称	图形符号	文字符号	类别	名称	图形符号	文字符号
电磁操作器	电磁铁的一般符号	或	YA	发电机	发电机	G	G
	电磁吸盘		YH		直流测速发电机	TG	TG
	电磁离合器		YC	变压器	单相变压器		TC
	电磁制动器		YB		三相变压器		TM
	电磁阀		YV	灯	信号灯（指示灯）	⊗	HL
电动机	三相笼型异步电动机	M 3~	M		照明灯	⊗	EL
	三相绕线转子异步电动机	M 3~	M	接插器	插头和插座		X 插头 XP 插座 XS
	他励直流电动机	M	M	互感器	电流互感器		TA
	并励直流电动机	M	M		电压互感器		TV
	串励直流电动机	M	M		电抗器		L

附录B 三菱FX2N型PLC功能指令表

助记符	功能号 FNC	指令的功能	助记符	功能号 FNC	指令的功能
CJ	00	跳转	SUM	43	ON 总数
CALL	01	子程序调用	BON	44	ON 位判别
SRET	02	子程序返回	MEAN	45	平均值
IRET	03	中断服务子程序返回	IST	46	初始状态
EI	04	允许中断	ANR	47	故障指示状态复位
DI	05	禁止中断	ANRD	91	模拟量读
FEND	06	主程序结束	MNET	90	MELSEC NET/MINI 网
WDT	07	警戒定时	REF	50	刷新
FOR	08	循环开始	REFF	51	刷新和滤波时间调整
NEXT	09	循环结束	MTR	52	矩阵输入
CMP	10	比较	HSCS	53	高速计数器置位
ZCP	11	区间比较	HSCR	54	高速计数器复位
MOV	12	传送	HSZ	55	高速计数器的区间比较
SMOV	13	移位传送	SPD	56	速度检测
CML	14	取反	PLSY	57	脉冲输出
BMOV	15	块传送	PWM	58	脉宽调制
FMOV	16	同一数据传送到块	IAT	60	置初始状态
XCH	17	交换	ABSD	62	绝对值式凸轮顺控
BCD	18	二-十进制转换	INCD	63	增量式凸轮顺控
BIN	19	十-二进制转换	TTMR	64	示教定时器
ADD	20	BIN 加法	STMR	65	专用定时器
SUB	21	BIN 减法	ALT	66	交替输出
MUL	22	BIN 乘法	RAMP	67	倾斜信号
DIV	23	BIN 除法	ROTC	68	旋转台控制
INC	24	加1	HKY	70	10 键输入
DEC	25	减1	HKY	71	16 键输入
WAND	26	与	DSW	72	数字开关
WOR	27	或	SEGD	73	7 段译码
MXOR	28	异或	SEGL	74	带锁存的 7 段显示
NEG	29	求补	ARWS	75	方向开关
ROR	30	循环右移	ASC	76	ASCII 码变换
ROL	31	循环左移	PR	77	打印
RCR	32	带进位的循环右移	FROM	78	读特殊功能模块
RCL	33	带进位的循环左移	TO	79	写特殊功能模块
SFTH	34	右移	PRUN	81	并联运行
SFTL	35	左移	VRRD	85	变量读
WSFR	36	字右移	ANWR	92	模拟量写
WSFL	37	字左移	RMST	93	RM 单元启动
SFWR	38	先入栈	RMWR	94	RM 单元写
SFRD	39	先出栈	RMED	95	RM 单元读
ZRST	40	区间复位	RMMN	96	RM 单元监控
DECO	41	译码	BLK	97	CM 块指定
ENCO	42	编码	MCDE	98	机器码读出

参 考 文 献

［1］王兰军，王炳实．机床电气控制第 5 版［M］．北京：机械工业出版社，2016．

［2］彭小平．电气控制及 PLC 应用技术［M］．北京：机械工业出版社，2011．

［3］夏燕兰．数控机床电气控制［M］．北京：机械工业出版社，2016．

［4］刘永久．数控机床故障诊断与维修［M］．北京：机械工业出版社，2016．

［5］李敬梅．电力拖动控制线路与技能训练［M］．北京：中国劳动和社会保障出版社，2007．

［6］王莉．PLC 应用技术［M］．中国铁道出版社，2013．

［7］杨洁忠，邹火军，机床电气线路安装与维修［M］．北京：机械工业出版社，2016．

参考文献

[1] ...